화/장/품/학

COSMETOLOGY

저자약력

윤경섭

학력
- 서울대학교 자연과학대학원 화학과(이학박사)
- 서울대학교 자연과학대학원 화학과(이학석사)
- 서강대학교 화학과(이학사)

경력
- 現 대한화장품학회 부회장
- 現 제주화장품 인증 심사위원
- 前 제주대학교 자연과학대학 화학코스메틱스학과 교수
- 前 사임당화장품 피부과학연구소 연구소장(전무이사)
- 前 한화그룹종합연구소 책임연구원
- 前 태평양기술연구원 선임연구원

수상
- 장영실상, 미래창조과학부장관
- 표창장, 산업통상자원부장관
- 표창장, 충청북도지사
- 표창장, 보건복지부장관
- 이달의 엔지니어상, 교육과학기술부장관
- 동암화장품연구개발대상 은상, 뷰티누리

화장품학

초 판 인 쇄 | 2019년 8월 12일
초 판 발 행 | 2019년 8월 16일
초판2쇄발행 | 2021년 2월 10일
초판3쇄발행 | 2023년 9월 10일

지 은 이 | 윤경섭
발 행 인 | **조규백**
발 행 처 | 도서출판 **구민사**
| (07293) 서울특별시 영등포구 문래북로 116, 604호(문래동 3가 46, 트리플렉스)
전 화 | (02) 701-7421(~2)
팩 스 | (02) 3273-9642
홈 페 이 지 | www.kuhminsa.co.kr
신 고 번 호 | 제2012-000055호(1980년 2월 4일)
I S B N | 979-11-5813-708-3 (93590)
값 | 22,000원

화/장/품/학

COSMETOLOGY

윤경섭 저

구민사

머리말

'절차탁마(切磋琢磨)', 사전적인 의미는 '칼로 다듬고 줄로 쓸며 망치로 쪼고 숫돌로 간다'는 뜻이다. 학문을 닦고 덕행을 수양하는 것을 비유하는 말로 내 인생의 좌우명이다. 화장품 분야에 처음 입문했을 때 저자가 경험했던 흥미와 재미, 보람뿐만 아니라 혼란과 당혹감을 학생들도 경험했으리라 생각한다. 졸업 후 처음 연구소에 입사하여 읽은 책이 「CMC(The Chemistry and Manufacture of Cosmetics)」와 「CST(Cosmetics Science and Technology)」로 내용은 잘 이해하지 못하면서도 문제해결을 위해서 여러 번 읽었던 기억이 난다. 문제에 부딪혔을 때 해결해 줄 수 있는 여러 단계 중 제일 처음은 이론적인 배경이라고 생각하면서 절차탁마의 심정으로 이 교재를 준비하였다.

화장품산업은 아주 매력 있는 산업이다. 전국 지방자치도와 시에서도 많은 관심과 관련 사업들을 진행하는 핫한 아이템 중의 하나다. 한국은 만년 화장품 수입국에서 지난 2014년 이후 수출이 앞서기 시작했고, 매출 증가로 세계 10위권 내의 화장품 수출 국가로 발돋움하였다. 화장품 산업의 확대로 관련 회사, 기관들이 증가하였고 이에 따라서 인력 수요가 증가하여 대학에서도 화장품 관련 학과가 많이 생겼다. 본 교재는 대학에서 화장품을 공부하는 학생, 화장품 관련 회사에서 신입사원의 교재로 활용될 수 있도록 하였다. 또한 화장품 연구, 생산과 품질관리에 관심이 있거나, 마케팅과 기획 및 교육하는 사람들도 활용할 수 있도록 고려하였다.

본 교재는 Part 1 화장품 개론, Part 2 화장품 과학, Part 3 화장품 제조 실습 총 3개의 파트로 구성되었으며 그중 Part 2에서 화장품의 기초이론과 화장품 원료에 대해 많은 부분을 할애하였다. 그 이유는 화장품에 대해 공부를 하거나 연구하는 사람들은 다양한 원료에 대한 정보를 알아야 하며, 이를 통해 고객들로부터 신뢰받을 수 있는 좋은 화장품을 개발할 수 있다고 생각하기 때문이다. Part 3은 학교나 화장품 개발부서에서 실험을 할 수 있도록 화장품 처방을 수록하였다. 매 실습의 연구 부분에 대한 추가 공부와 논의를 한다면 한층 심도 있는 실습이 될 것이다.

본 교재가 화장품의 연구와 제조에 관심 있는 학생들과 연구자들에게 좋은 가이드북이 되기를 바라면서, 본 교재의 출판에 도움을 주신 도서출판 구민사 조규백 대표님과 직원 여러분께 깊은 감사를 드린다.

저자 蔘生 윤경섭

목 차

PART 01 화장품 개론

PART 02 화장품 과학

PART 03 화장품 제조 실습

화/장/품/학

COSMETOLOGY

PART 1

화장품 개론

01 화장품 정의

지난 2000년에 제정된 화장품법[1] 제2조에 의하면 화장품은 '인체를 청결 · 미화하여 매력을 더하고 용모를 밝게 변화시키거나 피부 · 모발의 건강을 유지 또는 증진하기 위하여 인체에 바르고 문지르거나 뿌리는 등 이와 유사한 방법으로 사용되는 물품으로서 인체에 대한 작용이 경미한 것'을 말한다. 다만, 약사법 제2조제4호의 의약품에 해당하는 물품은 제외한다.

약사법 제2조제4호의 의약품

① 「대한민국약전(大韓民國藥典)」에 실린 물품 중 의약외품이 아닌 것
② 사람이나 동물의 질병을 진단 · 치료 · 경감 · 처치 또는 예방할 목적으로 사용하는 물품 중 기구 · 기계 또는 장치가 아닌 것
③ 사람이나 동물의 구조와 기능에 약리학적(藥理學的) 영향을 줄 목적으로 사용하는 물품 중 기구 · 기계 또는 장치가 아닌 것

화장품의 정의 중 '피부 · 모발의 건강을 증진하기 위하여'라는 문구는 기능성화장품 도입과 무관하지 않음을 알 수 있다.

화장품법에 의한 기능성화장품

① 피부의 미백에 도움을 주는 제품
② 피부의 주름 개선에 도움을 주는 제품
③ 피부를 곱게 태워주거나 자외선으로부터 피부를 보호하는 데에 도움을 주는 제품
④ 모발의 색상 변화 · 제거 또는 영양 공급에 도움을 주는 제품
⑤ 피부나 모발의 기능 약화로 인한 건조함, 갈라짐, 빠짐, 각질화 등을 방지하거나 개선하는 데에 도움을 주는 제품

또한 천연화장품은 동식물 및 그 유래 원료 등을 함유한 화장품으로서 식품의약품안전처장이 정하는 기준에 맞는 화장품, 유기농화장품은 유기농 원료, 동식물 및 그 유래 원료 등을 함유한 화장품으로서 식품의약품안전처장이 정하는 기준에 맞는 화장품, 맞춤형화장품은 ① 제조 또는 수입된 화장품의 내용물에 다른 화장품의 내용물이나 식품의약품안전처장이 정하는 원료를 추가하여 혼합한 화장품, ② 제조 또는 수입된 화장품의 내용물을 소분(小分)한 화장품으로 정의하고 있다.

1 화장품법, 법률 제15488호(2018.03.13, 일부개정)

02 화장품 분류

화장품법 시행규칙[2] 부칙 별표3의 화장품 유형은 사용 용도로 구분되며 13개로 구분하고 있다.

표 1-1. 화장품 유형

유형분류명	소분류명
영 · 유아용 제품류	영·유아용 샴푸, 영·유아용 린스, 영·유아용 로션, 영·유아용 크림, 영·유아용 오일, 영·유아 인체 세정용 제품, 영·유아 목욕용 제품
목욕용 제품류	목욕용 오일·정제·캡슐, 목욕용 소금류, 버블 배스, 그 밖의 목욕용 제품류
인체 세정용 제품류	폼 클렌저, 바디 클렌저, 액체 비누, 외음부 세정제, 물휴지, 그 밖의 인체 세정용 제품류
눈 화장용 제품류	아이브로우 펜슬, 아이라이너, 아이섀도, 마스카라, 아이 메이크업 리무버, 그 밖의 눈 화장용 제품류
방향용 제품류	향수, 분말향, 향낭, 코롱, 그 밖의 방향용 제품류
두발 염색용 제품류	헤어 틴트, 헤어 컬러스프레이, 그 밖의 두발 염색용 제품류
색조 화장용 제품류	볼 연지, 페이스 파우더, 페이스 케이크, 리퀴드·크림·케이크 파운데이션, 메이크업 베이스, 메이크업 픽서티브, 립스틱, 립라이너, 립글로스, 립밤, 바디페인팅, 페이스페인팅, 분장용 제품, 그 밖의 색조 화장용 제품류
두발용 제품류	헤어 컨디셔너, 헤어 토닉, 헤어 그루밍 에이드, 헤어 크림·로션, 헤어 오일, 포마드, 헤어 스프레이·무스·왁스·젤, 샴푸, 린스, 퍼머넌트 웨이브, 헤어 스트레이트너, 그 밖의 두발용 제품류
손 · 발톱용 제품류	베이스코트, 언더코트, 네일폴리시, 네일에나멜, 탑코트, 네일 크림·로션·에센스, 네일폴리시·네일 에나멜 리무버, 그 밖의 손·발톱용 제품류
면도용 제품류	애프터 셰이브 로션, 남성용 탤컴, 프리셰이브 로션, 셰이빙 크림, 셰이빙 폼, 그 밖의 면도용 제품류
기초화장용 제품류	수렴·유연·영양 화장수, 마사지 크림, 에센스, 오일, 파우더, 바디 제품, 팩, 마스크, 눈 주위 제품, 로션, 크림, 손·발의 피부 연화 제품, 클렌징 워터, 클렌징 오일, 클렌징 로션, 클렌징 크림 등 메이크업 리무버, 그 밖의 기초화장용 제품류
체취 방지용 제품류	데오도란트, 그 밖의 체취 방지용 제품류
체모 제거용 제품류	제모제, 그 밖의 체모 제거용 제품류

2 화장품법 시행규칙, 총리령 제1636호(2020.08.05)

03 기능성화장품 및 범위 확대

화장품법에 정의된 기능성화장품의 범위는 화장품법 시행규칙 제2조에 11가지로 명시되어 있다. 항목 ⑥에서 ⑪까지는 화장품법의 기능성화장품 정의 중 ④, ⑤항에 해당되는 제품으로서 이전 화장품법 개정(2017.05.30)에서 범위가 확대된 기능성화장품으로 이전 의약외품에서 전환된 제품들이다.

기능성화장품의 범위

① 피부에 멜라닌색소가 침착하는 것을 방지하여 기미 · 주근깨 등의 생성을 억제함으로써 피부의 미백에 도움을 주는 기능을 가진 화장품
② 피부에 침착된 멜라닌색소의 색을 엷게 하여 피부의 미백에 도움을 주는 기능을 가진 화장품
③ 피부에 탄력을 주어 피부의 주름을 완화 또는 개선하는 기능을 가진 화장품
④ 강한 햇볕을 방지하여 피부를 곱게 태워주는 기능을 가진 화장품
⑤ 자외선을 차단 또는 산란시켜 자외선으로부터 피부를 보호하는 기능을 가진 화장품
⑥ 모발의 색상을 변화[탈염(脫染) · 탈색(脫色)을 포함한다]시키는 기능을 가진 화장품(다만, 일시적으로 모발의 색상을 변화시키는 제품은 제외)
⑦ 체모를 제거하는 기능을 가진 화장품(다만, 물리적으로 체모를 제거하는 제품은 제외)
⑧ 탈모 증상의 완화에 도움을 주는 화장품(다만, 코팅 등 물리적으로 모발을 굵게 보이게 하는 제품은 제외)
⑨ 여드름성 피부를 완화하는 데 도움을 주는 화장품(다만, 인체 세정용 제품류로 한정)
⑩ 피부장벽(피부의 가장 바깥 쪽에 존재하는 각질층의 표피를 말한다)의 기능을 회복하여 가려움 등의 개선에 도움을 주는 화장품
⑪ 튼살로 인한 붉은 선을 엷게 하는 데 도움을 주는 화장품

표 1-2. 기능성화장품의 정의 및 범위

<table>
<tr><th>화장품법
시행일자</th><th colspan="2">기능성화장품 정의
(화장품법 제2조2항)</th><th>기능성화장품 범위
(화장품법 시행규칙 제2조)</th></tr>
<tr><td rowspan="5">2000.07.01</td><td colspan="2" rowspan="2">피부의 미백에 도움을 주는 제품</td><td>피부에 멜라닌색소가 침착하는 것을 방지하여 기미·주근깨 등의 생성을 억제함으로써 피부의 미백에 도움을 주는 기능을 가진 화장품</td></tr>
<tr><td>피부에 침착된 멜라닌색소의 색을 엷게 하여 피부의 미백에 도움을 주는 기능을 가진 화장품</td></tr>
<tr><td colspan="2">피부의 주름 개선에 도움을 주는 제품</td><td>피부에 탄력을 주어 피부의 주름을 완화 또는 개선하는 기능을 가진 화장품</td></tr>
<tr><td colspan="2" rowspan="2">피부를 곱게 태워주거나 자외선으로부터 피부를 보호하는 데에 도움을 주는 제품</td><td>강한 햇볕을 방지하여 피부를 곱게 태워주는 기능을 가진 화장품</td></tr>
<tr><td>자외선을 차단 또는 산란시켜 자외선으로부터 피부를 보호하는 기능을 가진 화장품</td></tr>
<tr><td rowspan="6">2017.05.30</td><td rowspan="6">의약외품에서 전환된 제품</td><td rowspan="2">모발의 색상 변화·제거 또는 영양 공급에 도움을 주는 제품</td><td>모발의 색상을 변화[탈염(脫染)·탈색(脫色)을 포함한다]시키는 기능을 가진 화장품. 다만, 일시적으로 모발의 색상을 변화시키는 제품은 제외한다.(염모제, 탈염·탈색제)</td></tr>
<tr><td>체모를 제거하는 기능을 가진 화장품. 다만, 물리적으로 체모를 제거하는 제품은 제외한다.(제모제)</td></tr>
<tr><td rowspan="4">피부나 모발의 기능 약화로 인한 건조함, 갈라짐, 빠짐, 각질화 등을 방지하거나 개선하는 데에 도움을 주는 제품</td><td>탈모 증상의 완화에 도움을 주는 화장품. 다만, 코팅 등 물리적으로 모발을 굵게 보이게 하는 제품은 제외한다.(탈모방지제)</td></tr>
<tr><td>여드름성 피부를 완화하는 데 도움을 주는 화장품. 다만, 인체 세정용 제품류로 한정한다.(욕용제 중 여드름성 피부의 완화에 도움을 주는 제제)</td></tr>
<tr><td>피부장벽(피부의 가장 바깥 쪽에 존재하는 각질층의 표피를 말한다)의 기능을 회복하여 가려움 등의 개선에 도움을 주는 화장품</td></tr>
<tr><td>튼살로 인한 붉은 선을 엷게 하는 데 도움을 주는 화장품</td></tr>
</table>

기능성화장품 생산 금액은 지난 2001년 이후 꾸준히 증가하여 2016년에는 국내 화장품 생산 규모의 34.0%를 차지하였으며, 2004년~2016년 동안 연평균복합성장률(CAGR, Compound Annual Growth Rate)은 20.5%를 기록하였다. 또한 2017년 기능성화장품의 범위 확대로 앞으로도 기능성화장품의 생산 규모는 더욱 증가할 것으로 예상된다.

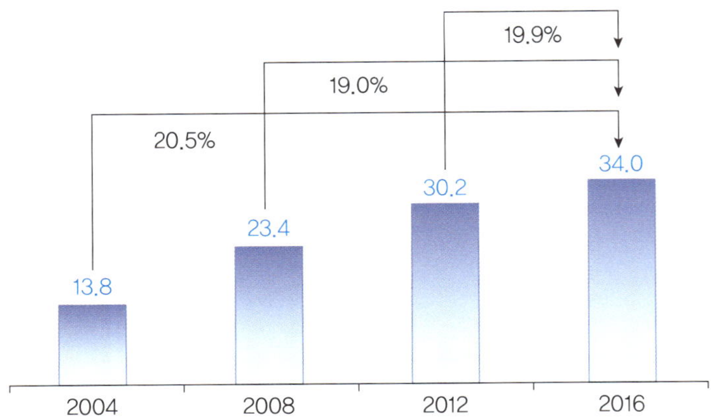

그림 1-1. 기능성화장품 생산 규모 및 성장률

기능성화장품의 유형별 생산 비율을 보면, 다중 효과를 주는 복합유형 기능성화장품 생산이 꾸준히 증가하여 최근에는 50% 이상을 기록하였다.

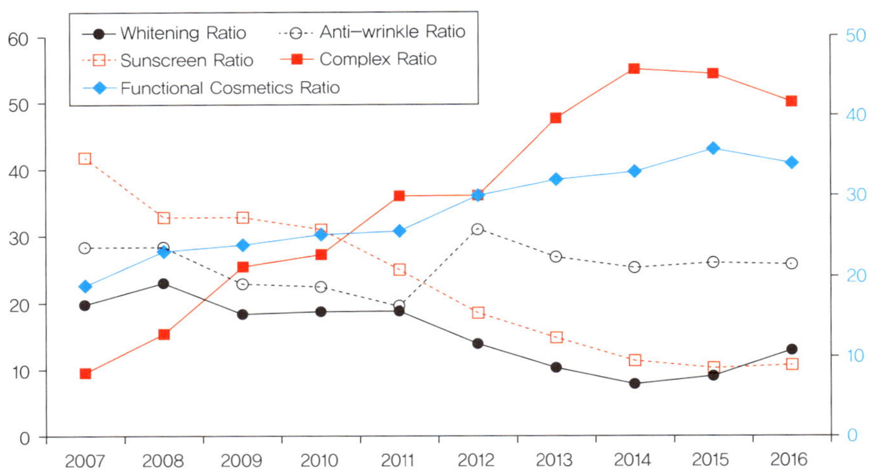

그림 1-2. 유형별 기능성화장품 생산 비율

04 화장품산업

화장품산업이란 화장품을 제조, 판매 또는 수입하는 산업으로 인류의 역사와 더불어 함께 발전하여 왔으며 미래에도 지속적으로 발전 가능한 고부가가치의 문화 · 경제산업으로 자리매김되고 있다. 이 부가가치는 화장품 산업의 브랜드 가치 및 기업의 가치를 뛰어넘어 국가 브랜드 이미지 개선 및 국가 경제발전을 견인할 성장동력 산업이라 할 수 있다[3].

1. 화장품산업의 특징

① 화장품산업은 단순하게 미모를 유지하기 위한 제품을 취급하던 향장산업에서 브랜드 가치, 광고, 디자인 등이 제품의 경쟁력에 중요한 변수로 작용하는 이미지산업, 기술 외에도 소비자의 감성 욕구를 충족시켜 주어야 하는 뷰티산업으로 발전하였다.

② 화장품산업은 최근 확대되고 있는 기능성화장품 수요에 적극적으로 대응할 수 있는 높은 기술력이 요구되고 있으며 기존의 정밀화학, 피부과학 외에도 바이오기술, 나노기술, 감성공학, 유전공학 등 첨단기술과 학문이 접목되어야 하는 하이테크산업이다.

③ 화장품산업은 글로벌 산업이다. 전통적으로 여성이 주 소비자이면서 내수시장으로 발전해 왔으나, 한류 열풍으로 해외에 한국 상품이 알려지면서 품질과 효능이 더욱 향상되는 계기를 마련하게 되었다. 최근 'K-Beauty'로 더 유명해진 한국의 화장품산업은 성별, 연령 및 국가 간 경계를 넘어 시장을 확대하고 있으며, 2022년까지 화장품 수출 3대 강국으로 도약하겠다는 정부의 화장품산업 정책 목표[4]와 함께 전세계 시장에서 입지를 다지고 있다.

④ 화장품산업은 고부가가치, 선진 미래형 산업이다. 대부분의 국가에서 화장품산업은 선진화된 공법과 고급 원료의 사용으로 점차 선진화되는 고부가가치 산업으로 변모하고 있다. 최근 부상하고 있는 4차 산업혁명 미래형 선도기술 개발을 통한 신시장 개척이 요구되는 산업이다. ICT(Information and Communication Technology, 정보통신기술) 융복합 기술 기반의 뷰티서비스 및 맞춤형 화장품 등 미래 우리나라 경제의 신수종 사업으로 기대되고 있다.

3 화장품산업의 특성 및 시장현황, 미래한국(2016.11.17)

4 화장품산업 종합발전계획, 보건복지부(2017.12)

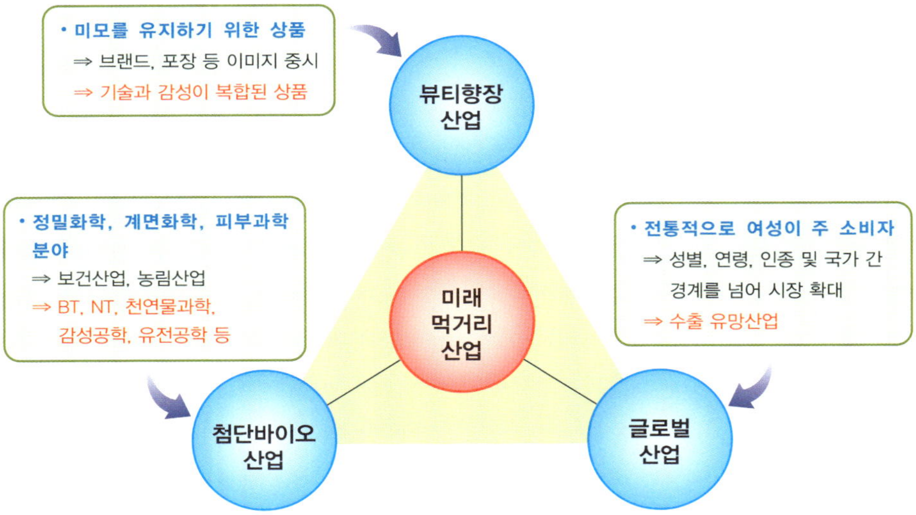

그림 1-3. 화장품산업의 특징

2. 화장품산업의 주요 기술

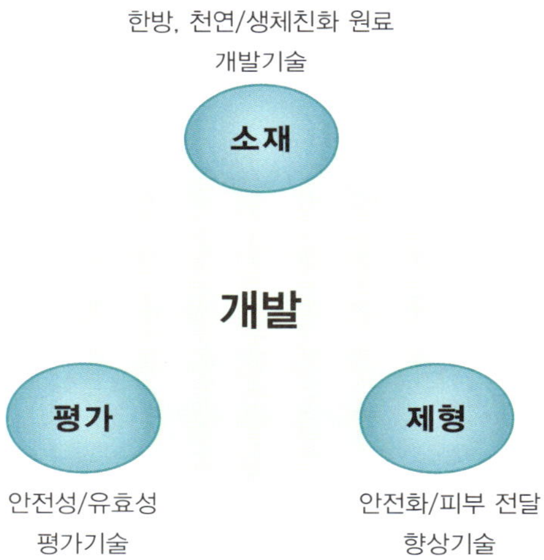

그림 1-4. 화장품산업 핵심기술

지난 2001년 한국보건산업진흥원은 국가연구개발사업의 투자효율성을 제고하기 위해 전문가와 문헌 조사를 통해, 기술예측의 한 방법인 델파이법을 이용하여 기술예측 조사[5]를 실시하였다. 본 보고서에서 화장품 기술 영역을 한방, 천연 및 생체친화 원료를 개발하는 기술인 소재기술, 제품의 안정화, 활성성분의 피부 전달을 향상시킬 수 있는 제품을 개발하는 기술인 제형기술, 소재와 제품에 대한 안전성, 유효성 등을 향상시키는 기술인 평가기술, 기타로 구분하였다.

대한화장품산업연구원 글로벌코스메틱연구개발사업단에서 2010년부터 진행한 화장품 R&D 지원사업의 내용을 보면, 화장품산업의 주요기술인 소재기술, 제형기술 및 평가기술로 정리되며, 화장품 분야에서 간과할 수 없는 용기용품기술이 포함되었다.

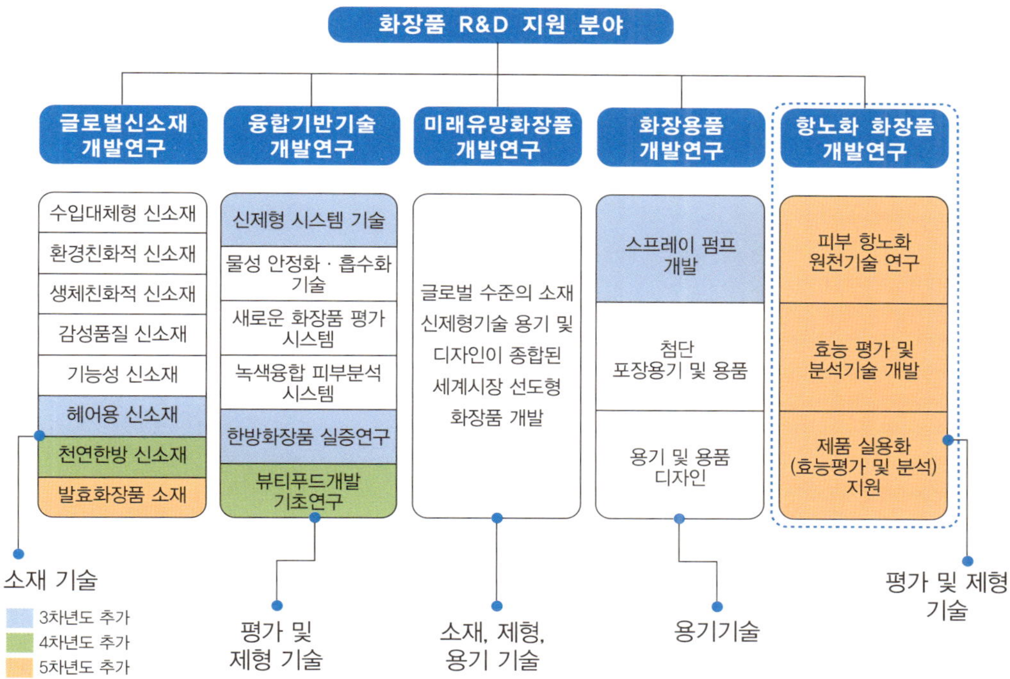

▮대한화장품산업연구원 글로벌코스메틱연구개발사업단(2010년~)

그림 1-5. 화장품 R&D 지원분야

5 미래보건산업기술예측, 한국보건산업진흥원(2001.05)

3. 화장품산업의 기술 수준

국내 화장품 기술 수준이 꾸준히 향상돼 2022년 기준 선진국 대비 86.1% 수준에 도달했으며, 기술격차 또한 점차 단축되고 있는 것으로 나타났다[6].

사업단 조사 결과에 따르면 선진국(프랑스, 일본, 미국, 독일) 대비 국내 화장품 기술수준은 2007년 67.4%, 2014년 80.1%, 2018년 86.8%, 2022년에는 86.1%로 나타났다. 기술격차는 2014년 4.8년, 2018년 2.4년에서 2.1년으로 단축된 것으로 조사됐다. 화장품 기술을 소재, 제형, 평가, 용기용품의 4개 분야로 나누어 실시한 이번 조사 결과 우리나라의 기술수준은 제형기술이 91.7%로 가장 높고, 소재기술이 82.2%로 가장 낮은 것으로 나타났다. 여기서 각 세부기술은

① 소재기술 : 탐색기술, 확보기술, 분석 표준화기술

② 제형기술 : 안정성 향상기술, 효능 향상기술, 안전성 향상기술, 감성 차별화기술

③ 평가기술 : 안전성 평가기술, 안정성 평가기술, 사용성 평가기술, 효능 평가기술

④ 용기 · 용품기술 : 보관기술, 토출 및 분사기술, 디자인 및 설계기술

세부 기술별 변화

① 소재기술은 82.2%(기술격차 2.7년)로 가장 낮았으며, 2018년 84.3%(기술격차 3.1%)에 비하여 기술격차 감소

② 제형기술은 91.7%(기술격차 1.2년)로 가장 높았으며, 2018년 89.6%(기술격차 1.7%)에 비하여 기술격차 감소

③ 평가기술은 83.5%(기술격차 2.4년), 2018년 84.7%(기술격차 2.7년)에 비하여 기술격차 감소

④ 용기 · 용품기술은 84.7%(기술격차 2.3년)로 2018년 88.9%(기술격차 2.0년)에 비하여 기술수준은 감소하고 기술격차는 증가

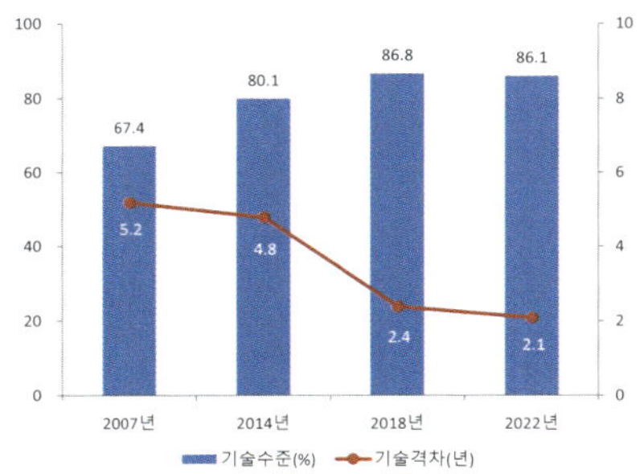

그림 1-6. 연도별 기술수준

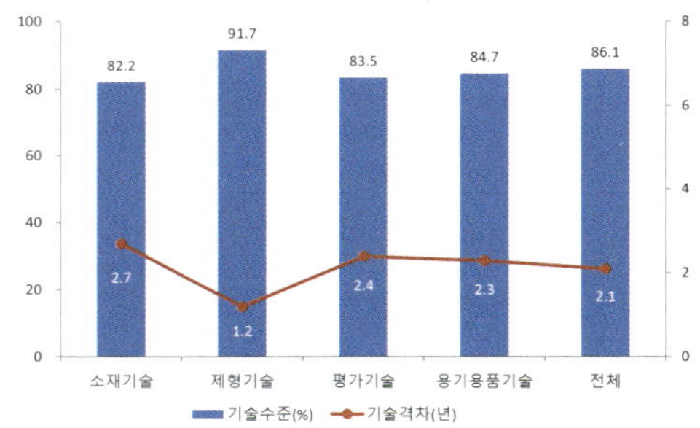

그림 1-7. 각 분야 기술수준

6 2022 한국 화장품 기술수준 조사, 피부과학응용소재선도기술개발사업단(2022.12)

특히 주목할만한 변화는 제형분야의 일부 세부기술은 한국이 세계 최고기술 보유국으로 평가됐다는 점이다. 즉, 불안정 효능 성분의 안정화 기술과 사용감 및 사용성 차별화 제형기술 수준은 한국이 세계 최고로 평가됐다.

국내의 화장품 기술이 모든 분야에서 꾸준히 향상된 것은 긍정적인 결과이나, 세부 기술별로는 아직 격차가 존재하고 있어 지속적이고 균형 잡힌 R&D 투자와 기술개발은 여전히 과제로 남아있다.

4. 화장품 품질 특성

화장품의 품질(Quality)이란, 일반적으로 그 제품을 사용하는 사람(소비자)의 만족도에 의해 결정된다. 제조 및 판매업자의 입장에서 품질은 기획설계(연구상)의 품질, 제조상의 품질, 판매상의 품질로 나눌 수 있는데, 어떠한 경우에도 품질 특성을 만족시키는 것이 필요조건으로서, 그 외에 경제성이나 시장에서의 타이밍도 중요한 요소가 된다[7].

화장품에서 품질 특성/요건이란 화장품을 만들어 판매하는 경우 기본적으로 소홀히해서는 안 될 중요한 특성으로, 안전성, 사용성, 안정성, 유효성을 들 수 있다. 화장품의 품질 요건 외에 소재 개발의 요건으로도 볼 수 있다.

화장품 품질 특성의 4대 요건

① 안전성 : 피부 자극, 독성, 중금속, 미생물 오염, 이물질 혼입, 파손 등
② 사용성 : 사용감(피부 친화성, 촉촉함, 부드러움), 편리성, 기호성(향, 색상, 디자인 등) 및 최근 중요시되고 있는 감성공학
③ 안정성 : 변색, 변취, 변질, 미생물 오염, 활성성분 역가 유지, 포장용기 등
④ 유효성 : 기능성으로 화장품의 기능 및 효능

이외에도 소재나 화장품을 개발, 판매하는 경우는 경쟁자들의 소재나 화장품과 다른 차별성이 부각되어야 한다.

7 김주덕 등, 신화장품학, 제2판, 동화기술(2004)

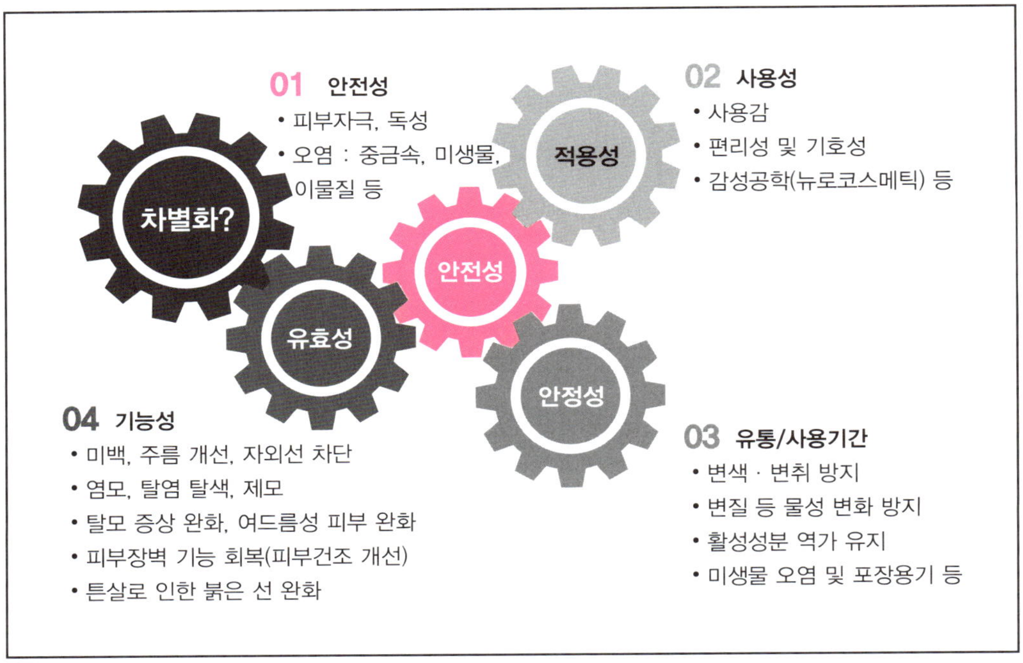

그림 1-8. 화장품의 품질 요건

5. 정부 정책 방향 및 발전계획

보건복지부는 지난 2013년에 보건/항노화산업 육성 추진의 일환으로 화장품산업을 첨단 수출산업으로 육성하여 국부 창출 및 창조경제 달성에 기여하고자, "2020 화장품 산업, G7국가로 진입" 목표를 발표하였다[8].

정부는 2020년에 생산 15조원, 수출액 60억 달러, 수출 비중 40%, 세계 100대 기업 10개를 달성하여 G7 국가로 진입하고자 하였으며 2015년에는 생산액 9조원(10.7조원 달성), 수출액 20억 달러(29.3억 달러 달성), 수출 비중 21%(약 30% 달성), 세계 100대 기업 5개(3개 달성)를 목표로 하여, 세계 100대 기업 목표 외에 모두 초과 달성한 것으로 나타났다[9].

---

8 화장품 수출 "명품 브랜드" 창출을 위한 화장품산업 글로벌화 강화전략, 보건복지부(2013.09)

9 2016년 화장품산업 분석 보고서, 한국보건산업진흥원(2016.12)

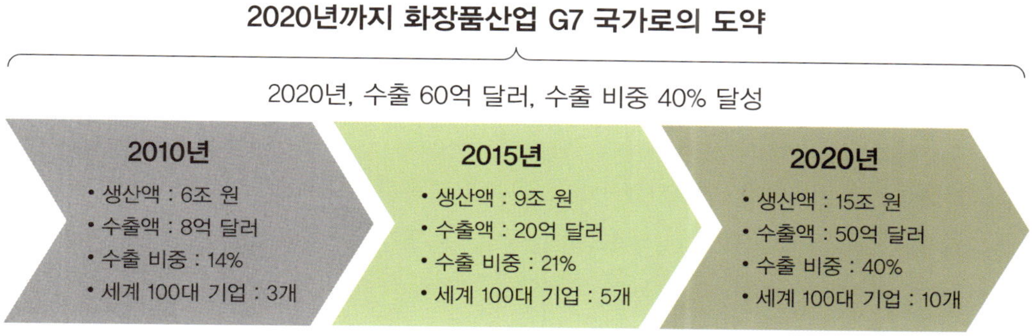

그림 1-9. 2020 화장품 산업, G7 국가로의 진입을 위한 목표

2017년에는 화장품산업에 대한 정부의 목표를 수정하는 계획[10]을 발표하였다. 본 계획서는 2022년 화장품 수출 세계 3대 강국으로의 도약을 위해 수출액 119억 달러, 일자리 창출 60만 명으로 목표를 설정하였고, 화장품산업의 발전과 트렌드를 고려하여 4대 목표와 12대 추진전략을 설정하였다.

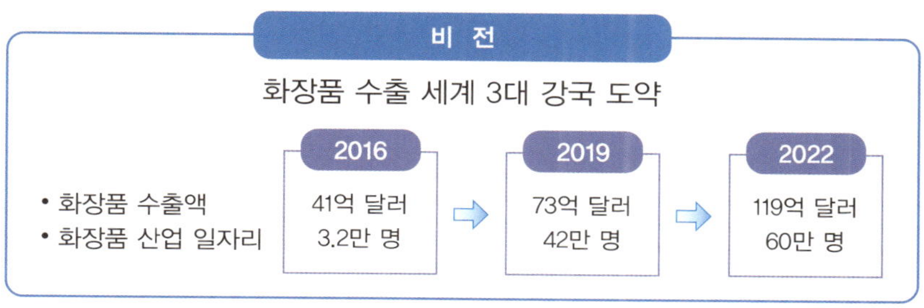

그림 1-10. 화장품산업 종합발전계획 비전

4대 목표 중 3개의 연구개발 목표

① 피부과학 응용연구를 통한 화장품 선도기술 확보

• 마이크로바이옴(Microbiome) 연구 : 인체에 도움을 주는 상재균에 해가 없거나 증식을 촉진시키는 미

10 화장품산업 종합발전계획, 보건복지부(2017.12)

생물 균총으로 질병 및 건강을 연구
- 환경오염-피부 영향 연구 : 미세먼지와 같은 공해 물질이 피부에 미치는 영향 연구
- 뉴로코스메틱(Neuro-Cosmetic) 연구 : 피부-뇌를 잇는 피부 기초이론 연구

② 화장품 공통 기반기술(제형·평가기술·원료소재) 개발로 품질 고도화

- 평가기술 개발 : 화장품의 안전성과 효능을 정량적으로 평가하는 기술 개발(개인 맞춤형 화장품에 적용할 수 있는 사용감 정량화 기술 등)

〈공해 방지 기능성 평가〉

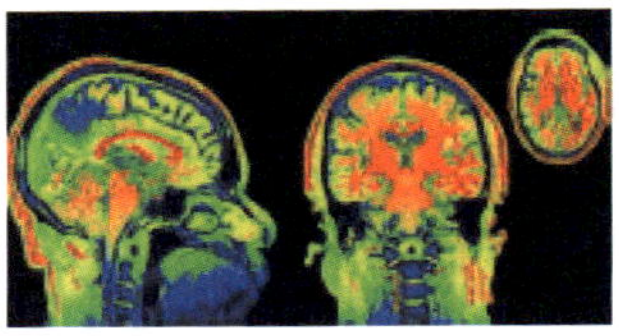

〈사용감 정량화 기술〉

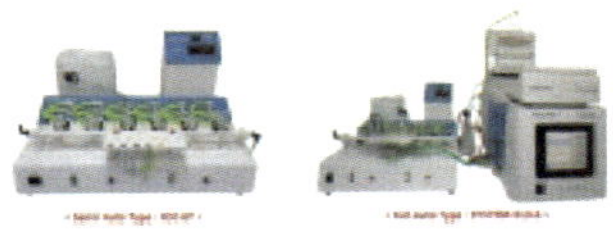

〈동물대체시험장치〉

- 신제형 기술 개발 : 피부층에 대한 전달력을 높여 효능을 증진시킴과 동시에 제품의 안정성과 피부에 대한 안전성을 향상시킬 수 있는 제형
- 인체적용시험 기술 개발 : 기능성화장품의 확대 영역에 대한 새로운 인체적용시험(in vitro, in vivo) 기술 개발
- 나고야의정서 대응 기술 개발 : 친환경 지속 가능 화장품 원료 소재 개발 기술 확보

③ 4차 산업혁명 미래형 선도기술 개발을 통한 신시장 개척

- 융복합 기기 개발 : 4차 산업혁명 융복합기술 기반의 화장용품 뷰티디바이스 개발

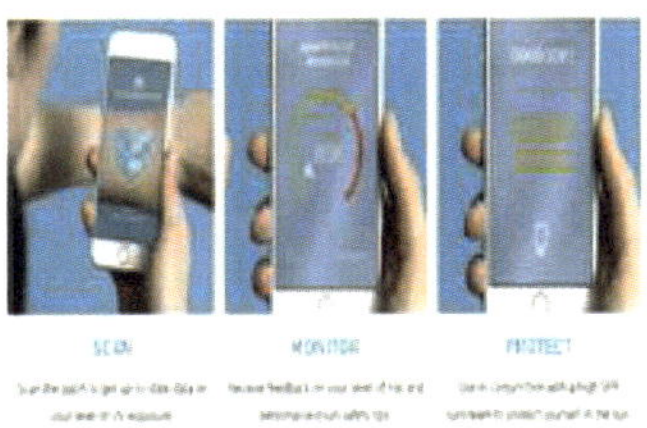

〈ICT 기반 피부관리기술〉

〈ICT 기반 기술〉

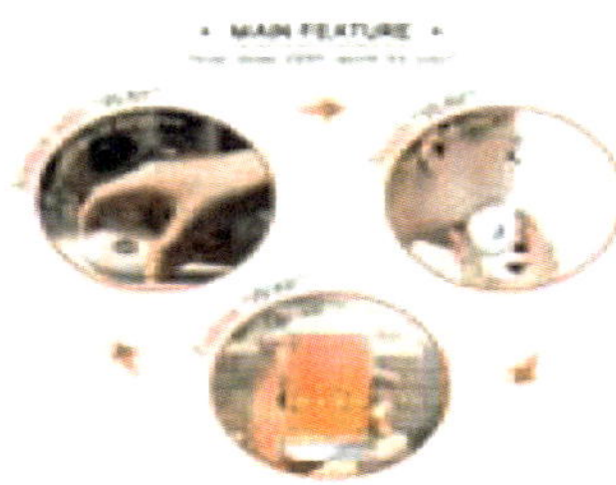

〈융합형 뷰티디바이스〉

2019년 12월 정부에서는 [K-뷰티] 미래 화장품산업 육성방안[11]을 통해 그간 민간 주도로 성장한 화장품 산업을 체계적인 정부지원을 통해(기술개발, 규제혁신, 수출전략화 등 전주기 지원을 위한 범부처 화장품산업 경쟁력 강화) 한단계 업그레이드하여 대한민국 신성장 수출 주력산업으로 성장시키고자 하는 종합대책을 발표하였다.

본 육성방안은 "세계 3대 화장품 수출 국가 도약"이라는 비전은 동일하나 2017년에 발표한 2022년 화장품 수출액 119억 달러에서 79억 달러로 수정하며, 신남방국가 수출비율을 20%까지 증가시키나, 일자리 창출은 다소 하향시키는 것으로 수정이 되었다. 3대 전략으로 ① 우리나라가 강세인 부문으로 세계 최초로 제도를 도입한 〈기능성 화장품〉, 또한 ② 세계 최초로 정책 수립 및 시장 선점을 위한 〈맞춤형 화장품〉, ③ 신기술 및 신소재 개발 및 문화연계를 통해 브랜드 역량 강화를 위한 〈고급화〉를, 주요과제로는 4대 목표와 14대 추진전략을 설정하였다.

비전	세계 3대 화장품 수출 국가 도약	
목표	▶ 수출확대 및 수출국가 다변화 – 수출액 : ('18) 4위(63억 달러) → ('22) 3위(79억 달러) – 신남방국가 수출비율 : ('18) 11% → ('22) 20% ▶ 글로벌 리딩기업 및 강소기업 육성 – 글로벌 100위 기업 : ('18) 4개사 → ('22) 7개사 – 매출 50억 원 이상 기업 : ('17) 150개사 → ('22) 276개사 ▶ 신규 일자리 7.3만 개 창출 – 일자리 : ('18) 23.5만 명 → ('22) 30.8만 명	
3대 전략	기능성	세계 최초 기능성 화장품 제도 도입('99) 이후 선도 지위 유지(고도화) * 미백 · 주름 개선 · 자외선 차단 · 여드름 · 탈모 등 10종('19년)
	맞춤형	피부 특성, 유전체 등을 고려한 '나만의 화장품' 수요 확대에 맞추어 세계 최초 '맞춤형 화장품' 정책 수립 및 시장 선점
	고급화	신기술 · 신소재 개발 및 문화연계(K-POP)를 통한 브랜드 역량 강화

그림 1-11. 2022 화장품 산업, 세계 3대 화장품 수출 국가로의 도약을 위한 목표 및 전략

11 [K-뷰티] 미래 화장품산업 육성방안, 관계부처 합동(2019.12)

4대 목표 중 3개의 연구개발 목표는

① 기초소재 국산화 및 피부과학 응용연구

- 기초소재 국산화 : 수입 의존도가 높은 화장품 기초소재 국산화 및 나고야 의정서 대응 자생 천연 생물자원 화장품 소재 국산화
- 항노화 기술 : 피부노화 기전 연구를 통한 항노화 물질 개발 및 피부 마이크로바이옴 조절을 이용한 민감성 피부 예방 개선 화장품 개발
- 환경오염 피부영향 연구 : 미세먼지, 유해광선 등 환경 공해요소로부터 피부건강을 지키기 위한 화장품 개발
- 친환경 포장소재 · 용기 : 환경에 유해한 영향을 미치는 플라스틱 · 용기를 대체할 수 있는 소재 및 용기 개발

② 유전자 분석 맞춤형 기술 개발

- 유전체 분석 맞춤형 기술 : 100만 명 바이오 빅데이터와 연계한 유전자 분석결과를 활용하여 개인의 피부특성을 반영한 화장품 개발
- 수출국 맞춤형 기술 : 국가 · 지역별 선호 천연물, 종교 · 문화 · 기후, 현지 법률 등 규제를 고려한 수출국 맞춤형 소재 및 제형 개발

③ 글로벌 시장선도를 위한 신기술 개발

- 효능증진 기술 : 피부층에 효과적으로 전달되어 화장품뿐만 아니라 의약품 등에서도 활용 가능한 제형기술 개발
- 감성 제형기술 : 색상, 질감, 사용감 등 감성 차별화 기술 개발
- 동물실험 대체 평가기술 : 3D 인공피부 등 동물실험 대체기술, 바이오 이미징(생체현상 영상화) 등 첨단 기술을 융합한 평가기술 개발

※ 주요 R&D 지원 분야(예시)

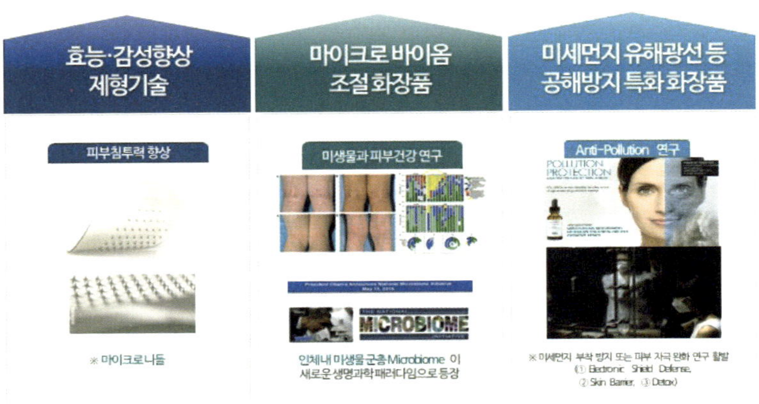

국내 화장품산업은 2016년에 생산액 13조원, 세계에서 8번째 시장 규모, 수출액 41.9억 달러, 수출 비중은 37.4%인 것으로 나타났다. 국내 화장품 생산액의 연평균복합성장률(2011년~2016년)은 13.9%로 전체 제조업 성장률 3.6%, 국내 GDP 성장률 4.4%보다 3배 이상 높다[12].

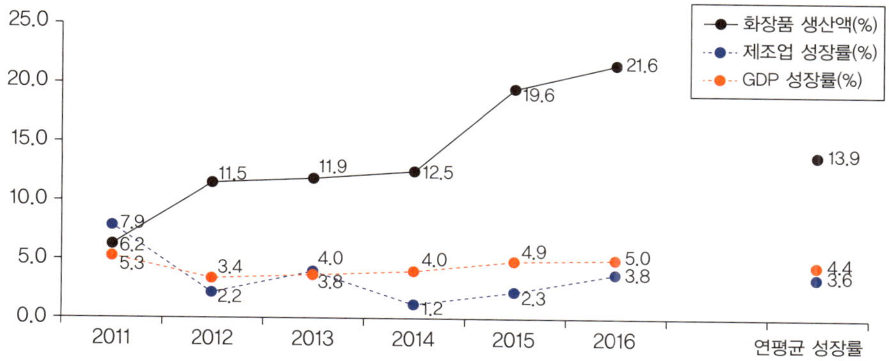

그림 1-12. 화장품 생산액의 연평균 성장률

12 2017년 화장품산업 분석 보고서, 한국보건산업진흥원(2017.12)

화/장/품/학

COSMETOLOGY

PART 2

화장품 과학

01 화장품과 피부

피부는 전신을 싸고 있어 외부로부터의 여러 자극이나 장해 및 건조로부터 생체를 보호하는 역할을 한다. 피부는 표면으로부터 표피, 진피, 피하조직의 세 개 층으로 구분되고, 모발, 손·발톱, 피부선(피지샘, 땀샘) 등 부속기관이 존재한다.

피부는 아래와 같이 다양한 역할을 하는 기관이다.

표 2-1. 피부의 기능

구분	내용
보호기능	외부 압력, 외부 온도, 자외선, 미생물 침투(산성지방막, 피부장벽) 등으로부터의 보호
흡수기능	지용성 성분들의 선택적 흡수
호흡기능	피부 호흡(전체 호흡의 0.6%)
분비기능	땀 및 피지 분비(노폐물 분비)
체온조절기능	열 차단, 열 확산
감각기능	외부 환경 변화의 자극 ⇨ 피부 내의 수용체에 전달
비타민 D 합성	자외선 ⇨ 에르고스테롤, 디하이드로콜레스테롤 ⇨ 비타민 D 합성
저장기능	지질과 수분의 저장

1. 표피(Epidermis)

표피는 피부의 가장 바깥 층으로 신체의 중요한 장기를 보호하는 역할을 하고 세균 바이러스, 유해한 화학물질 침투 방지, 수분 유지 작용을 한다. 표피(100~300㎛)는 아래로부터 기저층, 유극층, 과립층, 투과층, 최외각의 각질층(10~15㎛)으로 구분된다.

표피의 구성 세포

① 각질형성세포(keratinocyte, 케라티노사이트) : 기저층에 존재하며 최종적으로 각질층을 구성하는 각질세포를 만드는 세포

② 멜라닌형성세포(melanocyte, 멜라노사이트) : 기저층에 존재하며 멜라닌을 합성하여 주변의 각질형성세포에 멜라닌이 축적된 멜라노좀(melanosome)을 공급하는 세포

③ 랑게르한스세포(Langerhans cell) : 유극층에 존재하며 면역반응(immune response) 조절에 관여한다[1]. 감염(infection)과 염증(inflammation)에 대한 피부반응을 조절하는 기능을 담당하는 세포이다.

④ 메르켈세포(Merkel cell) : 기저층에 존재하며 신경세포가 밀집된 상피성 촉각세포로 메르켈-란비어(Merkel-Ranvier) 세포 또는 촉각상피세포(tactile epithelial cell)로도 알려져 있다. 손가락 끝, 입술, 모낭 등과 같이 민감한 피부에 다량 존재하며, 특히 빛과 열에 민감하다. 가벼운 터치 정도의 촉각에 대해 반응하고, 피부에서 느껴지는 여러 감각들을 전달하는 세포가 있다.

우리 몸의 수분 함량은 70% 정도로 피부 진피층까지 수분 함량이 유지되나, 표피의 기저층을 지나 각질층까지 오면 수분 함량이 감소하게 된다. 피부를 정상적으로 유지시켜 주기 위한 정상 피부에서 각질층의 수분 함량은 10~20% 정도로 알려져 있다.

각질층은 피부의 장벽(barrier) 역할을 하며, 각질층의 수분 함량 유지는 피부지질과 천연보습인자(Natural Moisturizing Factor, NMF)[2]가 중요한 요소로 작용한다. 피부지질[3]은 진피의 피지샘으로부터 분비되는 피지 성분과 표피 유래의 각질세포간지질로 구성되며, 천연보습인자는 각질 등의 내에 존재하는 수용성 성분이다.

표 2-2. 피부지질 조성

피부지질 성분	조성(%)	범위(%)
트리글리세라이드	41.0	19.5 ~ 49.4
왁스에스터	25.0	22.6 ~ 29.5
지방산	16.4	7.9 ~ 39.0
스쿠알렌	12.0	10.1 ~ 13.9
다이글리세라이드	2.2	2.3 ~ 4.3
콜레스테롤에스터	2.1	1.5 ~ 2.6
콜레스테롤	1.4	1.2 ~ 2.3

표 2-3. 천연보습인자 조성

천연보습인자(NMF) 성분	조성(%)
아미노산류	40.0
PCA(피롤리돈카르본산)	12.0
젖산염	12.0
요소	7.0
NH_3, 요산, 글리코사민, 크레아티닌	1.5
구연산염	0.5
Na, K, Ca, Mg, PO_4, Cl	18.5
당, 유기산, 펩타이드, 기타	8.5

피부지질의 양은 피지샘에서 배출된 피지의 영향이 크며, 부위에 따른 차이 외에 연령, 성, 계절, 피부 온도에 따라 차이가 있다.

1 D.H. Kaplan et al., Epidermal langerhans cell-deficient mice develop enhanced contact hypersensitivity, Immunity, 23(6), 611-620(2005)
2 김주덕 외, 신화장품학, 제2판, 동화기술(2004)
3 D.T. Downing et al., Variability in the chemical composition of human skin surface lipids, J. Invest. Dermatol., 53(5), 322-327(1969)

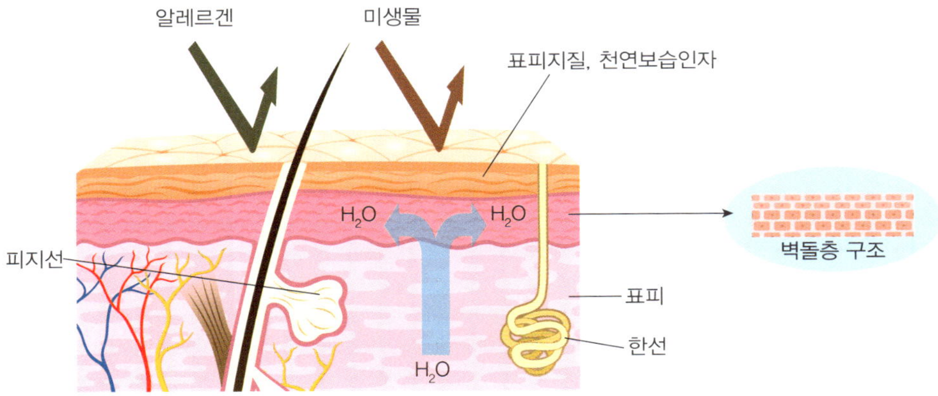

그림 2-1. 피부 구조

표피의 각질층은 벽돌층 구조로 각질세포와 각질세포간지질로 구성되며, 각질세포 간의 거리는 50~100nm로, 입자가 작은 경우 세포간지질을 용이하게 통과할 수 있는 가능성이 제시되고 있다[4]. 각질세포간지질은 표피 내외로부터 수용성 물질의 투과나 수분 증발의 방어, 각층의 NMF 성분 유출 억제 및 각질세포의 접착 역할을 한다. 각질세포간지질은 자료마다 다소 차이는 있으나, 세라마이드 및 유도체 45%, 콜레스테롤 및 유도체 40%, 지방산 9% 정도로 이루어져 있다.

표 2-4. 각질세포간지질 조성

각질세포간지질 성분	조성(%)
세라마이드	41.1
세라마이드에스터	3.8
콜레스테롤	26.9
콜레스테롤에스터	10.9
지방산	9.1
황산콜레스테롤	1.9
기타	6.3

표피의 기저층에서 생성된 각질형성세포는 기저층을 벗어나 위쪽으로 이동하면서 분화를 시작해 구조와 그 구성성분에 많은 변화가 일어난다. 각질형성세포 분화의 최종 단계는 핵이 없고 편평한 비늘로

4 이정노, 기초화장품 이론 및 실습, 한국학술정보(2012)

이루어진 각질층으로 된다. 이와 같이 각질층은 항상 새로운 세포층으로 대체되는데 이를 턴오버(turn over)라 한다. 일반적으로 정상적인 피부에서 표피의 턴오버는 약 4~6주간이다. 이물 침입이나 각질층 파괴 등이 일어나면 민감하게 반응하고, 각질형성세포의 분열이 활발해져서 턴오버의 속도가 빨라져 이물의 배제나 각질층의 수복이 이루어진다. 또한 화학적 자극이나 물리적 자극이 반복되어 피부에 가해지면 각질층이 두꺼워진다. 이러한 반응은 외부로부터의 자극에 대한 피부의 방어 반응이라고 볼 수 있다. 피부 노화가 진행되면 각질형성세포 분화가 잘 진행되지 않아 결국 턴오버가 느려지고, 피부에 각질이 쌓이게 되며 각종 피부 노폐물과 뒤섞여 모공을 막아 칙칙하고 푸석푸석해질 수 있다.

표피의 기저층에 존재하는 멜라닌형성세포에서는 멜라닌을 합성한다. 멜라닌 합성 과정은 비교적 잘 알려져 있다. 멜라닌이 생성 및 탈락되는 메커니즘은 다양하나 크게 5가지로 구분할 수 있다.

① 피부가 외부 자극이나 자외선에 노출
② 멜라닌형성세포에서 멜라닌이 합성되는 경로도에서 타이로시나아제(tyrosinase) 효소의 활성이 증가됨으로써 타이로신(tyrosine)이 도파(Dopa)로 전환
③ 다시 도파(Dopa)가 도파퀴논(Dopaquinone)으로 전환
④ 멜라닌형성세포 내 멜라닌이 축적된 멜라노좀이 주변의 각질형성세포로 이동
⑤ 각질형성세포 분화와 멜라노좀의 분해로 멜라닌이 피부에 머무르다가 탈락

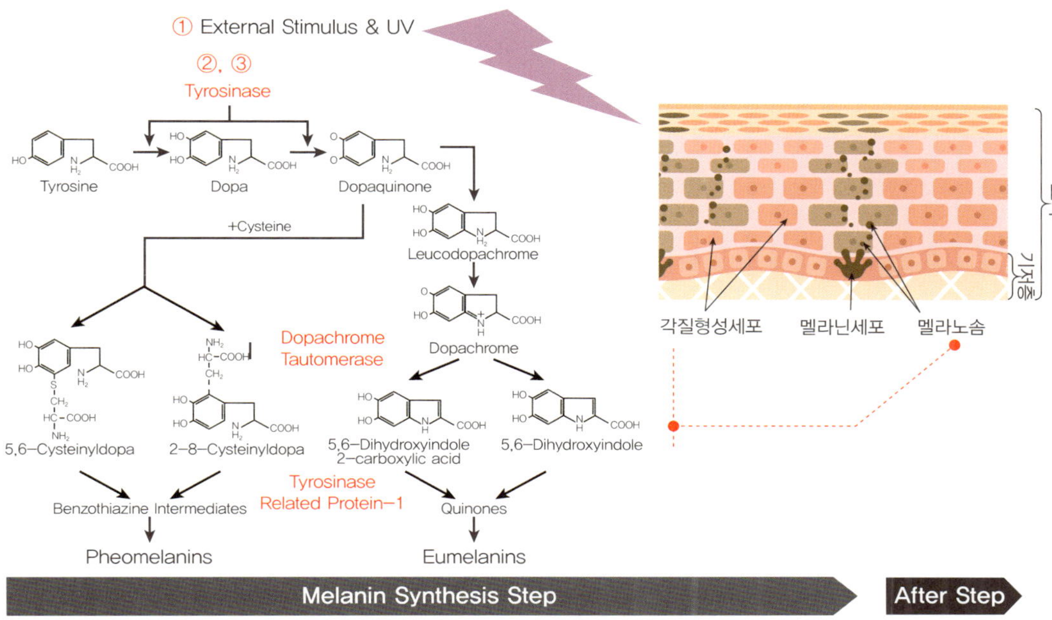

그림 2-2. 멜라닌 합성 경로도

기능성화장품으로서 미백에 도움을 주기 위해서는, 멜라닌이 합성되어 최종적으로 우리 눈에 보이게 되는 5가지 메커니즘을 저해 및 감소시키는 방향으로 진행되어야 한다. 즉, 외부 자극의 감소나 자외선 차단, 타이로시나아제 활성을 저해, 멜라노좀의 각질형성세포로의 전이를 차단, 멜라닌이 포함된 각질층을 탈락시키는 방향이다.

2. 진피(Dermis)

진피는 기저막(epidermal basement membrane)을 사이에 두고 표피와 접해 있다. 기저막은 표피와 하부 구조인 진피를 접합시키고, 그 접합 부위인 기저막대는 유동성 반투과성의 여과기로 생각되고 있으며 표피와 진피 사이에서 액상의 물질은 투과시키나 염증세포나 종양세포들이 왕래하는 것을 제어하는 방어막으로서의 역할을 수행하고 있다.

Woodley는 표피-진피 접합부(dermal-epidermal junction, DEJ)의 중요성[5]에 대하여 표피세포 지지 및 부착, 영양물질의 이동, 표피 분화의 조절 기능의 3가지 새로운 영역을 기술하였다. 또한 노화에 따른 타입 IV, VII 콜라겐이 감소하면 표피-진피 지지 기능이 감소하며, 선별 투과 기능 약화로 해로운 성분이 쉽게 진피에 영향을 주어 주름 발생의 원인이 되기도 한다[6].

진피에는 선천 면역을 담당하는 대식세포(macrophage), 지방세포(fat cell), 즉시형 알레르기 반응을 일으키는 히스타민과 세로토닌을 생산하는 비만세포(마스트세포, Mast cell), 색소보유세포(chromatophore), 세포 외 매트릭스를 합성 및 분비하는 섬유아세포 등이 있다. 세포 외 매트릭스는 세포와 세포를 단단히 해주어 피부 주름을 예방해주며 혈관을 탄력 있고 부드럽게 해주는 콜라겐(collagen)이라고 하는 교원섬유(collagen fiber)와 피부에 탄력성을 주는 엘라스틴(elastin)이라고 하는 탄력섬유(elastin fiber) 등이 있다. 이외에 다당류 성분인 뮤코다당(글리코스아미노글리칸)으로 히알루론산과 콘드로이친설페이트 등이 있다. 다당류는 단백과 결합하여 프로테오글리칸의 형태로 존재하며, 대량의 수분을 보유하는 젤상으로 섬유 사이에 채워져 있다.

화장품과 관련하여 피부의 노화 현상은 표피층과 진피층의 변화로 나타난다. 표피층에서는 각질층의 수분 함유 능력 감소, 각질세포 턴오버 감소, 각질형성세포 기능 감소, 색소형성세포의 불규칙한 활성 증가가 발생한다. 진피층에서는 섬유아세포의 활성 저하로 콜라겐의 생합성이 감소하며 변성된 엘라스틴 증가, 매트릭스메탈로단백질가수분해효소(matrix metalloproteinase-1, MMP-1)의 증가로 콜라겐의 분해가 증가하는 현상이 발생한다.

5 D.T. Woodley, Importance of the dermal-epidermal junction and recent advances, Dermatologica., 174(1), 1-10(1987)
6 황재성, 화장품과 피부과학 연구동향, 보건산업기술동향(2011)

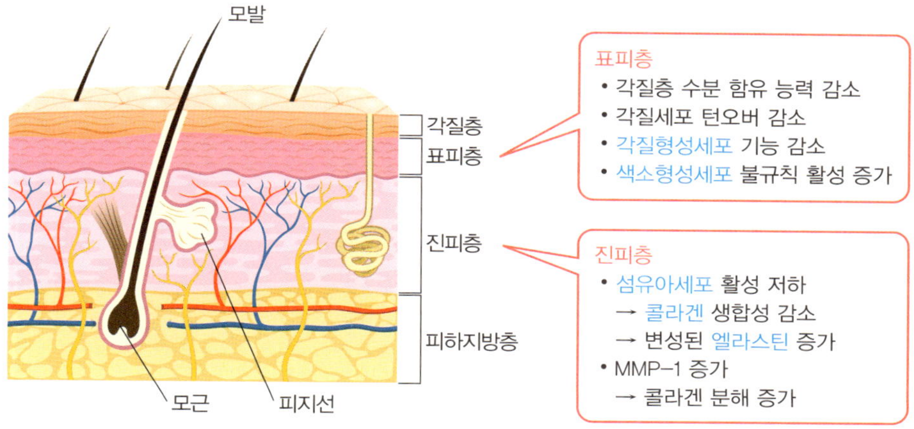

그림 2-3. 표피층과 진피층의 변화에 의한 피부 노화 현상

3. 피하조직(Hypodermis)

피하조직은 지방세포로 구성되어 있으며, 피부에 속하지 않는 것으로 보고 있다. 화장품 측면에서 지방세포 분해 및 감소를 통한 바디 슬리밍 제품[7]들이 소개되어 있으며, 지방세포의 분화 촉진을 통해 피부 볼륨 증가[8]와 관련한 연구 및 제품 개발이 이루어지고 있다.

4. 피지샘과 피지(Sebaceous gland and sebum)

피지샘은 피부의 부속기관으로서 진피층에 존재하며, 피지의 합성 및 분비기관이다. 피지샘은 안면 중앙부(이마, 미간, 콧방울, 입 주변), 이른바 T존이라는 부분에 잘 발달되어 있다. 피지와 땀 성분으로 피부보호막(산성지방막)을 형성하여 외부로부터의 유해물질이나 세균의 침입을 막으며, 체내로부터 수분 등의 물질이 방출되는 것을 막아 준다. 피지를 포함한 피부지질 성분은 부위에 따른 차이 외에 연령, 성[9], 계절, 피부 온도에 따라서도 다르고, 또 하루 중에도 차이가 있다.

---

7 박미영 등, Slim813의 지방산 분해 촉진을 통한 슬리밍 효능 연구, J. Soc. Cosmet. Scientists Korea, 38(2), 189-195(2012)
M.J. Kim et al., Trapa japonica Flerov extract attenuates lipid accumulation through downregulation of adipogenic transcription factors in 3T3-L1 cells, American Journal of Molecular Biology, 5, 32-41(2015)

8 김미진 등, 질려자 추출물의 피부 볼륨 증진 및 주름 개선 효과, Korean Society for Biotechnology and Bioengineering Journal, 31(3), 1-8(2016)

9 A. Yamamoto et al., Effect of aging on sebaceous gland activity and on the fatty acid composition of wax esters, J. Invest. Dermatol., 89(5), 507-512(1987)

피지 분비는 남성호르몬의 영향을 받아 남성의 피지 분비량이 여성보다 많으며, 예전에는 피부 타입을 결정하는 중요한 요인으로 작용하였다.

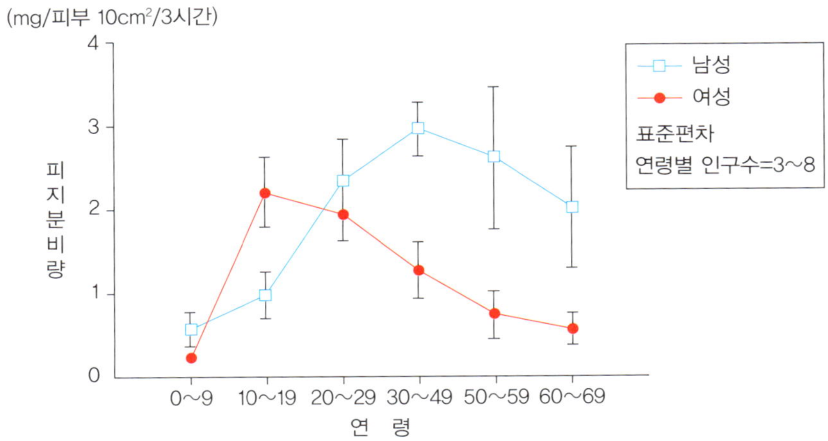

그림 2-4. 연령, 성에 따른 피지 분비량

피지는 피부보호막을 구성하는 성분이지만, 과하게 분비되면 피부를 번들거리게 하며 색조 화장을 들뜨게 하는 미용상의 단점이 있다. 특히 젊은 층들이 사용하는 화장품에는 피지 제거, 피지 흡착, 피지 연화, 모공수축 등 피지와 관련한 제품이 많으며 여러 연구[10]들이 진행되고 있다.

5. 땀샘과 땀(Sweet gland and perspiration)

땀샘은 땀을 분비하는 샘으로 에크린샘(eccrine sweet gland)과 아포크린샘(apocrine sweet gland)으로 구분된다. 체취의 원인은 단백질 및 지질 등이 상대적으로 많이 포함된 아포크린 땀샘에서 나오는 땀이 피부상재균에 의해 분해되어 악취 유발 물질로 변화하는 데 기인한다. 아포크린 땀샘은 겨드랑이, 회음부, 유두 주위, 배꼽 주위 등 신체 일부분의 모낭 부근에 존재한다. 피지 성분에 변종 지방산(palmitoleic acid)의 양이 증가하고, 이 물질이 산화되면서 '노네날(Nonenal)'이라고 하는 악취 유발 알데히드 물질이 생성되며, 이 물질이 노인성 악취의 원인이 된다. 또한 류신(leucine)이 류신디하이드로제네이즈(leucine dehydrogenase)에 의해 이소발레르산(isovaleric acid)이 생성되면 특유의 악취를 풍기게 한다.

10 최윤경 등, 유중수형 에멀션법에 의해 제조된 키토산 비드의 피지 흡착 특성 평가, Kor. J. Aesthet. Cosmetol. 11(5), 937-942(2013)

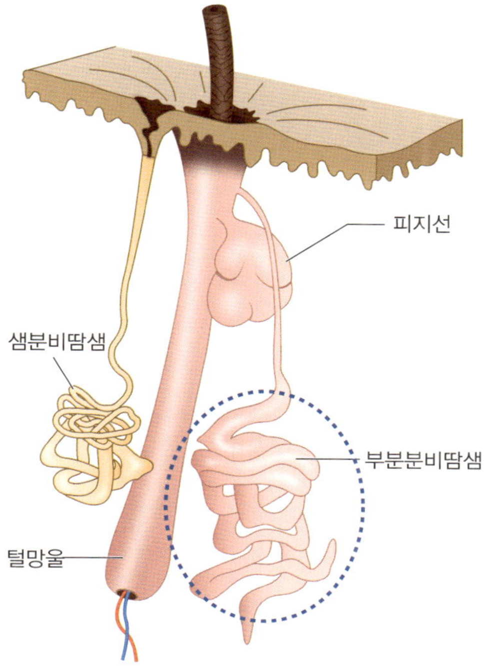

그림 2-5. 땀샘과 체취

화장품법 시행규칙 유형분류명에 체취 방지용 제품류가 분류되어 있으며, 환경 변화 및 고령화사회로 접어들면서 체취 방지 관련 제품의 개발 및 연구[11]가 활발히 진행되고 있다.

11 T.K. Jung et al., Development of deodorizing agent from natural plant extracts, IFSCC, Swiss Zurich(2015)

02 화장품과 모발

1. 모발

피부의 단면에서 본 모발은 피부 표면으로 나와 있는 모간(hair shaft)과 피부 속의 모근(hair root)으로 나누어진다. 모근의 아래 부분을 감싸고 있는 주머니를 모낭(hair follicle)이라 하며, 모낭 아래쪽에 팽창된 부분을 모구(hair bulb)라 한다. 모낭은 털을 만드는 피부기관으로, 털주머니, 털집이라고도 하며, 진피 속 모근을 둘러싸고 영양을 제공한다.

모구의 중앙 부위에 구상으로 들어간 부분을 모유두(dermal papilla)라 하며, 모유두는 피하조직 내에서 모세혈관과 모모세포를 가지고 있어 모발을 자라나게 하는 중요한 부위다. 이 부분에는 모발에 색을 부여하는 수지상의 색소형성세포(melanocyte)도 있다.

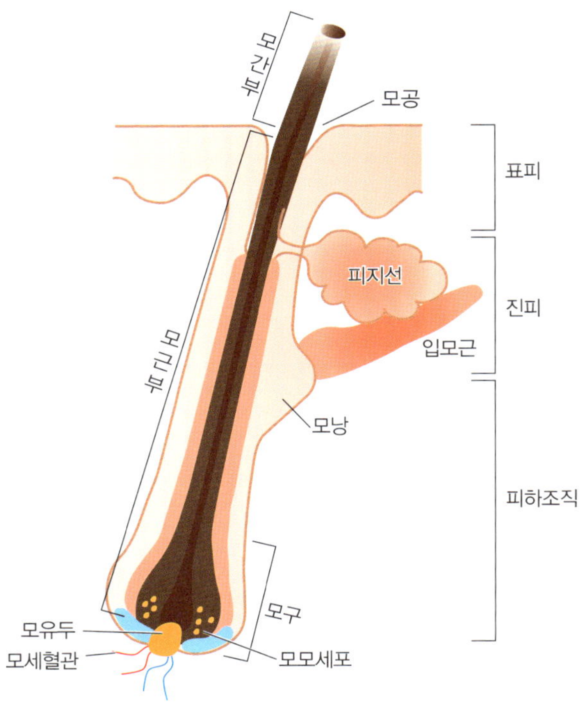

그림 2-6. 모발의 해부도

2. 모발 구조

모발은 기본적으로 모표피(규티클, cuticle), 모피질(코텍스, cortex), 모수질(메듈라, medulla)로 구성된다. 모피질이 모발의 80~90%를 차지하며 모발의 질을 결정한다. 모수질은 모발의 중심 부분으로 멜라닌색소를 가지고 있다.

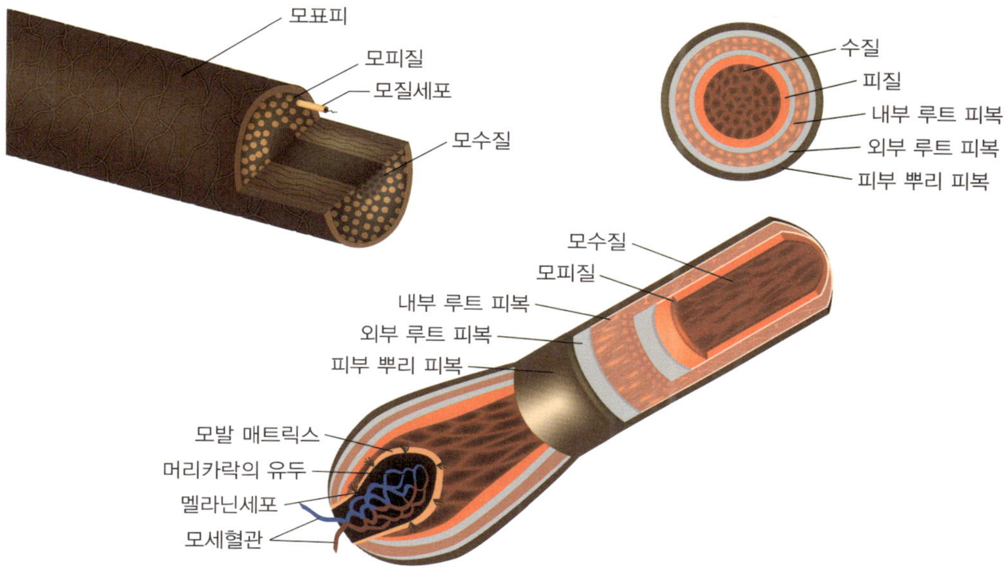

그림 2-7. 모발의 구조

3. 모발 주기

모낭(hair follicle)은 발생 기원이 다른 여러 세포들의 상호작용으로 케라틴(keratin)이라고 하는 특수한 단백질로 이루어진 털을 만들어 내는 일종의 미니 장기(mini-organ)다. 모발은 신체의 다른 세포나 조직과는 달리, 모낭 주기 또는 모발 주기(hair cycle)라는 독특한 생체리듬을 갖고 있다. 즉, 일정하게 계속 자라다가 쇠퇴하여 결국 사멸하는 과정을 거치는 것이 아니라 4단계의 순환 주기를 갖는다.

① 성장기(anagen stage) : 모모세포의 활발한 활동으로 모발이 신장되며, 5~6년 정도 지속적으로 성장하는 시기(88% 차지)

② 퇴행기(catagen stage) : 성장기가 지나면서 대사과정이 느려지고 차츰 2~3주 정도 모발 성장이 감소하는 시기(1% 차지)

③ 휴지기(telogen stage) : 상장이 멈춰버리는 단계로 모근이 2~3개월 빠지는 시기(11% 차지)를 거쳐 다시 성장기로 들어간다.

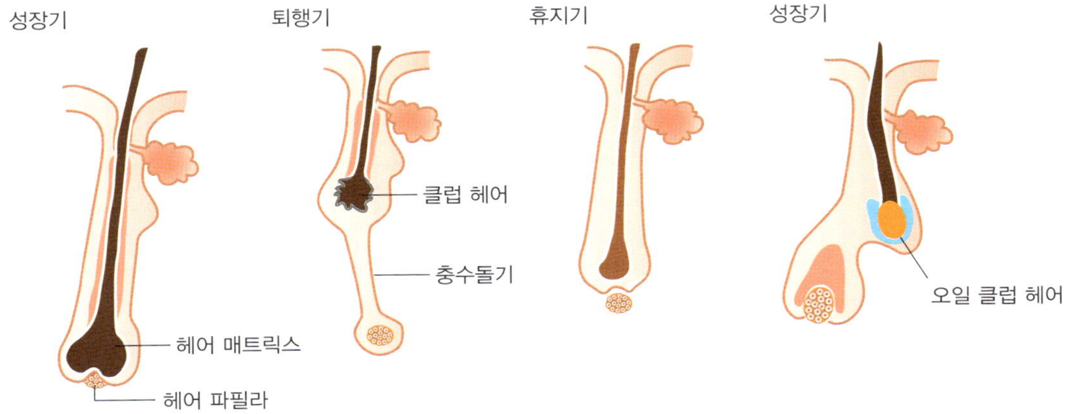

그림 2-8. 모발 주기[12]

4. 모발 화학

모발은 화학적으로 단백질, 멜라닌색소, 지질, 미량원소 및 수분으로 구성되어 있다. 모발의 주성분인 단백질은 시스틴을 다량 함유하고 있는 케라틴 단백질이고, 케라틴은 약 18종의 아미노산으로 이루어져 있다.

주요한 케라틴의 아미노산 조성은 다음과 같다[13]. 다른 자료[14]에는 18~19종의 아미노산이 소개되어 있으며, 조성 함량에 약간의 차이를 보인다. 모발 케라틴의 특이점은 히스티딘(histidine) : 라이신(lysine) : 아르기닌(arginine) = 1 : 3 : 10의 비율을 보인다.

모발에 존재하는 결합

① 염 결합(COO^- + NH_3^+) : 음이온으로 하전된 카르복실이온과 양이온으로 하전된 암모늄이온과의 결합이다. pH 4.5~5.5 범위, 등전점에서 강한 결합력을 나타낸다.

② 펩타이드 결합(-CO-NH-) : -COOH와 $-NH_2$에서 물이 제거되어 만들어지는 결합으로 상당히 강하다.

③ 시스틴 결합($-CH_2-S-S-CH_2-$) : 유황(S)을 함유한 단백질로, 다른 섬유에서는 볼 수 없는 측쇄결합으로 케라틴을 특징짓는 결합이다.

예 퍼머넌트 웨이브 : 환원제로 시스틴 결합을 절단하고, 모발을 원하는 형태로 변형시킨 후 산화제로 절단된 결합을 다시 본래대로 돌리는 것

12 R. Sinclair, Male pattern androgenetic alopecia, BMJ, 317, 865-869(1988)
13 김주덕 등, 신화장품학, 제2판, 동화기술(2008)
14 C.R. Robbins, Chemical and physical behavior of human hair - chemical composition of different hair types, Chapt. 2, 105-176(2010)

환원제	산화제
Keratin–S–S–Keratin → Keratin–SH HS–Keratin	Keratin–SH HS–Keratin → Keratin–S–S–Keratin

④ 수소결합(-C=O……HN) : 케라틴 섬유가 건조 상태에 비하여 물에 젖었을 때 쉽게 늘어나는 것을 설명하는 결합이다.

예 워터 웨이브 : 모발을 물에 적셔 웨이브를 준 후 그대로 건조시키면 원래대로 돌아가지 않는 현상

5. 모발 손상

모발은 다양한 요인(파마, 헤어컬링, 드라이 브러싱 등)에 의해 손상될 수 있다. 손상된 모발은 끝부분이 상하거나 부분적인 박리 혹은 탈락이 진행된다.

다음 두 가지 실험으로 손상모와 정상모에 대해 비교하였다.

[주사전자현미경(SEM)을 이용한 모발의 품질 평가]

① 손상모 준비
- 모발을 빗질 → 샴푸 → 헤어드라이(고온에서 10분) → 빗질(수직 20회)
- 모발을 알칼리 용액(pH 10.1)에서 3일간 침지

② 정상모 준비
- 모발을 빗질 → 헤어에센스 발라줌

③ 도포 방법
- 투명 유리판에 모발 고정(무게 150 g, 길이 15cm), 화장용 퍼프에 일정량(1g)을 발라 모발에 고르게 20회 도포

④ 측정기기
- 주사전자현미경(Scanning Electron Microscope, SEM), 모델 : S-4700
- 제조원 : Hitachi(일본)

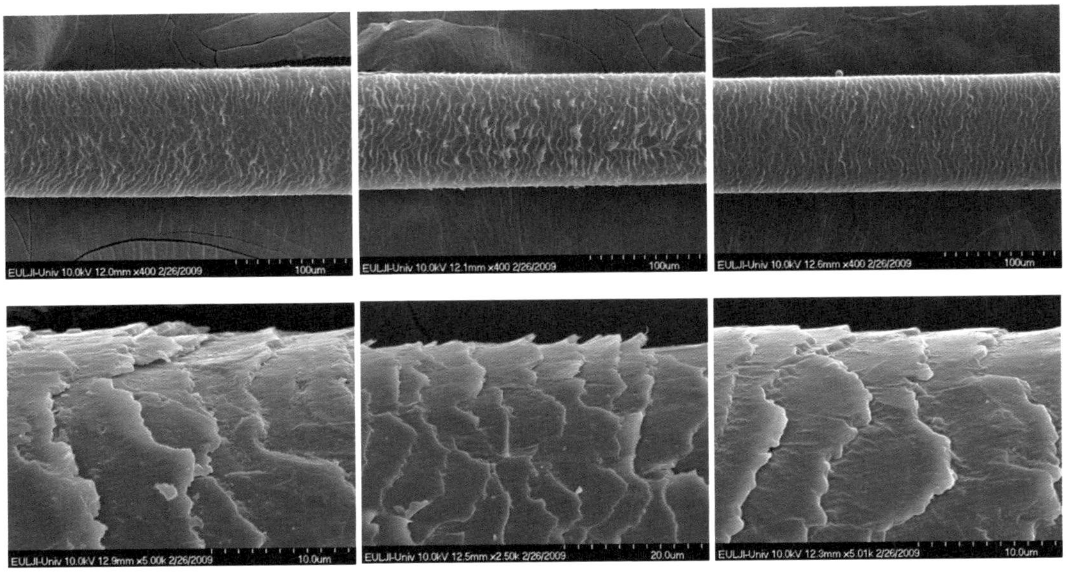

a. 헤어드라이로 손상된 모발 b. 알칼리용액 처리로 손상된 모발 c. 헤어에센스를 바른 모발

그림 2-9. 손상 모발과 에센스를 바른 모발 비교

[경도계를 이용한 모발의 파단강도 평가]

① 손상모 준비

모발을 빗질 → 샴푸 → 헤어드라이 → 샴푸 → 헤어드라이 → 빗질

② 정상모 준비

- 모발을 빗질 → S사 헤어에센스 도포
- 모발을 빗질 → D사 헤어에센스 도포

③ 도포 방법

투명 유리판에 모발 고정(무게 150g, 길이 15cm), 화장용 퍼프에 일정량(1g)을 발라 모발에 고르게 20회 도포

④ 측정 방법

손상모, 정상모 2종을 경도계를 이용하여 모발을 잡아당겨 모발의 강도를 평가

그림 2-10. 경도계를 이용한 모발의 파단강도 측정

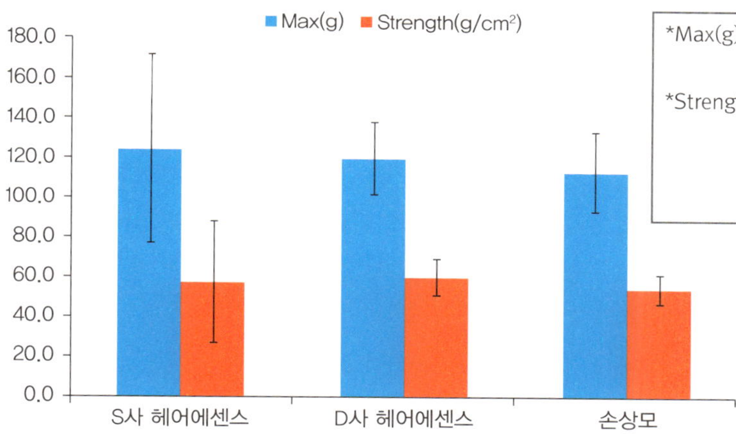

*Max(g) : 모발을 잡아당겼을 때, 모발이 끊어지는 시점에서의 최대 힘(파단중량)
*Strength(g/cm^2) : 모발을 잡아당겼을 때, 모발이 끊어지는 시점에서 단위면적당 최대 힘(파단강도)

그림 2-11. 인장강도 비교

03 화장품 원료

화장품 원료는 화장품 분야 종사자나 연구원들에게 매우 중요하다. 중요한 만큼 화장품을 처음 시작하는 사람들에게 쉽지 않은 분야이기도 하며, 많은 경험이 요구되기도 한다.

화장품 원료를 용도 및 기능별로 구분하면 정제수(de-ionized water), 유성원료(탄화수소, 고급지방산, 고급알코올, 왁스에스터, 지방 및 오일(트리글리세라이드), 실리콘오일), 계면활성제(비이온성, 음이온성, 양이온성, 양쪽성 계면활성제), 보습제(천연보습인자, 폴리온 타입, 고분자보습제 등), 고분자(점증제, 피막형성제, 안정화제 등), 자외선차단제(유기물차단제, 무기물차단제, 복합분체, 항산화제, 금속이온봉쇄제), 기타(비타민류(A, B, C, D, E, F, H 그룹)), 아미노산, 향료, 색소류(유기색소, 무기색소), 방부제, 알코올, 다양한 활성성분(한방/천연성분) 등)로 나눌 수 있다.

화장품 원료를 선택 사용하는데 있어 고려해야 하는 주요 품질조건은 안전성, 사용성, 안정성, 유효성이 있다. 또한 상품성과 관련하여 신규 원료로 개발하는 경우는 차별화도 고려될 수 있다.

1. 전성분 표시 제도

화장품에 사용된 성분을 용기나 단상자에 표시하는 것이다. 사용 함량이 1% 이상인 경우는 함량 순서대로 표시하며, 1% 이하인 경우는 순서에 상관 없이 표시할 수 있다. 전성분 제도에 대한 자세한 내용은 화장품법에 명시되어 있다.

한국에서는 화장품의 모든 성분을 기재하는 전성분 표시 의무제가 2008년부터 시행되었으며, 미국은 1977년, 유럽은 1997년, 일본은 2001년부터 시행되고 있다.

표 2-5. 주요 해외국가 전성분 표시 기재 예외 사항

구분	도입시기	기재 예외
미국	1977년	• 제품의 제조공정 과정에 사용되지만 제조공정에 따라 처리되는 산(중화되어 염으로 변화) • 공정 과정에서 기술적이거나 기능적인 효과를 위해서 사용되지만, 표시성분과 동일한 구성물로 전환되고 구성물의 농도가 크게 증가하지 않는 성분
유럽	1997년	• 사용된 원료의 불순물 • 최종 상품에는 존재하지 않지만 제조 시 사용되는 보조물질 • 향수나 방향성 조성물의 용제나 캐리어에 규제 필요량만큼 사용하는 물질(향수 또는 아로마로 언급)
일본	2001년	• 배합성분에 부수하는 성분(불순물 포함)으로 제품 중 그 효과가 발휘되지 않는 소량 함유성분(carry-over 성분)

한국 화장품 원료는 2023년 9월 기준 대한화장품협회 화장품성분사전에 23,670여 건이 등록되어 있으며, 미국화장품협회 PCPC(Personal Care Products Council)에서 발행한 2016년 판 국제화장품원료사전(ICID; International Cosmetic Ingredient Dictionary and Handbook)에는 전 세계 148여 개 나라, 4,919여 개 원료사, 22,600여 개 원료가 등록되어 있다.

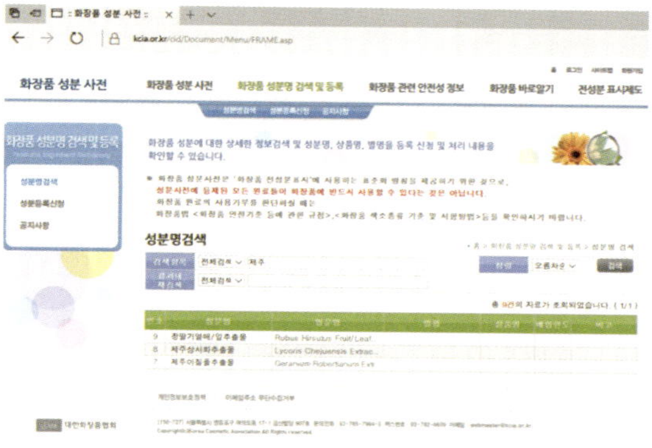

그림 2-12. 한국화장품성분사전

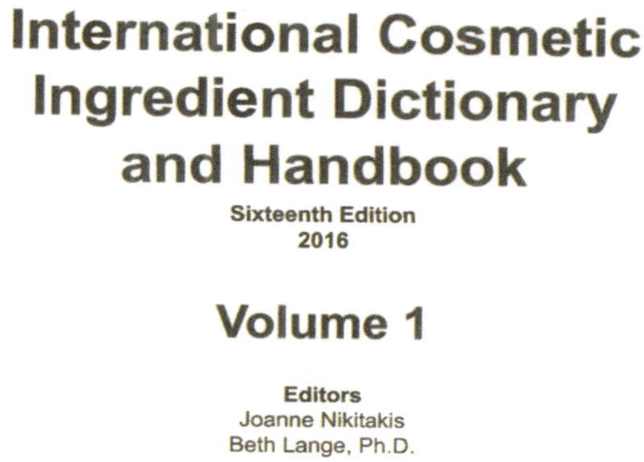

그림 2-13. 국제화장품원료사전 표지

2. 정제수(De-ionized water)

정제수는 말 그대로 정제한 물이다. 화장품에 사용되는 물은 품질관리 요건 외에 표준화 측면에서 순도, 전도도(저항), 미생물 규격이 일정해야 한다. 국내 우수화장품 제조 및 품질관리 기준(CGMP, Cosmetics Good Manufacturing Practices)과 국제 기준인 ISO 22716에서 정제수는 다음의 품질관리 기준에 의해 관리되고 있으며, 제조장치는 일반적으로 RO-EDI 시스템을 사용한다.

표 2-6. 정제수 품질관리 기준

용수	시험항목	EP	USP	KP
정제수	미생물	Maximum 100cfu/mL	N/A	N/A
	총유기탄소	Maximum 0.5mg/L (500ppb)	Maximum 0.5mg/L(500ppb)	0.50mg/L(500ppb 이하)
	전도도	not greater than 5.1μS/cm(25℃)	stage 1 : not greater than 1.3μS/cm(25℃) stage 2 : not greater than 2.1μS/cm(25℃)	2.1μS/cm 이하(25℃)
	외관	무색, 투명	무색무취의 투명한 액	무색무취의 투명한 액
	질산염	Maximum 0.2ppm	N/A	N/A

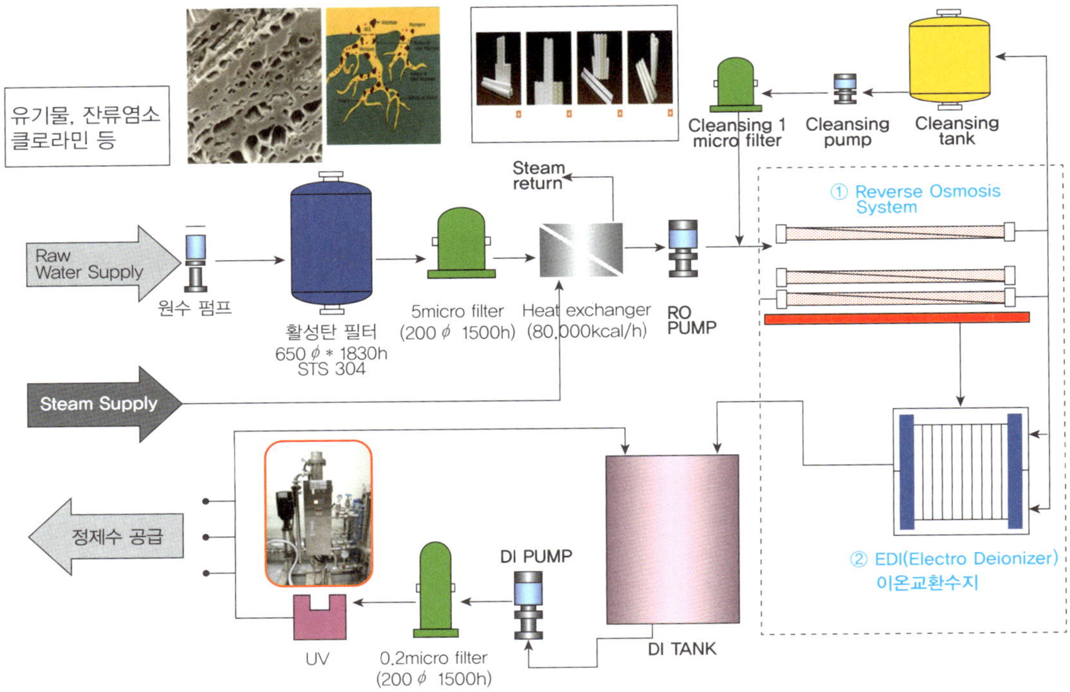

그림 2-14. 정제수 제조장치 시스템

RO는 역삼투압(reverse osmosis system)을 이용하여 박테리아, 바이러스 등 각종 오염물질, 미네랄까지 제거(필터〈0.0001㎛)하며, EDI는 이온교환막 전기탈이온 시스템(electro deionization system)을 이용하여 순수를 제조(전도도〈1.3㎲/cm)할 수 있다.

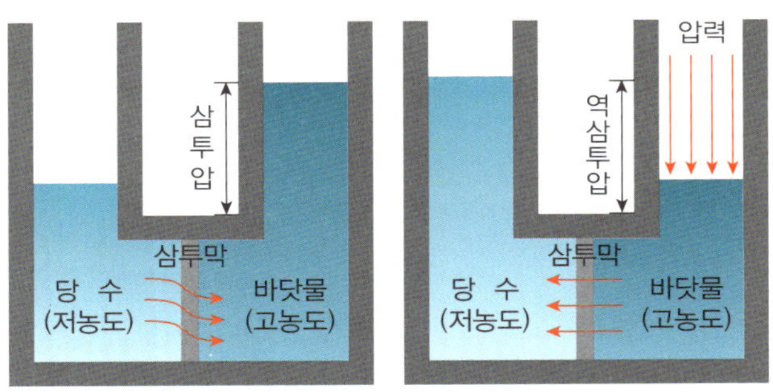

그림 2-15. RO 시스템

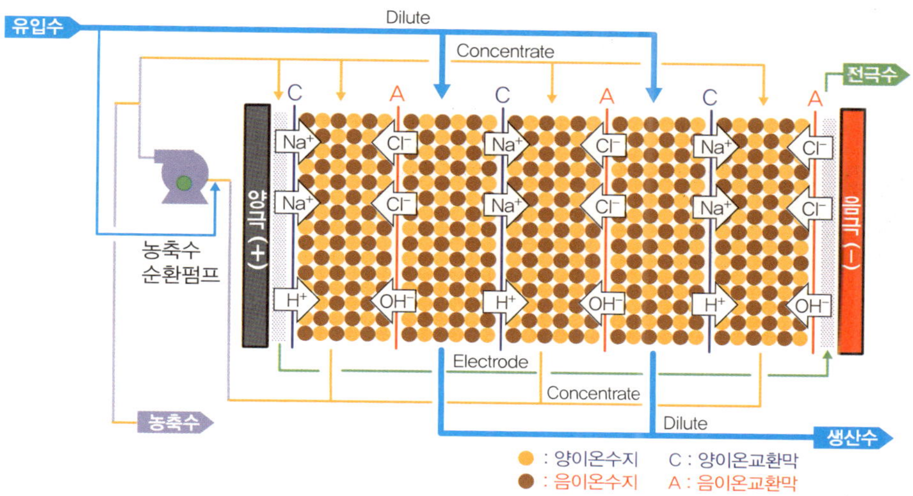

그림 2-16. EDI 시스템

3. 유성 원료(Oil-based ingredient)

유성 원료는 피부로부터 수분의 증발을 억제하고 사용 감촉을 향상시키는 등의 목적으로 사용된다. 유성 원료에는 탄화수소류(hydrocarbons), 고급지방산류(fatty acids), 고급알코올류(fatty alcohols), 왁스에스터류 및 에스터오일류(wax esters and ester oils), 트리글리세라이드류(triglycerides), 실리콘오일 및 실리콘유도체류(silicone oils and derivatives), 오일겔화제(oil gelling agents) 등이 있다.

(1) 탄화수소류(Hydrocarbons)

탄화수소류는 탄소가 C_{15} 이상의 탄소와 수소로 구성된 사슬 모양의 원료다. 주로 석유자원으로부터 채취된 유동파라핀, 파라핀, 바셀린, 세레신 등이 있으며, 동물이나 식물에서 얻어지는 스쿠알렌에 수소를 첨가한 스쿠알란이 있다.

- Liquid Paraffin : 액상, 고형 Paraffin 제거, C_{15}~C_{20}
- Paraffin : 백색 고체(mp 50~70℃), 2~3% Iso Type, C_{16}~C_{40}
- Vaseline(Petrolatum) : LP(내상)+Paraffin(외상) → Colloid 상태, C_{24}~C_{34}
- Ceresin : Ozokerite 정제(mp 61~95℃), 직쇄, C_{29}~C_{35}
- Microcrystalline Wax(Ozokerite) : Petrolatum 등의 탈유, Isoparaffin, C_{31}~C_{70}
- Squalane : 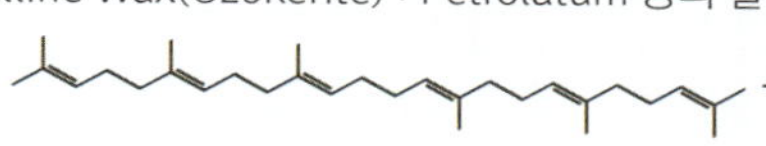 → 수첨

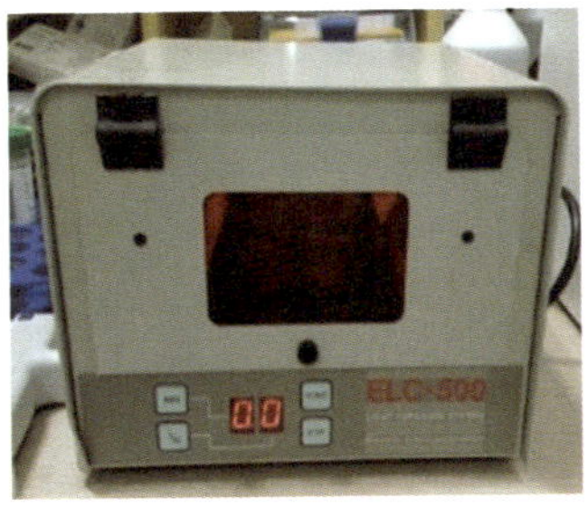
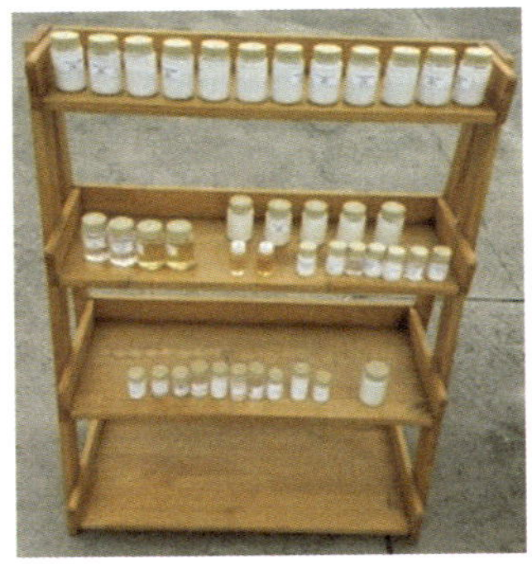

그림 2-17. 가속실험을 위한 자외선 조사장치

탄화수소류 원료의 자료를 볼 때, 물성 측면에서 탄소수, 아이소 타입(iso type) 유무, 녹는점, 점도 및 비중 등에 대한 정보를 살펴보아야 한다. 또한 품질 측면에서 색상, 이취 등에 대한 정보를 알아야 한다. 다른 많은 원료에 대하여 적용할 수 있지만, 일반적으로 원료들은 자외선 조사나 열 조사의 가속실험을 통해 짧은 시간에 물성에 대한 안정성을 평가할 수 있다.

(2) 고급지방산류(Higher fatty acids)

지방산은 RCOOH(R은 알킬기) 등으로 표시되는 화합물로, 동식물 유지류에 함유된 지방산은 직쇄 지방산이 많고 대부분 짝수의 탄소수를 갖는다. 화장품의 유성 원료로서 지방산은 수산화나트륨(NaOH), 수산화칼륨(KOH), 트리에탄올아민(TEA) 등과 함께 사용하여(보조)유화제로도 사용된다.

지방산의 주요 규격 중에 산가(acid value)가 있다. 다른 탄소수의 지방산은 다른 산가를 가지며, 탄소수가 적으면 상대적으로 큰 산가를 갖는다. 또한 불포화도를 평가할 수 있는 요오드가(iodine value)가 있다. 요오드가가 크면 성분 내 불포화도가 크다는 것을 알 수 있으며, 산화 가능성이 있다.

표 2-7. 지방산 종류 및 산가

지방산	탄소수	산가
Lauric Acid	12	275 ~ 285
Myristic Acid	14	240 ~ 250
Palmitic Acid	16	216 ~ 219
Stearic Acid	18	192 ~ 215
Behenic Acid	22	164 ~ 175
Oleic Acid	18	195 ~ 204
Isostearic Acid	18	175 ~ 215

- 산가(Acid Value)
  검체 1g을 중화하는데 필요한 수산화칼륨(KOH)의 mg수

- 요오드가(Iodine Value)
  검체 100g에 결합하는 할로겐의 함량을 요오드(I)로 환산한 g수

화장품 제형에서 지방산을 이용한 폼클렌저 처방에서 수산화칼륨으로 중화 시, 수산화칼륨의 사용량을 지방산의 산가를 통해 구할 수 있다. 다음과 같이 지방산 처방에서 100% 중화 시 요구되는 수산화칼륨 함량(g, %)은 [Reg. KOH=산가 × 함량/1000)]으로 계산할 수 있다. 만일 다른 알칼리로 중화하고 싶다면 알칼리 원료의 몰질량을 이용하여 계산할 수 있다.

표 2-8. 지방산 중화 예시

지방산	산가	함량	Req.KOH	Req.TEA	Req.NaOH
Lauric Acid	280	3.00	0.84	2.23	0.60
Myristic Acid	246	7.00	1.72	4.58	1.23
Palmitic Acid	217	0.00	0.00	0.00	0.00
Stearic Acid	210	17.00	3.57	9.49	2.55
SUM		27.00	6.13	16.31	4.38

KOH : 56.1g/mol　TEA : 149.2g/mol　NaOH : 40.0g/mol

(3) 고급알코올류(Higher fatty alcohols)

지방알코올은 ROH(R은 알킬기) 등으로 표시되는 화합물로, 유화제품의 안정보조제로 사용된다.

지방알코올의 주요 규격 중에 수산기가(hydroxyl value)가 있다. 지방산의 산가와 마찬가지로 다른 탄소수의 지방알코올은 다른 수산기가를 가지며, 탄소수가 적으면 상대적으로 큰 수산기가를 갖는다.

표 2-9. 지방알코올 종류 및 수산기가

지방산	탄소수	수산기가
Lauryl Alcohol	12	270 ~ 350
Palmityl Alcohol	16	210 ~ 240
Stearyl Alcohol	18	200 ~ 220
Oleyl Alcohol	18	200 ~ 220

• 수산기가(Hydroxyl Value) : 검체 1g을 아세틸화할 때, 수산기와 결합한 초산을 중화하는데 필요한 수산화칼륨(KOH)의 mg수

지방알코올은 유화제품에서 유화제와 함께 계면에 흡착되어 계면을 안정화할 수 있다[15]. 지방알코올류도 탄화수소류와 같이 물성 측면에서 탄소수, 이소 타입(iso type) 유무, 녹는점, 점도 및 비중 등에 대한 정보를 살펴보아야 한다. 이소 타입(iso type)은 직쇄 타입보다 응고점이 낮아 실온에서 액상으로 존재할 수 있다.

15 S.E. Friberg, Micelies, microemulsions, liquid crystals, and the structure of stratum corneum, lipids, J. Soc. Cosmet. Chem., 41, 155-171(1990)

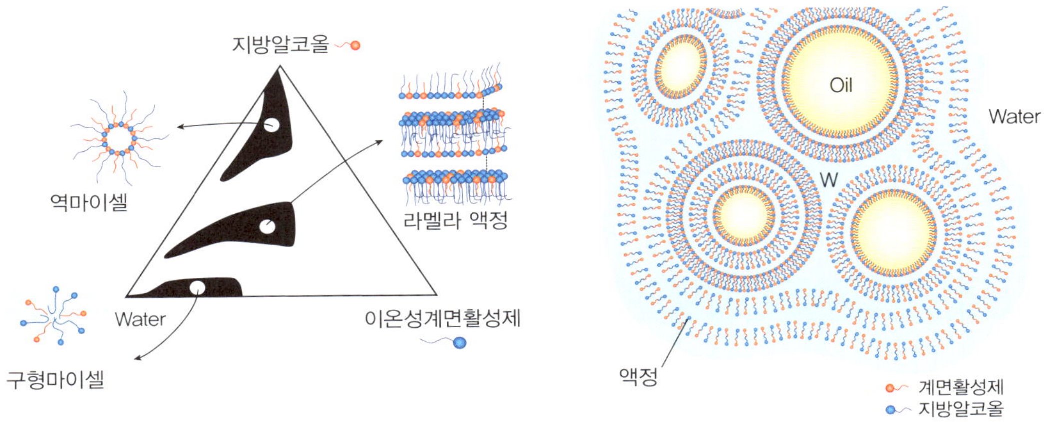

그림 2-18. 지방알코올의 계면 안정화

(4) 왁스에스터류 및 에스터류(Wax esters and ester oils)

에스터류는 RCOOR'(R, R'는 알킬기) 등으로 표시되는 화합물로, 지방산과 지방알코올의 축합반응(RCOOH+R'OH ↔ RCOOR')에 의해 제조되는데, 에스터화 반응(esterification)이라고 한다.

에스터류는 구조(알킬기의 iso 타입 여부 등), 분자량 등에 따라 성상이 다르며, 화장품에서는 유화제품의 유상 구성성분으로서 가벼운 사용감부터 묵직한 사용감을 주는 에몰리엔트(emollient)나 색소의 용제 등에 사용된다.

에스터의 주요 규격 중에 검화가(saponification value)가 있다. 검화가는 검체 1g의 에스터를 검화하고 유리산을 중화시키는데 필요한 수산화칼륨(KOH)의 mg수로, 에스터를 구성하고 있는 지방산 알킬기의 탄소수가 다르면 다른 검화가를 갖는다.

- Wax Ester = (Fatty) Acids + (Fatty) Alcohols
- Bees Wax, Carnauba Wax, Candelilla Wax, Spermaceti (경납), Jojoba Oil, Isopropyl Palmitate, ODM, Cetyl Ethylhexanoate 등
- 에몰리엔트 효과, 유화제품의 점도 향상

- 검화가(Saponification Value) : 검체 1g의 에스터을 검화하고 유리산을 중화시키는데 필요한 수산화칼륨(KOH)의 mg수

그림 2-19. 에스터 종류 및 검화가

(5) 트리글리세라이드류(Triglycerides)

트리글리세라이드류는 글리세린(글리세롤)과 고급지방산의 에스터 타입의 화학적 구조를 갖는다. 일반적으로 식물성오일의 화학적 구조는 트리글리세라이드다.

대표적인 트리글리세라이드인 팜유(palm oil)는 말레이시아와 인도네시아에서 전세계 생산량의 87% 정도를 생산한다. 콩기름, 해바라기씨유를 능가하는 전세계에서 가장 많이 사용되는 식용유로 알려져 있다. 팜유 자체를 화장품의 오일로서 에몰리엔트로 사용할 수 있고, 트리글리세라이드류를 검화하면 글리세린과 3개의 고급지방산이 생성되므로 팜유를 검화하여 생성되는 글리세린과 고급지방산을 화장품 원료로 사용할 수 있다. 또한 부분 검화(또는 효모)를 통해 2개의 고급지방산이 나오는 경우는 모노글리세라이드(monoglyceride)가 얻어지고, 1개의 고급지방산이 나오는 경우는 디글리세라이드(diglyceride)가 얻어질 수 있으며, 각기 식품의 첨가제나 화장품의 유화제, 안정화제로 사용된다. 크림, 로션과 같은 유화제품에 안정화제(친유성 계면활성제)로서 GMS(glyceryl monostearate)가 대표적이다.

트리글리세라이드류는 트리글리세라이드를 구성하는 알킬기의 구조(탄소사슬 길이, iso 타입 여부, 불포화도)에 따라 매우 다양한 구조를 갖는다. 화장품 원료는 MCT(medium chain triglyceride)가 좀 더 일반적으로 사용되며, 분자량이 큰 원료는 좀 더 묵직하고 차분한 사용감을 준다.

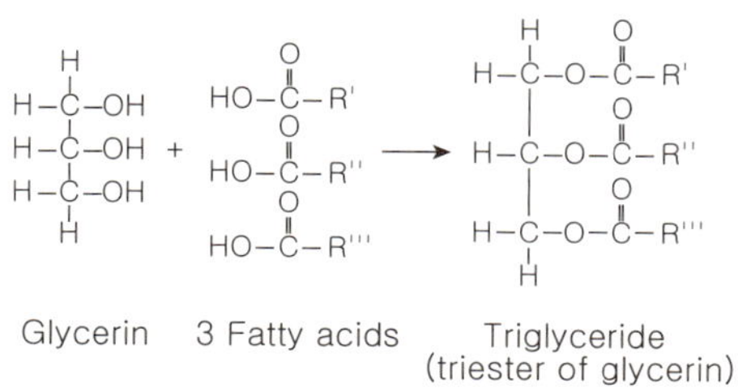

그림 2-20. 트리글리세라이드 생성

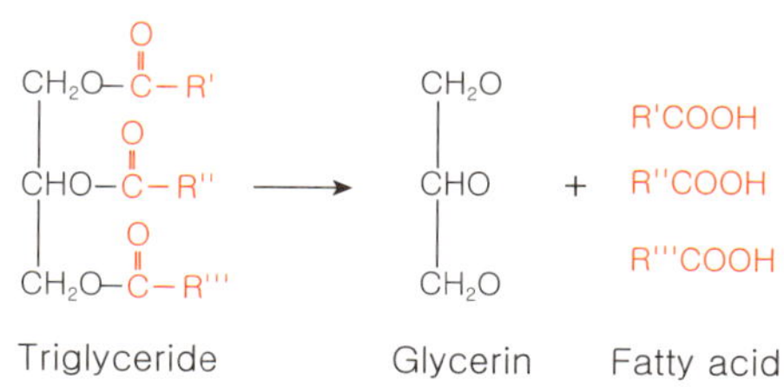

그림 2-21. 트리글리세라이드 검화

(6) 실리콘오일류(Silicone oils)

실리콘류는 유기규소화합물로 -(Si-O)n-의 화학구조를 갖는다.

- 유기규소화합물
- 특징 : 발수성, 끈적임 없음, 가벼움, 우수한 퍼짐성 등
- Dimethicone, Cyclomethicone, Poly(methylphenylsiloxane) 등

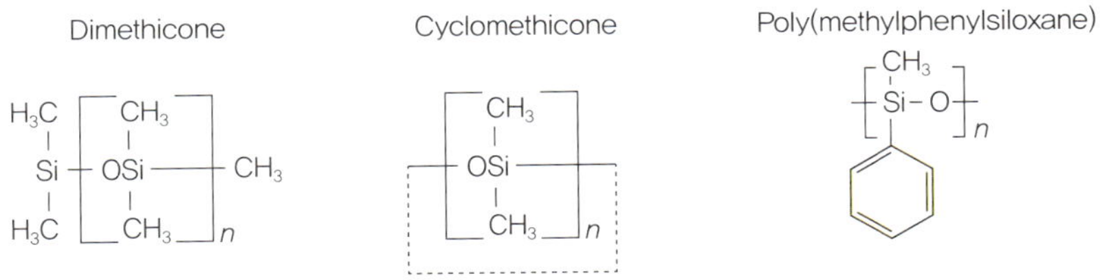

그림 2-22. 대표적인 실리콘 오일

구조의 사슬 모양이 선형분자 구조인지 환형분자 구조인지, 실리카에 결합되어 있는 알킬기가 메틸기($-CH_3$)인지 페닐기(-Ph)인지, 중합도 n에 따라 다양하다.

Polydimethylsiloxane(PDMS, Dimethylpolysiloxane or Dimethicone)은 선형분자 구조로 분자량에 따라 점도가 따르며, 점도에 따라 다른 규격을 가진다.

표 2-10. 다양한 PDMS 타입 실리콘 오일

점도	비중	굴절률	유동점	인화점	표면장력 (Dyn/cm @ 25℃)	열팽창 (cc/cc·℃, 0-150℃)	열전도성 (btu)	최대 휘발량 (% by wt)	비열 (btu/lb·℉)
50	0.960	1.402	-65℃	285℃	20.8	0.00106	0.087	0.5	0.36
100	0.966	1.4030	-65℃	315℃	20.9	0.000925	0.090	0.5	0.36
200	0.968	1.4031	-60℃	315℃	21.0	0.000925	0.090	0.5	0.36
350	0.970	1.4032	-60℃	315℃	21.1	0.000925	0.092	0.5	0.36
500	0.971	1.4033	-55℃	315℃	21.1	0.000925	0.092	0.5	0.36
1,000	0.971	1.4035	-50℃	315℃	21.1	0.000925	0.092	0.5	0.36

사이클로메티콘(cyclomethicone)은 환형분자 구조로 D4(cyclotetrasiloxane), D5(cyclopentasiloxane), D6(cyclohexasiloxane), D7(cycloheptasiloxane) 등이 있다.

화장품 분야에서 가볍고 실키한 오일로서 D5와 D6가 많이 사용되어 왔으나, 2018년 1월 10일 D4, D5는 Reach Annex XVII에 포함된 유럽화학물질청(ECHA)의 제한물질 목록에 추가되었다. D4와 D5가 PBT(잔류성, 생물농축성, 독성) 물질 및 vPvB(고잔류성, 고생물농축성) 물질로 확인되었으며, D5는 vPvB 물질로서의 기준을 충족시키므로 2020년 1월 이후에는 사용 농도가 0.1% 이상인 워시오프(wash-off) 화장품에는 더 이상 사용할 수 없게 된다.

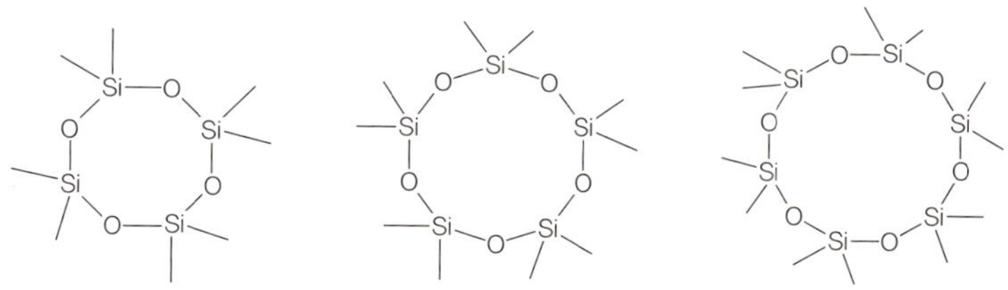

D4 D5 D6

그림 2-23. 환형 타입 실리콘오일

실리콘류는 다양한 유도체가 존재하며, 다양한 용도로 사용된다.

표 2-11. 실리콘 유도체

구조	INCI Name	특징
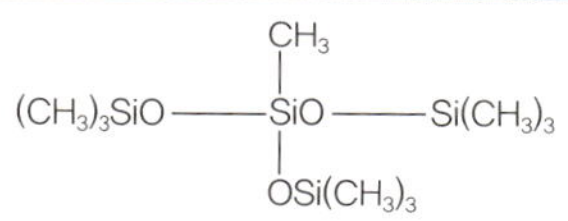	Methyl Trimethicone	• High Volatibility than D5
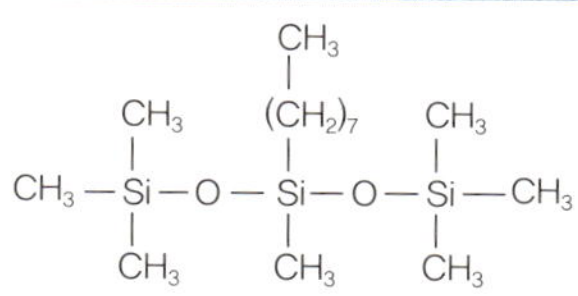	Caprylyl Methicone	• Silsoft 034(Momentive) • High Volatibility • Replacement of D5, D6
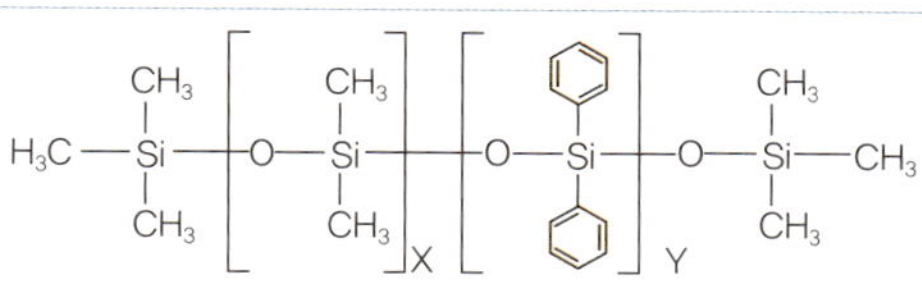	Diphenyl Dimethicone	• High Refractive Index(1.505) : Shine
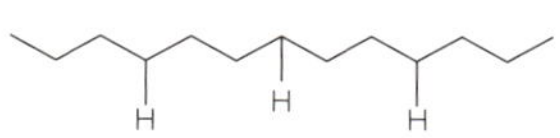	Hydrogen Dimethicone	• Pigment Treatment • Zinc-Pure 304D(Nanogen) : ZnO * Hydrogen Dimethicone
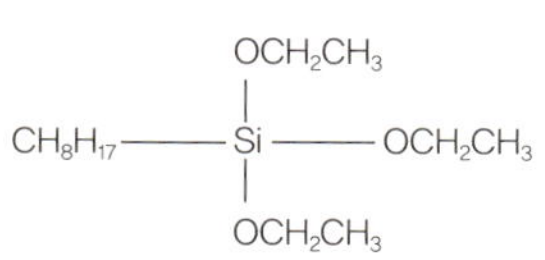	Triethoxycaprylylsilane	• Pigment Treatment • BBO-11S2(Kobo) : CI 77491 /(77492, 77499) * Triethoxycaprylylsilane
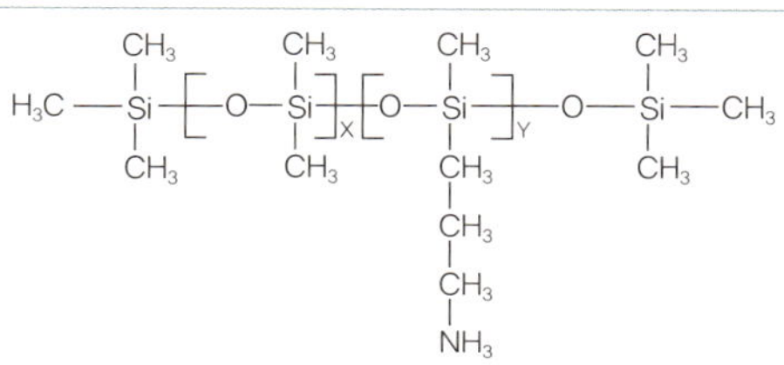	Aminopropyl Dimethicone	• Hair Conditioning Agent

구조	INCI Name	특징
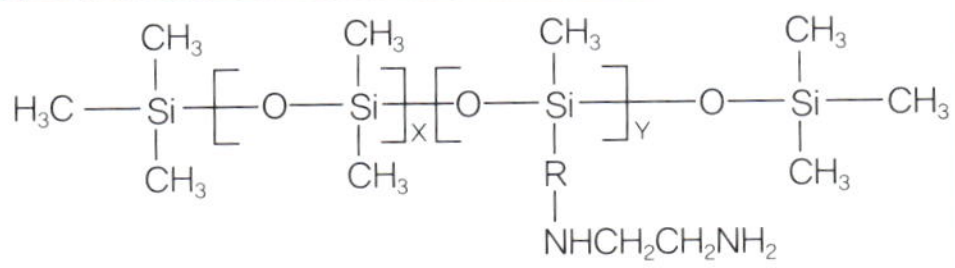	Amodimethicone	• Hair Conditioning Agent(Rinced Product)
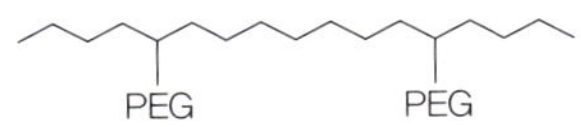	PEG-10 Dimethicone	• KF-6017(ShinEtsu) • W/S Surfactant, HLB 4.5
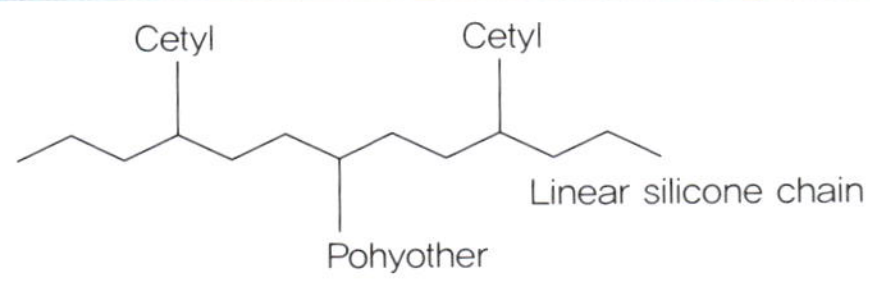	Cetyl PEG/PPG-10/1 Dimethicone	• Abil EM 90(Evonik), KF-6048(ShinEtsu) • W/S Surfactant, HLB 3.5
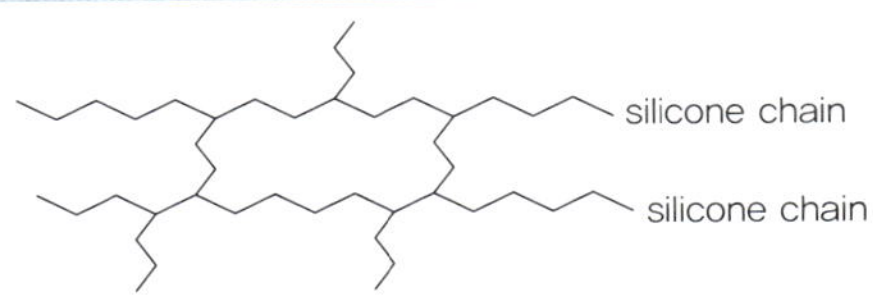	Dimethicone/ Vinyl Dimethicone Crosspolymer	• KSG-16(ShinEtsu), 용매에 따라 다양한 Grade • Thickener, Matte Effect, Silk Skin Feeling
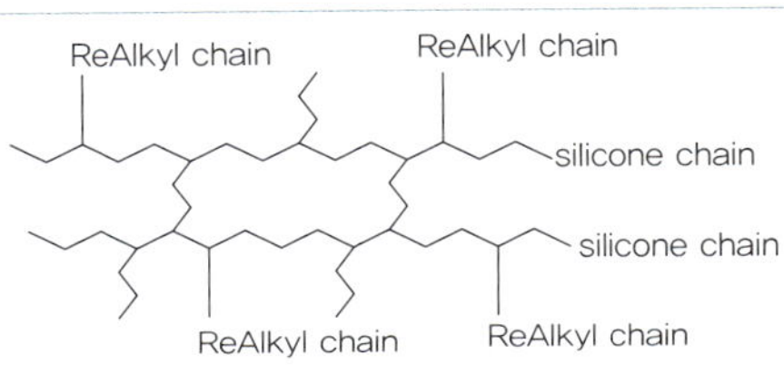	Vinyl Dimethicone/ Lauryl Dimethicone Crosspolymer	• KSG-41A(ShinEtsu), 용매에 따라 다양한 Grade • Thickener, Matte Effect, Silk Skin Feeling
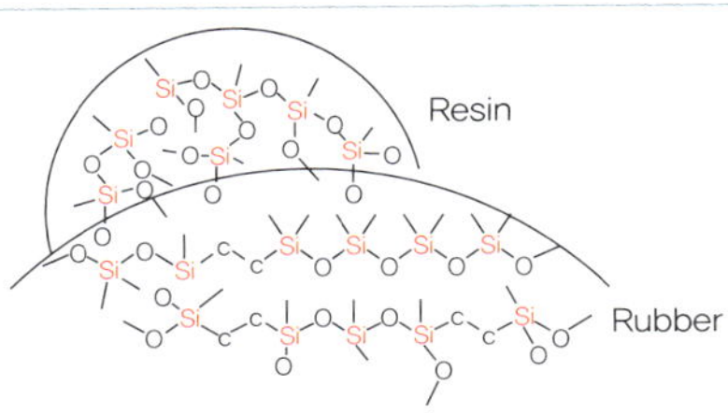	Vinyl Dimethicone/ Methicone Silsesquioxane Crosspolymer	• KSP-100(ShinEtsu) • Thickener, Matte Effect, Silk Skin Feeling • Silicone Absorbing Powder

(7) 오일겔화제(Oil gelling agents)

하이드로겔에 비하여 오일겔화제는 다양하지 않다. 하이드로겔의 경우 용매로 정제수를 사용하며, 정제수의 극성으로 인한 강한 수소결합을 통해 겔링 효과가 양호한 겔화제가 다양하게 알려져 있다. 또한 겔화제가 용매에서 이온화되는 경우는 더욱 강한 결합을 통해 겔링 효과가 증가할 수 있다. 오일겔화제의 경우 극성이 오일에 분산하여 사용하나, 겔화제와 오일 모두 하이드로겔의 상황보다는 극성에 의한 분자 간 힘보다 클 수가 없다. 일반적으로 분자 간의 힘은 ① 이온(공유)결합, ② 수소결합, ③ 쌍극자-쌍극자 힘(dipole-dipole force), ④ 쌍극자-유도쌍극자 힘(dipole-induced dipole force), ⑤ 유도쌍극자-유도쌍극자 힘(induced dipole-induced dipole force)의 총합으로 나타난다. 오일겔화제가 오일에 분산되어 겔링 효과를 나타내려면, 분자 간의 힘 ①, ②보다는 ③, ④, ⑤에 의한 상호작용(interaction)이 커야 하며, 특히 극성이 낮을 경우는 ⑤ 유도쌍극자-유도쌍극자 힘(induced dipole-induced dipole force)이 중요하게 되며, 이를 런던분산력(London dispersion force)라고도 한다.

Thixcin R(Elimenties, INCI Name : Trihydroxystearin)[16]은 피마자유(castor oil)를 수소화하여 얻는다. Thixcin R은 다양한 화장품 및 퍼스널 케어 제품에 에멀션, 오일젤, 스틱 및 파우더 등의 제형으로 사용될 수 있다. 효과적인 유변학적 첨가제로 점도를 높이고, 미립자 부유 등 흐름성을 제어하는 등 에멀션 또는 단일 오일상 처방에서 제품의 물리적 안정성을 크게 향상시킬 수 있다.

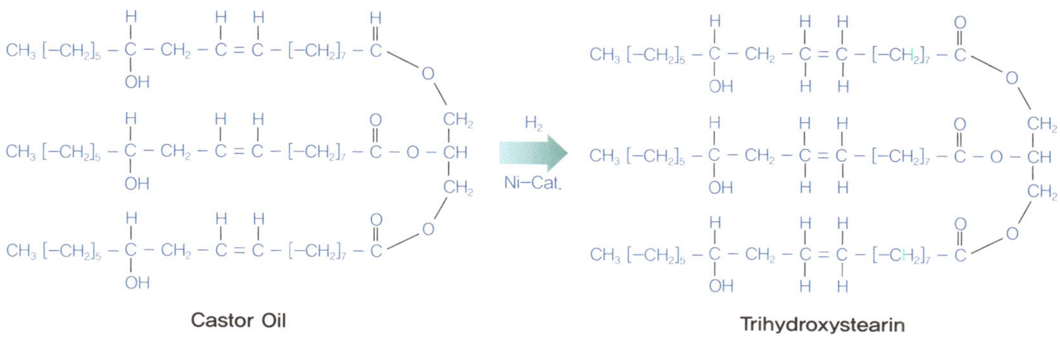

그림 2-24. Thixcin R의 제조

그림 2-25. Thixcin R의 물성 안정화 사례

Ajinomoto사의 EB-21(dibutyl ethylhexanoyl glutamide) 및 GP-1(dibutyl lauroyl glutamide)[17]은 아미노산 L-글루탐산으로부터 유도되고 분자량이 적은 매우 효과적인 오일겔화제로 소개되고 있다. 오일에 용해된 후, 냉각 시 미세한 크기의 섬유네트워크(fiber network)를 형성하여 오일을 독특한 질감의 "고체 오일"로 전환시킨다.

16 Thixcin R Questions & Answers, Eimentis
17 Amino acid based gelatinization agent EB-21, GP-1, Ajinomoto

EB-21 및 GP-1의 오일겔화 능력으로 인하여 스틱 제품에도 활용될 수 있다.

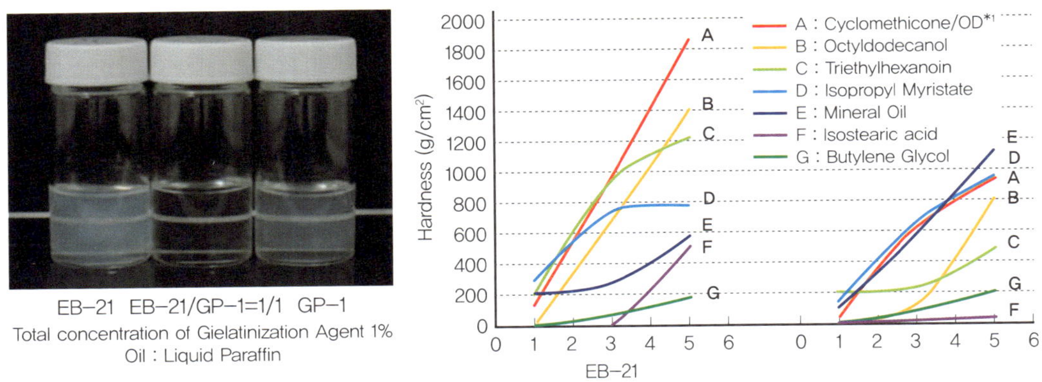

그림 2-26. EB-21, GP-21의 겔링 농도 및 경도

Bentone gel / Bentone gel ISD-V(Elimenties, INCI Name : disteardimonium hectorite / disteardimonium hectorite * isododecane * propylene carbonate)도 W/O 및 W/S 타입 제품에 오일겔화제 목적으로 사용된다.

Bentonite clay에 4급 아민이 결합된 적층의 판상구조(plate)가 오일에 팽윤(swelling)되면 플레이트(plate) 사이의 수소결합을 통해 겔이 형성되며, 이를 오일겔화제로 사용한다.

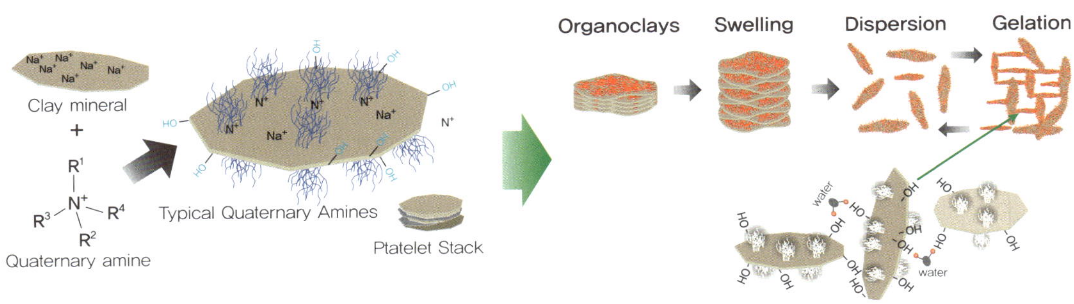

그림 2-27. Bentone gel의 형성

Bentone 34(Elimenties, INCI Name : quaternium-18 bentonite)의 제조 과정을 나타냈다[18]. Quaternium-18 bentonite 구조의 octahedral magnesium/lithium silicate sheet 사이의 빈 공간에 오일이 함유됨으로써 오일겔화제 역할을 한다.

18 Safety assessment of alkonium clays as used in cosmetics, Cosmetic Ingredient Review(2015)

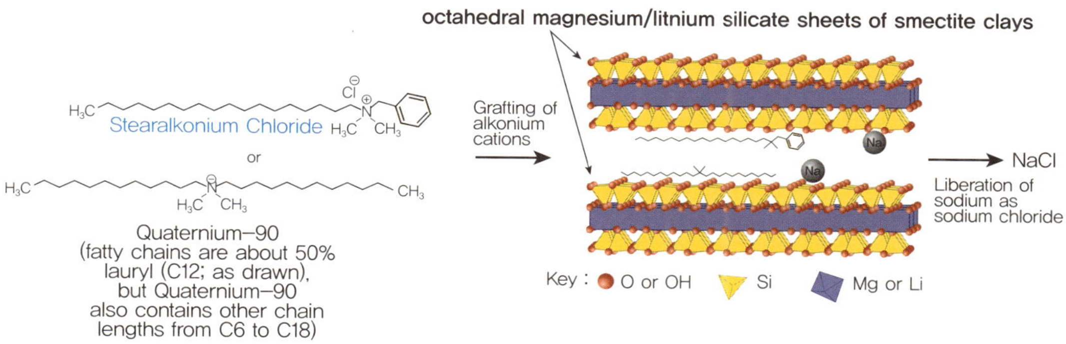

그림 2-28. Alkonium clays의 합성

또한 Gransil EPSQ(Dimethicone/Divinyldimethicone/Silsesquioxane Crosspolymer, Grant)도 점증제 역할과 높은 농도의 오일을 흡유할 수 있는 효과를 가지고 있어 오일겔화제로 사용될 수 있다.

성 분 : 정제수·사이클로펜타실록산·징크옥사이드·부틸렌글리콜·에칠헥실메톡신신나메이트·피이지-10디메치콘·페닐벤즈이미다졸설포닉애씨드·티타늄디옥사이드·트로메타민·디프로필렌글리콜·헬실데실에칠헥사노이에이트·판테놀·세틸레칠헥사노에이트·디스테아·디모늄헥토라이트·1.2-헥산디올·헥실라우레이트·디메치콘/비닐디메치콘크로스폴리머·하이드로젠디메치콘·해바라기싹추출물·트리에톡시카프릴릴실란·알루미나·마이카·나일론-12·브이피/에이코센코폴리머·아크릴레이트/디메치콘코폴리머·타히티바닐라추출물·디스테아릴디모늄클로라이드·비닐디메치콘/메치콘실세스퀴옥산크로스폴리머·아데노신·트리소듐이디티에이·토코페릴아세테이트·소듐피씨에이·디포타슘글리시리제이트·디메치콘·황색산화철·적색산화철·흑색산화철·소듐벤조에이트·향료

- Acrylate/Dimethicone Copolymer(KP-545) : 밀착감, 내수성

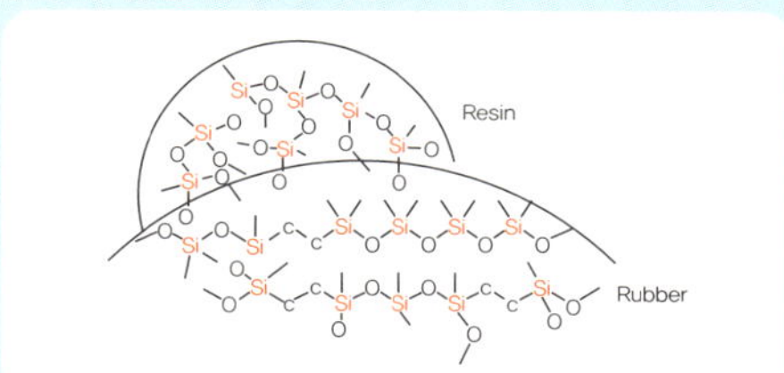

- Vinyl Dimethicone/Methicone Silsesquioxane Crosspolymer
- KSP-100
- Thickener, Matte Effect, Silk Skin Feeling
- Silicone Absorbing Powder

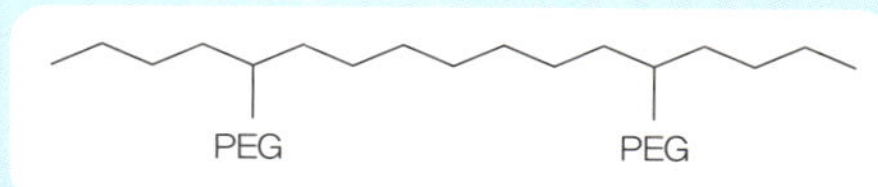

- PEG-10 Dimethicone
- KF-6017
- **W/S Surfactant, HLB 4.5**

- Desteardimonium Hectorite (Bentone Gel ISD-V) : Thickener

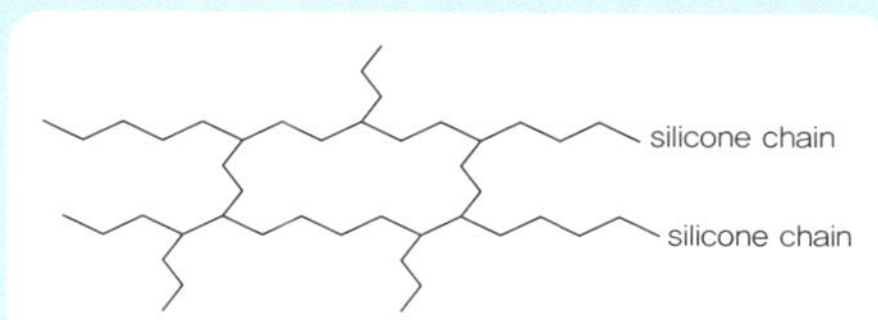

- Dimethicone/Vinyl Dimethicone Crosspolymer
- KSG-16, 용매에 따라 다양한 Grade
- **Thickener, Matte Effect, Silk Skin Feeling**

- VP/Eicosene Copolymer (Unimer U-15) : Thickener

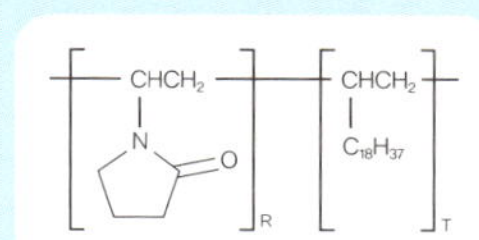

그림 2-29. 전성분 검토 사례(내추럴 선 에코 파워 롱래스팅 선크림(SPF 50+, PA+++) 제품)

최근 기능성화장품으로서 자외선 차단 화장품의 사용량이 증가하고 있으며, 내수성과 높은 자외선 차단지수를 갖는 제품들이 요구되고 있다. 이에 O/W(O/S) 외에도 W/O(W/S) 타입의 제품 개발에 실리콘오일류(실리콘유도체 포함)와 오일겔화제의 역할이 중요하며, 이를 잘 활용하여야 안전 및 안정하고 사용성이 양호한 제품을 개발할 수 있다.

4. 계면활성제(Surface active agents, surfactants)

계면활성제란 한 분자 내에 물과 친화성을 갖는 친수기(hydrophilic group)와 유성 성분과 친화성을 갖는 친유기(hydrophobic group)를 동시에 갖는 물질로 물과 유성 성분의 계면에 흡착하여 계면에너지를 저하시킴으로써 계면의 성질을 현저하게 변화시키는 물질을 말한다.

계면활성제의 친수기 및 소수기 외에도 여러 용어들이 사용될 수 있다. 특히 용매로서 물이 아닌 경우, 용매와 친한 부분을 친액성(lyophilic), 용매와 친하지 않은 부분을 소액성(lyophobic)이라 한다.

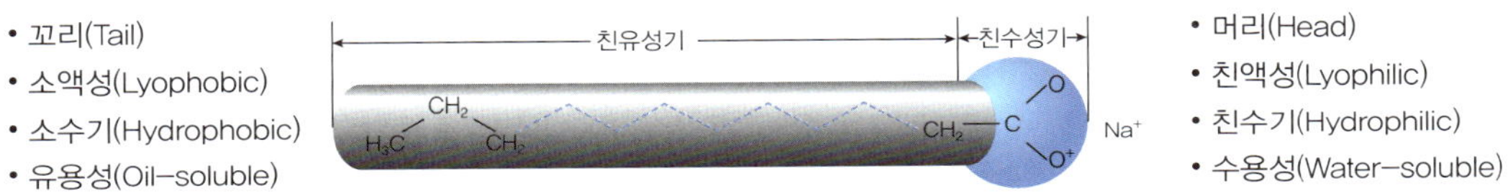

그림 2-30. 계면활성제 모식도

계면활성제는 유화, 가용화, 분산, 세정, 습윤, 기포, 대전 방지, 살균 등 다양한 목적으로 사용되고 있다.

표 2-12. 계면활성제의 기능 및 정의

SAA Function	Definition
유화(Emulsification)	한 액체 속에 서로 섞이지 않는 다른 액체가 미세하게 분산되어 있는 계
가용화(Solubilization)	유용성분을 계면활성제 회합체, 마이셀 내부에 침투/표면에 흡착시켜 용해도를 급격히 높인 상태
분산(Dispersion)	고체 또는 액체 물질이 콜로이드 입자가 되어 분산되어 있는 상태
세정(Detergency)	음이온 계면활성제의 음이온 부분이 강한 세정작용을 나타냄, 주로 음이온 계면활성제를 이용
습윤(Wetting)	세정의 초기 단계에서 세정 대상 물질에 흡착된 상태
기포(Foam)	액체 속에 기체가 분산되어 있는 분산계
대전 방지(Antistatic)	모발 또는 의류의 정전기를 제거하는 작용, 주로 양이온 계면활성제를 이용
살균(Antimicrobial)	일부 양이온 계면활성제의 경우 살균작용을 가짐

계면활성제의 종류는 매우 다양하나, 일반적으로 물에 분산한 경우 이온으로 해리되는 것(음이온성, 양이온성 및 양쪽이온성 계면활성제), 해리되지 않는 것(비이온성 계면활성제), 기타(고분자 계면활성제 등)로 구분된다.

표 2-13. 계면활성제의 일반적인 구분 및 사례

구분	Surfactant	Application	Case
Ionic Type	Anionic Surfactant	세정제 (비누, 샴푸, 세안용 제품 등)	Fatty Acids, SLS, Sodium Laureth Sulfate 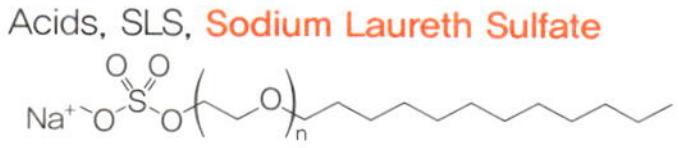
	Cationic Surfactant	• 모발유연제, 대전방지제(헤어 린스 등) • 강한 살균효과(페놀의 500배)	Benzalkonium chloride 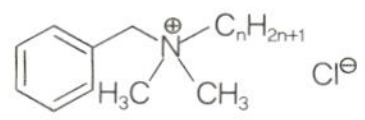 n=8, 10, 12, 14 16, 18
	Amphoteric Surfactant	• 이온성에 비해 피부 안전 • 세정력, 살균력, 유연효과 (어린이용 제품), 레시틴	Cocamidopropyl Betaine 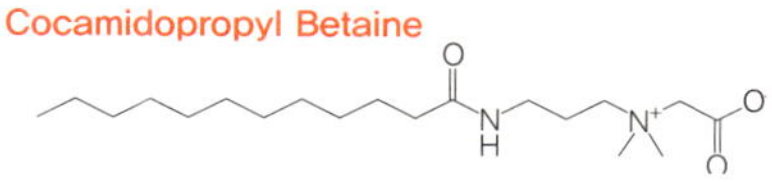
Nonionic Type	Nonionic Surfactant	유화제, 분산제, 가용화제 (스킨, 로션, 크림 등)	Polysorbate 60 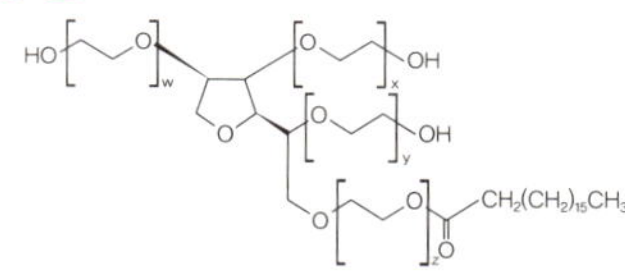
Etc.	Polymeric & Natural Surfactant	PVA, Na-Alginate, Lecithin, Saponin etc.	Polyvinyl Alcohol 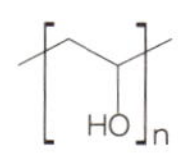

(1) 음이온성 계면활성제(Anionic surfactants)

음이온성 계면활성제는 물에 분산될 때 친수기 부분이 음이온으로 해리되며, 친수부는 나트륨염, 칼륨염, 트리에탄올아민과 같은 가용성 염으로서 사용되고 있다. 음이온성 계면활성제는 주로 세정제로서 화장품에서는 미용비누, 페이스/바디 클렌저, 샴푸 등 세안용 제품에 적용된다.

① 고급지방산 비누(soap) : 고급지방산을 알칼리로 중화하여 사용하며(고급지방산류 참고) 크림 타입의 폼클렌저가 있다.

② 알킬황산에스터염(alkyl sulfate) : 지방알코올에 황산을 가하여 황산화알칼리로 중화하여 사용하며 우수한 세정력으로 인하여 샴푸, 치약 등에 사용된다. 대표적으로 소듐라우릴설페이트(sodium Lauryl sulfate, SLS) 등이 있다.

③ 폴리옥시에틸렌알킬에스터황산염(polyoxyethylene alkyl ether sulfate) : 알킬황산에스터에 에틸렌옥사이드를 부가하여 제조되며, 샴푸 등에 사용된다. 대표적으로 소듐라우레스설페이트(sodium Laureth sulfate, SLES) 등이 있다.

④ 아실 N-메틸타우레이트염(acyl N-methyltaurate) : 아실클로라이드와 메틸타우린염의 탈염산 반응, 지

방산과 메틸타우린염의 탈수반응으로 제조되며, 높은 안전성과 기포력이 있어 샴푸, 세안폼에 적용된다. 대표적으로 소듐카프로일메틸타우레이트(sodium caproyl methyltaurate), 소듐메틸코코일타우레이트(sodium methyl cocoyl taurate) 등이 있다.

⑤ 알킬에테르인산염(alkyl ether phosphate) : 비누(soap)에 비하여 미끌거림이 있다는 단점이 있으나, 비교적 감촉이 유사하여 바디클렌저 등에 사용된다.

⑥ 아실아미노산염(acylamino acid) : 아미노산을 응용한 세제로 지방산을 반응시켜 얻을 수 있다. 티이에이-코코일글루타메이드(TEA-cocoyl glutamate), 소듐라우로일사코시네이트(sodium lauroyl sarcosinate) 등이 있다.

(2) 양이온성 계면활성제(Cationic surfactants)

양이온성 계면활성제는 물에 분산될 때 친수기 부분이 양이온으로 해리되며, 친수부는 나트륨염, 칼륨염, 트리에탄올아민과 같은 가용성 염으로서 사용되고 있다. 분자량이 적은 경우는 살균제로 이용되며, 분자량이 큰 경우는 모발에 흡착하여 유연성이나 대전방지 효과를 나타내기 때문에 헤어린스에 주로 사용된다. 화장품에서는 주로 4급 암모늄염이 사용된다.

① 알킬암모늄클로라이드(alkyl ammonium chloride) : 알킬아민과 메틸클로라이드를 알칼리 촉매에서 반응시켜 4급 암모늄을 얻는다. 헤어린스 및 유연제로 사용된다. 대표적으로 스테아트리모늄클로라이드(steartrimonium chloride) 등이 있다.

② 벤잘코늄클로라이드(benzalconium chloride) : 일반적으로 살균제로 사용되며, 화장품에서는 배합 제한 원료로 지정되어 있다.

(3) 양쪽이온성 계면활성제(Amphoteric surfactants)

한 분자 내에 양이온과 음이온을 동시에 가지고 있는 계면활성제로 알칼리에서는 음이온, 산성에서는 양이온 특성을 나타낸다. 이온성 계면활성제에 비하여 안전성이 양호한 것으로 소개되어 있으며, 또한 세정력, 살균력, 기포력 및 유연효과가 있는 계면활성제가 있어 샴푸, 린스, 어린이용 제품에 이용되고 있다. 베타인류는 대표적으로 ① 코카미도프로필베타인(cocamidopropyl betaine), ② 라우릴베타인(lauryl betaine) 등이 있다.

(4) 비이온성 계면활성제(Nonionic surfactants)

비이온성 계면활성제는 이온성 계면활성제와는 달리 분자 중에 해리되지 않는 수산기 -OH, 에테르 -O-, 아마이드 -CONH-, 에스터 -COOR 등을 분자 내에 함유하고 있다. 이온성 계면활성제보다 피부에 안전성이 높으며 유화력 등이 우수하여 에멀션 제품의 유화제로 사용되고 있다. 구조적인 측면에서 폴리옥시에틸렌 타입(polyoxyethylene type)과 수산기를 갖는 화합물로 구분된다.

① 폴리옥시에틸렌 타입(Polyoxyethylene types)

㉠ 솔비탄 타입(sorbitan type)

솔비톨 분자에서 1, 4번째 탄소에 있는 수산기 축합반응으로 솔비탄링을 제조하고, 여기에 친유성 성분으로서 고급지방산으로 에스터 반응시키면 친유성 계면활성제인 sorbiatn ester(Span)가 제조된다. 고급지방산의 종류에 따라 다양한 친유성 계면활성제가 제조될 수 있다.

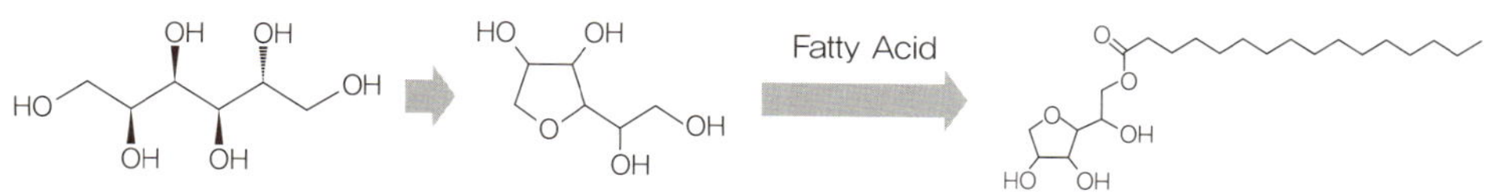

그림 2-31. Span 계면활성제 제조

계면활성제는 한 분자 내에 친수기(hydrophilic)와 친유기(hydrophobic)를 동시에 가지고 있어, 친수기 및 친유기의 비율, 화학적 구조 및 종류에 따라 계면활성제의 성질이 달라진다. 특히 친수기와 친유기의 비율을 나타내는 HLB(hydrophilic-lipophilic balance)가 다른 다양한 성질의 계면활성제가 존재하고, Span형 계면활성제는 HLB가 10 이하이다.

친유성 계면활성제인 sorbiatn ester(span)에 에틸렌옥사이드(ethylene oxide, C_2H_4O)를 부가시켜 계면활성제의 친수부가 증가한 친수성 계면활성제인 PEGs sorbiatn ester(Tween)가 제조되고, Tween형 계면활성제는 HLB가 10 이상이다.

표 2-14. 친유성 계면활성제인 sorbiatn ester(Span)

	Type	Compound	HLB Value
Span® 20	Non-ionic	sorbitan monolaurate	8.6
Span® 40	Non-ionic	sorbitan monopalmitate	6.7
Span® 60	Non-ionic	sorbitan monostearate	4.7
Span® 65	Non-ionic	sorbitan tristearate	2.1
Span® 80	Non-ionic	sorbitan monooleate	4.3
Span® 85	Non-ionic	sorbitan trioleate	1.8

표 2-15. 친수성 계면활성제인 PEGs sorbiatn ester(Tween)

Emulsifier	INCI name	Chemical identity	HLB
Tween 80®	Polysorbate 80	PEG 20 Sorbitan Oleate	15.0
Tween 60®	Polysorbate 60	PEG 20 Sorbitan stearate	14.9
Tween 40®	Polysorbate 40	PEG 20 Sorbitan Palmitate	15.6

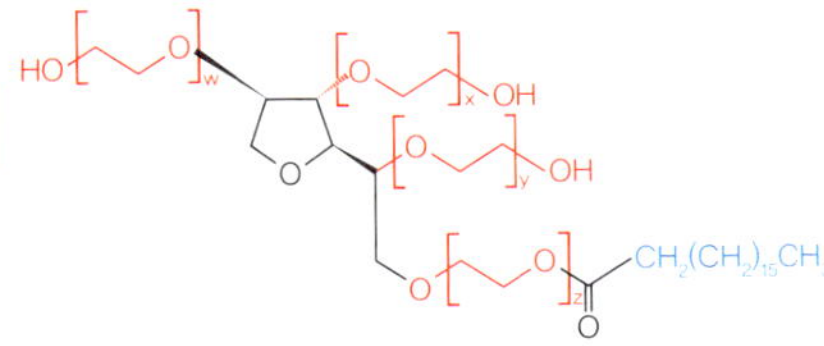

w+x+y+z=20

㉡ 에테르 타입(ether type)

고급알코올(fatty alcohol)에 에틸렌옥사이드(ethylene oxide, C_2H_4O)를 부가시켜 계면활성제의 친수부를 증가시킨 에테르 타입의 계면활성제로 대표적으로는 Brij 계면활성제가 있다.

㉢ 에스터 타입(ester type)

고급지방산(fatty acid)에 에틸렌옥사이드(ethylene oxide, C_2H_4O)를 부가시켜 계면활성제의 친수부를 증가시킨 에스터 타입의 계면활성제로 대표적으로는 Myrj 계면활성제가 있다.

㉣ 트리글리세라이드 타입(triglyceride type)

트리글리세라이드인 피마자유(castor oil)를 수첨시키고 에틸렌옥사이드(ethylene oxide, C_2H_4O)를 부가시켜 계면활성제의 친수부를 증가시킨 트리글리세라이드 타입의 계면활성제로 대표적으로는 Cremophor, Eumulgin 계면활성제가 있다.

표 2-16. 친수성 및 친유성 계면활성제인 PEGs ether(Brij)

	Type	Compound	HLB Value
Brij® 30	Non-ionic	Polyoxyethylene(4) lauryl ether	9.7
Brij® 35	Non-ionic	Polyoxyethylene(23) lauryl ether	16.9
Brij® 52	Non-ionic	Polyoxyethylene(2) cetyl ether	5.3
Brij® 56	Non-ionic	Polyoxyethylene(10) cetyl ether	12.9
Brij® 58	Non-ionic	Polyoxyethylene(20) cetyl ether	15.7
Brij® 72	Non-ionic	Polyoxyethylene(2) stearyl ether	4.9
Brij® 76	Non-ionic	Polyoxyethylene(10) stearyl ether	12.4
Brij® 78	Non-ionic	Polyoxyethylene(20) stearyl ether	15.3
Brij® 92V	Non-ionic	polyoxyethylene(2) oleyl ether	4.9
Brij® 93	Non-ionic	polyoxyethylene(2) oleyl ether	4
Brij® 96V	Non-ionic	polyethylene glycol oleyl ether	12.4
Brij® 97	Non-ionic	polyoxyethylene(10) oleyl ether	12
Brij® 98	Non-ionic	polyoxyethylene(20) oleyl ether	15.3
Brij® 700	Non-ionic	polyoxyethylene(100) stearyl ehter	18

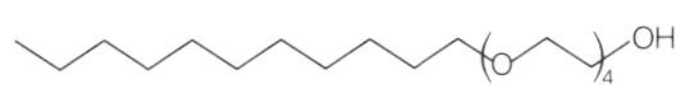

Brij 30

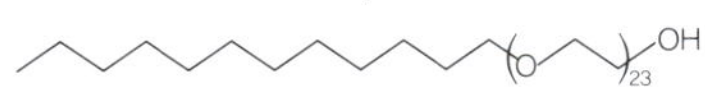

Brij 35

표 2-17. 친수성 계면활성제인 PEGs ester(Myrj)

구분	Type	Compound	HLB Value
Myrj® 45	Non-ionic	polyoxyethylene monostearate	11.1
Myrj® 49	Non-ionic	polyoxyethylene monostearate	15.0
Myrj® 52	Non-ionic	polyoxyethylene monostearate	16.9
Myrj® 53	Non-ionic	polyoxyethylene monostearate	17.9

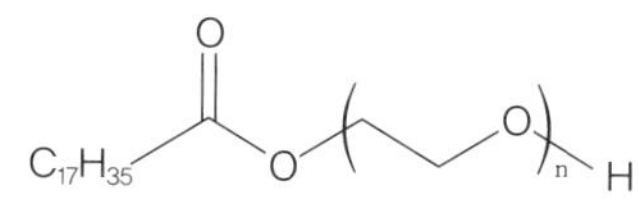

표 2-18. 친수성 계면활성제인 PEGs castor(Cremophor)

구분	Type	Compound	HLB Value
Cremophor® REL	Non-ionic	polyoxyethylated castor oil	2-14
Cremophor® RH40	Non-ionic	hydrogenated polyoxyethylated caster oil	14-16
Cremophor® RH60	Non-ionic	hydrogenated polyoxyethylated caster oil	15-17
Cremophor® RO	Non-ionic	hydrogenated polyoxyethylated caster oil	16.1

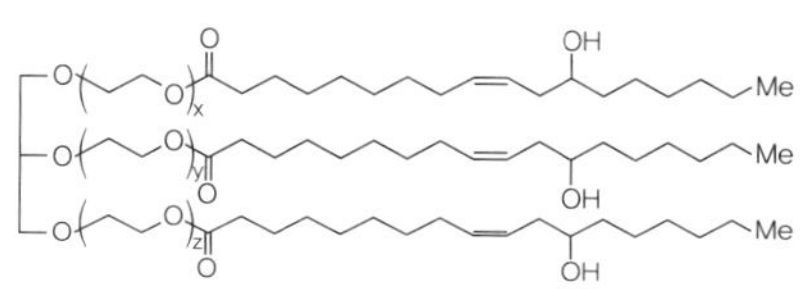

② 다가알코올에스터 타입(Polyhydric alcohol ester types)

최근 에틸렌옥사이드(ethylene oxide, C_2H_4O)가 부가되어 있는 계면활성제 및 고분자 원료 등은 화장품 처방 개발자들이 선호하지 않고 있다. 화장품 유해 성분으로 알려져 있는 1,4-다이옥산이 에틸렌옥사이드 결합으로 이루어지는 것은 잘 알려져 있다.

유기농화장품의 기준에 관한 규정[19]에서 금지되는 제조 공정에 '에틸렌옥사이드, 프로필렌옥사이드 또는 다른 알켄옥사이드 사용'이 포함되어 있어, 유기농화장품(또는 천연화장품) 처방에는 허용되지 않고 있다.

이러한 이유로 에틸렌옥사이드가 부가되어 있지 않은 다가알코올에스터 타입의 계면활성제 사용이 추천되고 있다. 다가알코올에스터 타입의 계면활성제는 글리세린 등 다가알코올의 수산기 일부를 지방산 에스터로 하고, 잔여 수산기를 친수기로 하는 계면활성제이다. 다양한 계면활성제가 있지만 대표적으로 Tegocare 450, Olivem 1000 등이 소개되어 있다.

19 유기농화장품의 기준에 관한 규정, 식품의약품안전청 고시 제2014- 200호(2014.12.24)

표 2-19. 에틸렌옥사이드가 부가되어 있지 않은(PEG-Free type) 계면활성제 사례

Ingredient	INCI Name	Characteristic
Tegocare 450 (Evonik)	Polyglyceryl-3 Methylglucose Distearate 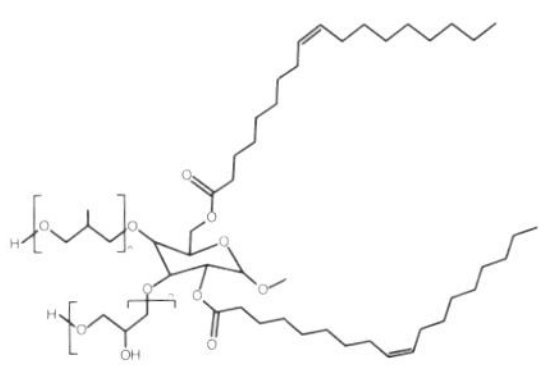	Non-ionic, PEG-free emulsifier based on natural, renewable raw materials
Olivem 1000 (Hallstar)	Cetearyl Olivate * Sorbitan Olivate	technical data • INCI : Cetearyl Olivate, Sorbitan Olivate • China approved • Solvent-free manufacturing and preservative free • Ivory flakes(non-sticky, easy to handle) • Recommended concentration : 0.5~5% ; pH of stability : 4.5~8.0; • Melting point : 65~75℃
Montanov (Seppic)	Montanov L : C14-22 Alcohols * C12-20 Alkyl Glucoside	
	Montanov L 68 : Cetearyl Alcohol * Cetearyl Glucoside	

③ 에틸렌옥사이드·프로필렌옥사이드 블록 공중합체(Ethyleneoxide·propylene oxide block polymers)

친수기가 에틸렌글리콜(양쪽), 친유기가 프로필렌글리콜(가운데)로 a-b-a 트리블록코폴리머(triblock copolymer)인 폴록사머(poloxamer)는 그림에서 a, b 값을 달리하면 다양한 HLB 값을 갖는 계면활성제가 얻어진다. 일반적인 다른 계면활성제보다 분자량이 큰 것이 특징이며, 화장품용으로 Synperonics(Croda)와 Pluronics(BASF), 의약품용으로 Kolliphor라는 상품명으로 사용되고 있다.

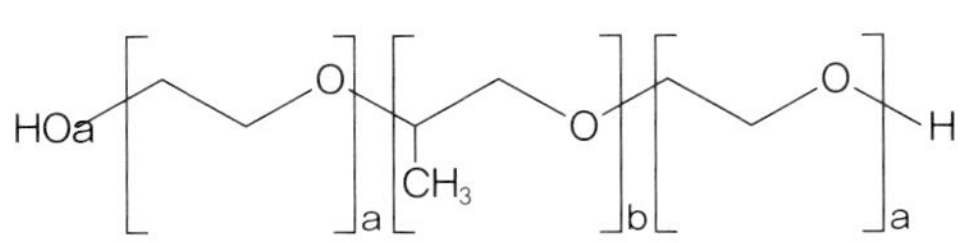

그림 2-32. Poloxamer의 일반 구조

Pluronic L64(a13-b30-c13)가 예전에 two-way type(tissue off and wash off type) 클렌징크림에 사용된 사례가 있었으며, 1990년 초에 미국 복약 약사 Marty Jones와 동료 Lawson Kloesel이 개발하여 국소/경피 약물 전달체로 사용(유용성 약물 및 수용성 약물)하는 제형에 poloxamer가 사용된 사례가 소개되고 있다[20].

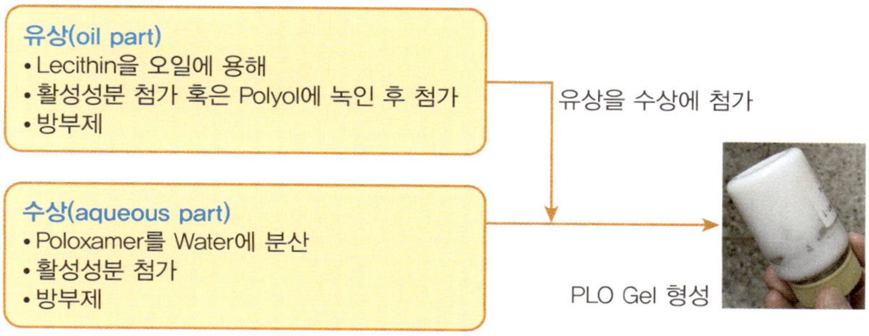

그림 2-33. PLO(Pluronic lecithin organogel)의 제조 공정

(5) 기타 계면활성제

① 고분자 계면활성제(Polymeric surfactants)

다양한 고분자 성분 중에는 고분자로서의 역할 외에 계면활성을 나타내는 성분이 고분자 계면활성제이다. 유화, 분산 등의 효과를 가지는 아크릴레이트/C10-30알킬아크릴레이트크로스폴리머(acrylates/C10-30 alkyl acrylate crosspolymer, Pemulen EZ-4U(Lubrizol)), 암모늄아크릴로일다이메틸타우레이트/브이피코폴리머(ammonium acryloyl dimethyltaurate/VP copolymer, Aristoflex AVC, Clariant), 폴리비닐알코올(polyvinyl alcohol) 등이 소개되어 있다.

② 천연 계면활성제(Natural surfactants)

천연 계면활성제로는 레시틴이 잘 알려져 있다. 레시틴은 글리세린 구조에서 한 개의 수산기에 인산에스터의 음이온부와 4급 암모늄염의 양이온부 결합을 포함(포스파티딜콜린, phophatidylcholine)하여 친수기로 작용하며, 두 개의 수산기는 고급지방산과 에스터 결합하여 친유기로 작용한다. 친수기로는 포스파티딜콜린(phosphatidylcholine) 외에 포스파티딜에탄올아민(phosphatidylethanolamine), 포스파티딜글리세롤(phosphatidylglycerol), 포스파티딜세린(phosphatidylserine), 포스파티딜이노시톨(phosphatidylinositol)이 존재한다.

레시틴은 이중의 친유기를 가지고 있는 특이한 구조로 인하여 물에 분산 시 이중막(bilayer)의 리포좀 제형이 형성되며, 산업적으로 여러 분야에 활용되고 있다[21].

20 M. Pandey et al., Pluronic lecithin organogel as a topical drug delivery system, Drug Delivery, 17(1), 38-47(2010)

21 A. Laouini et al., Preparation, characterization and applications of liposomes, Journal of Colloid Science and Biotechnology, 1, 147-168(2012)

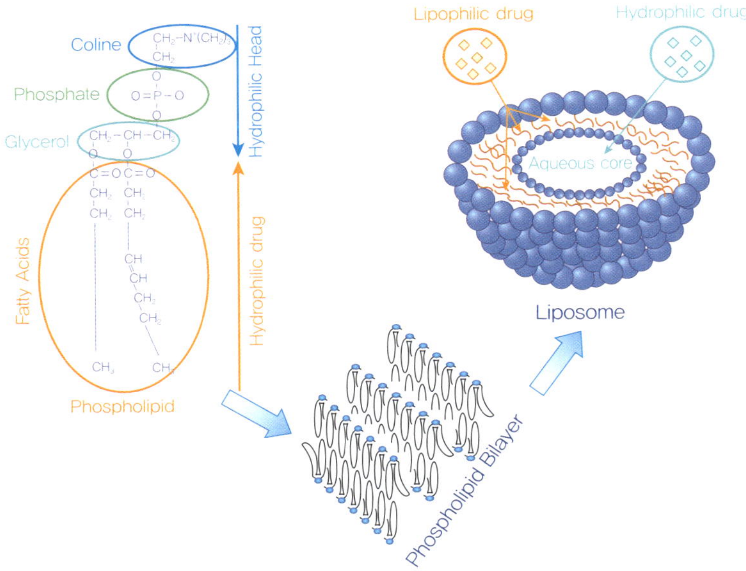

그림 2-34. 레시틴 구조 및 리포좀 형성

5. 보습제(Moisturizer, hydrating substances)

피부를 정상적으로 유지시켜 주기 위한 각질층의 수분 함량은 10~20% 정도라고 소개한 바 있다. 피부의 수분 정도는 피부 타입, 나이 및 외부 환경(온도, 바람, 습도 등)에 따라 다를 수 있으며, 피부 노화에 큰 영향을 준다[22]. 피부 보습은 피부(또는 모발)의 수분을 향상시켜 주기 위한 화장품의 기능 중 하나로서, 피부의 항상성 유지에 중요하다.

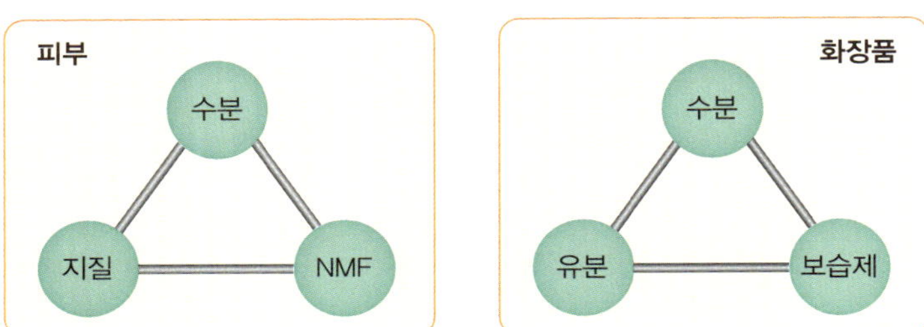

그림 2-35. 피부의 항상성 유지

22 강태진, 피부 노화의 원인, Bric BioWave, 13(3), 1-15(2011)

보습제는 피부에 수분을 공급하는 방법에 따라 다른 이름으로 불리기도 한다.

① 왁스/오일 성분으로서 피부에서 수분이 날아가는 것을 방지해 주는 보습제를 에몰리엔트(emollient)라 하며, 겨울과 같이 바람이 불고 습도가 낮은 계절에 중요한 보습제 역할을 한다.

② 원료 자체에 흡습성이 있어 피부에 수분을 유지시켜 주는 보습제를 휴맥턴트(humectant)라 하며, 주로 다가알코올(폴리올)의 구조를 하고 있다.

③ 각질층에 존재하는 천연보습인자로 알려진 NMF(natural moisturizing factor) 성분으로, 원료 자체가 수분을 다량 함유하고 있어 피부에 수분을 공급해 주는 보습제다. 피부에 보습은 필요로 하나, 피부가 끈적임을 느낄 수 있는 하절기에 유효한 보습제다.

화장품 처방에 이 3가지 종류의 성분들의 사용 함량이 피부 타입, 계절, 나이 등에 따라 정해질 수 있다.

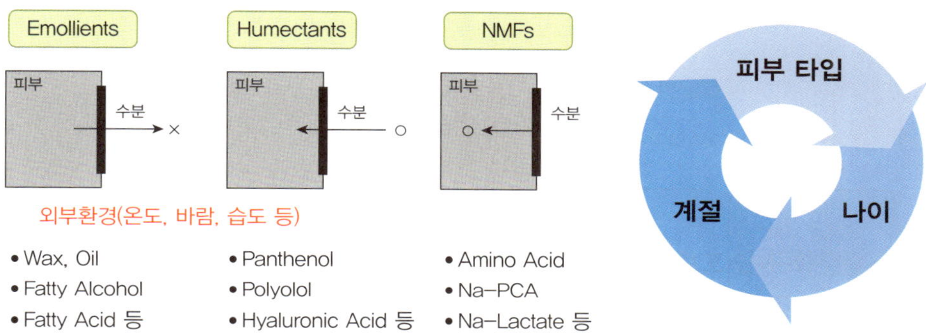

그림 2-36. 보습제의 종류

또한 보습제는 기원과 구조에 따라 천연보습인자, 다가알코올 타입 및 고분자 보습제로 구분하기도 한다. 고분자 보습제는 다가알코올에 포함되기도 하는데 소듐하이알루로네이트(sodium hyaluronate)가 대표적이다.

표 2-20. 주요 보습제의 구조와 특징

Material Name	Structure	Characteristic
Glycerin	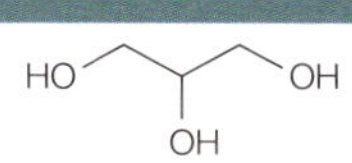	• 가장 널리 사용되는 보습제 • 보습효과 우수, 약간 끈적임
Butylene Glycol	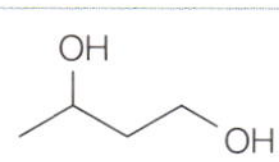	• 글리세린보다 보습력 부족 • 사용감 우수
Propylene Glycol	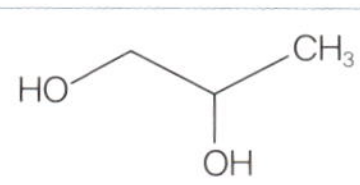	• 글리세린보다 보습력 부족 • 용해력 우수, 안전성으로 사용량 감소

Material Name	Structure	Characteristic
Sodium Lactate	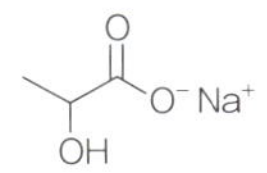	• 보습효과 우수(NMF) • 이온성분으로 이온성 고분자 점도 하락
Sorbitol	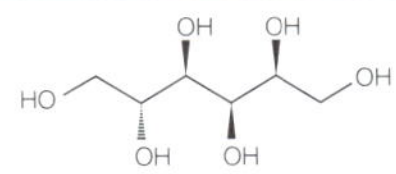	• 자연에 다량 존재(과실류, 해조류) • 보습효과 우수, 약간 끈적임
Sodium Hyaluronate	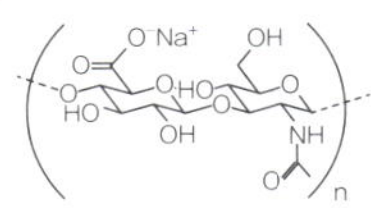	• 고분자 보습제로 보습효과 우수 • 피부 친화성 우수

최근 여러 유효 성분들로 인해 피부 보호효과가 뛰어나며, 안전성을 갖춘 천연물들이 보습제로서 각광받고 있다. 또한, 기존의 보습제들은 피부 표면에만 일시적으로 작용하여 지속적 보습효과는 기대하기 힘들기 때문에, 피부 내부에서부터 근본적으로 피부 자체의 수분 보유력을 높이는 방안이 필요하다. 이러한 문제점을 해결하고자 부작용 없이 표피 수화를 조절하는 방안으로 세포에서의 물의 이동 통로에 해당하는 아쿠아포린(aquaporin, AQP)과 각질형성세포에서 생성되며 각질층의 수화에 중요한 역할을 하는 하이알루로닉애씨드의 합성을 촉진시킴으로써, 피부의 수분 흡수를 증가시키는 기작을 통한 보습제 개발에 관심이 집중되고 있다.

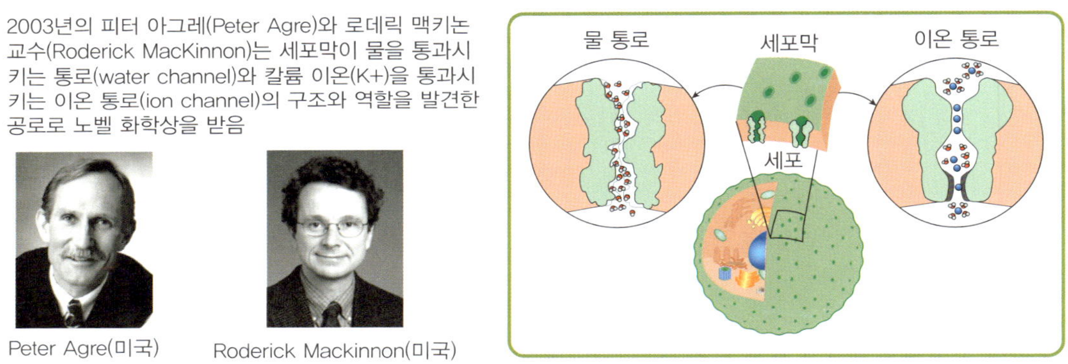

그림 2-37. 아쿠아포린 세포의 역할

생명체는 피부 및 다른 기관의 수분 보유율을 조절하는 아쿠아포린이라는 단백질이 있다. 현재까지 포유류에서 13종류의 AQP 단백질이 밝혀졌다. 이들은 수송능력에 따라 물만 이동시키는 AQP 그룹(AQP0, AQP1, AQP2, AQP4, AQP5), 물 분자뿐만 아니라 글리세롤 같은 작은 용질도 수송하는 아쿠아글리세로포린(aquaglyceroporin) 그룹(AQP3, AQP7, AQP9, AQP10), 그리고 그 구체적인 기능에 대한 연구가 진행 중인 비

정형(unorthodox) AQP 그룹(AQP6, AQP8, AQP11, AQP12)의 세 그룹으로 나누어진다[23]. 최근 황기추출물이 AQP3 발현을 증가시키고 상처 치료 즉, 세포이동 효과가 있다는 것을 확인하여, 보습제 개발에 각질형성 세포에서의 AQP3 발현을 통해 검증한 사례가 있다[24].

6. 고분자(Polymers)

화장품에서 고분자 화합물은 하이알루로닉애씨드나 콜라겐과 같이 피부 보습제로도 활용되고 있지만, 대부분은 점성을 향상시켜 주는 점증제(thickener)나 피막제(film former), 특히 유화 제품에서 안정성을 향상시켜 주는 안정화제 및 고분자 계면활성제로서의 역할을 한다. 또한 제품의 점성 변화로 사용감 조절도 기대할 수 있다.

(1) 점증제(Thickeners, viscosity builders)

점증제는 수용성 점증제와 유용성 점증제, 또는 유기 점증제와 무기 점증제로 구분할 수 있다. 화장품에 사용하는 대부분의 점증제는 수용성 고분자 물질이다.

표 2-21. 주요 고분자 점증제의 구조와 특징

Ingredient	Structure	Characteristic
Carbomer	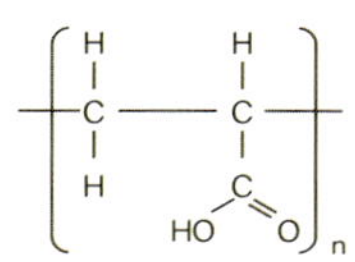	• 소량으로 높은 점성효과, 투명한 젤 • 안정화제 : 크리밍, Sedimentation 방지 • 때밀림 현상
Xanthan Gum	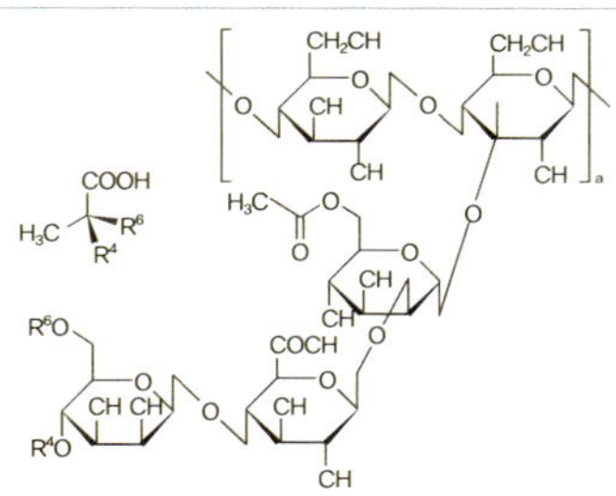	• 미생물로부터 얻은 다당류 수용성 고분자 • 온도에 안정 • 미끌/매끄러운 감촉

23 A. Rojek, A current view of the mammalian aquaglyceroporins, Ann. Rev. Physiol., 70, 301-327(2008)

24 박현철 등, HaCaT Cell에서 황기에탄올추출물의 aquaporin-3 발현효과, Korean Society for Biotechnology and Bioengineering Journal, 28(6), 394-399(2013)

Ingredient	Structure	Characteristic
Hydroxyethylcellulose	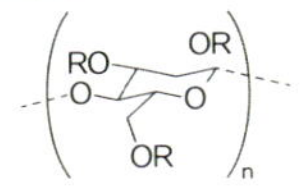 R = H or CH_2CH_2OH	• 셀룰로오스에 에틸기 붙임 • Hydrophobic Drug와 함께 사용 • 거품의 강도 향상
Carboxymethylcellulose	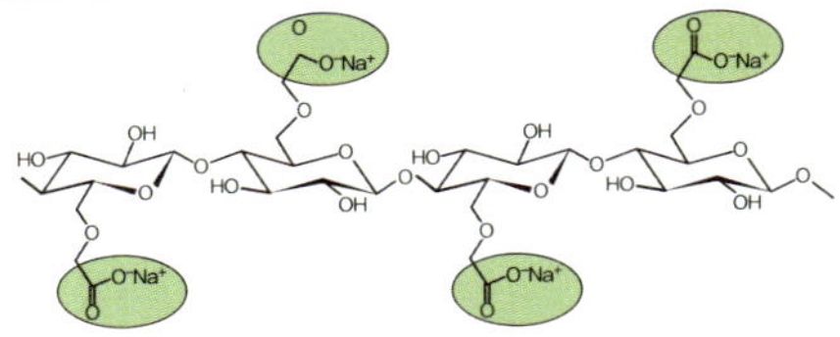	• 셀룰로오스에 수산기를 부분적으로 치환 • 물에 대한 분산성 양호 • 안전성 향상, 미끌거리는 감촉
Magnesium Aluminium Silicate(Veegum) Lithium Magnesium Sodium Silicate(Laponite)	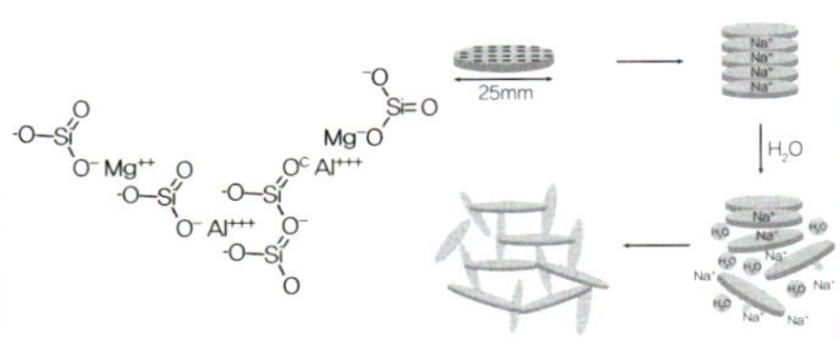	• 무기점증제 • 끈적임 감소, 다량 물 사용 시 겔 구조 깨짐 • Veegum 분산(불투명), Laponite 분산(투명)

① 카보머(Carbomer)

화장품에서 수용성 점증제로 가장 대표적으로 사용하는 고분자는 카보머(Carbomer, Lubrizol)다. 소량 사용하여도 점증 효과가 높으며, 사용 감촉이 양호한 것으로 소개되고 있다. 카보머는 폴리아크릴산의 구조로 물(정제수)에 분산되면 코일 형태로 존재하며, 알칼리(KOH, NaOH, TEA 등)로 중화 시 전하의 반발력을 최소화하기 위해 고분자 사슬이 펼쳐짐으로써 점증효과를 나타내게 된다.

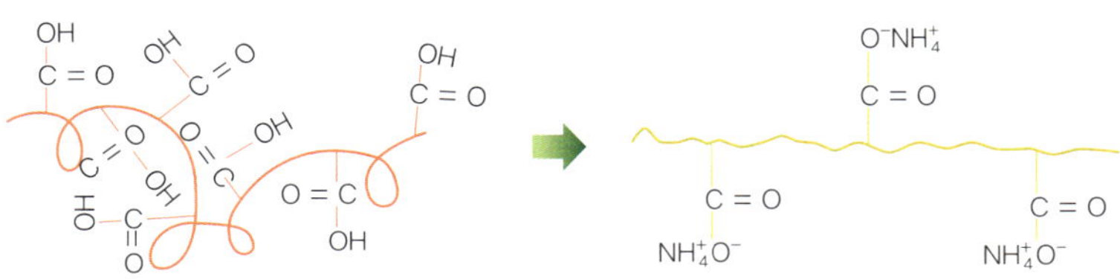

그림 2-38. 카보머의 중화에 의한 점증효과

카보머는 고분자의 분자량, 분자구조에 따라 다양한 종류가 존재하며, 합성 시 사용하는 용매에 따라서도 다양한 종류[25]로 구분된다.

25 Carbopol polymer products, Lubrizol

표 2-22. 카보머 분류

Carbopol® Polymer	Polymerrization Solvent			Product Type			Viscosity, cP (0.5 wt% at pH 7.5)
	Benzene	Ethyl Acetate	Cosolvent1)	Homopolymer	Copolymer	Interpolymer	
71G NF		✓		✓			4,000~11,000
971P NF		✓		✓			4,000~11,000
974P NF		✓		✓			29,400~39,400
980 NF			✓	✓			40,000~60,000
981 NF			✓	✓			4,000~10,000
5984 EP			✓	✓			30,500~39,400
ETD 2020 NF			✓			✓	47,000~77,0002)
Ultrez 10 NF			✓			✓	45,000~65,000
934 NF	✓			✓			30,500~39,400
934P NF	✓			✓			29,400~39,400
940 NF	✓			✓			40,000~60,000
941 NF	✓			✓			4,000~10,000
1342 NF	✓				✓		9,500~26,5002)

1) Cosolvent system made using cyclohexane and ethyl acetate
2) 1.0 wt%

② 아크릴레이트/C10-30알킬아크릴레이트크로스폴리머(Acrylates/C10-30 alkyl acrylate crosspolymer)

카보머는 소량으로도 점증 효과가 큰 장점이 있으나, 염이 존재하는 환경에서는 불용성 고분자 형성(salting out 효과)으로 점증 효과가 감소하며[26] 사용 후 때처럼 밀리는 현상이 나타날 수도 있다.

폴리아크릴산의 일부가 지방산과 반응한 알킬에스터기를 함유하고 있는 Pemulen TR-1, 2, EZ-4U(Lubrizol)가 소개되어 있으며, Pemulen은 구조상 친유기가 도입되어 있어 고분자 계면활성제로서의 역할도 한다.

26 Viscosity of carbopol polymers in aqueous systems, Lubrizol(2010)

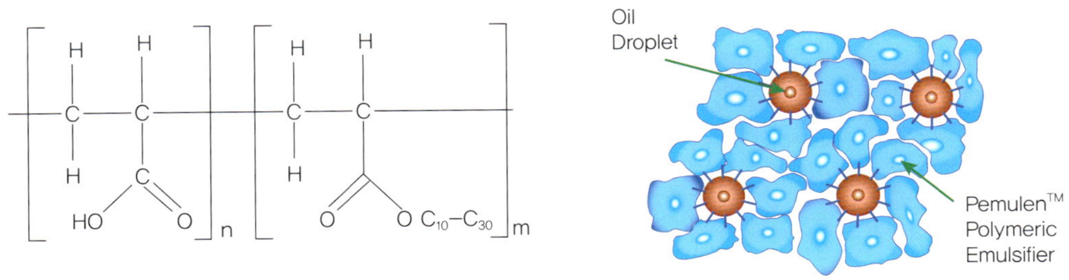

그림 2-39. Pemulen TR-1, 2, EZ-4U(Lubrizol)의 구조

Pemulen TR-1, 2, EZ-4U(Lubrizol)에 대한 pH에 따른 점성과 유화 안정성이 소개되어 있다. Pemulen TR-1은 높은 점도, Pemulen TR-2는 낮은 점도, Pemulen EZ-4U는 중간 점도이나 낮은 pH에서도 점성을 나타내며, 유화 안정성이 양호하다.

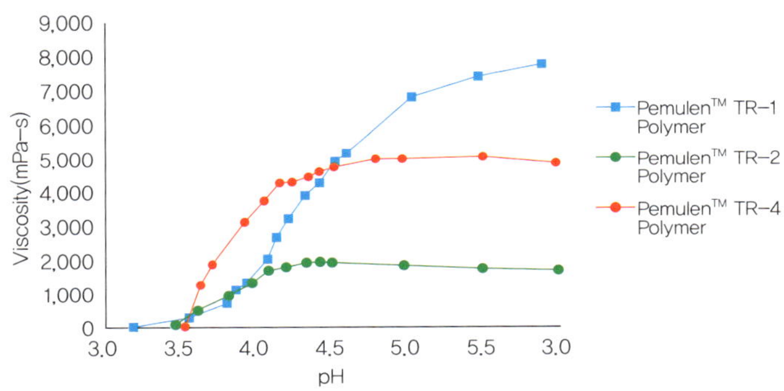

Polymeric Emulsifier	Pemulen™ TR-1	Pemulen™ TR-2	Pemulen™ EZ-4U
24hr Viscosity(mPa·s)	977	237	1,722
24hr Yield Value(dyn/cm^2)	61	5	79
Viscosity(mPa·s) after 1 month 50℃	Creaming after 1week	Creaming after 1week	1,284
Yieid Value(dyn/cm^2) after 1 month 50℃	0	0	52
Micrograph Pictures(X 200 magnification)	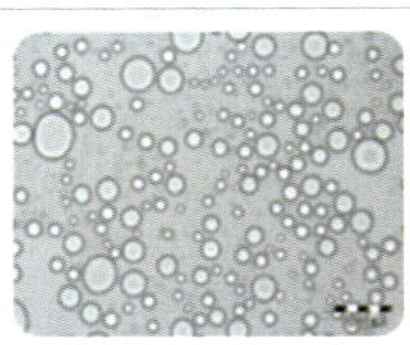	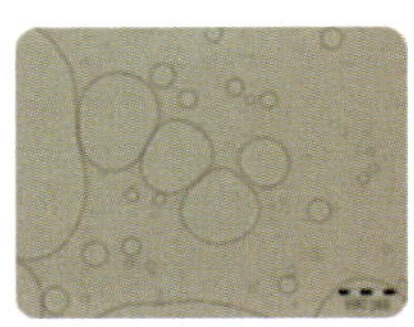	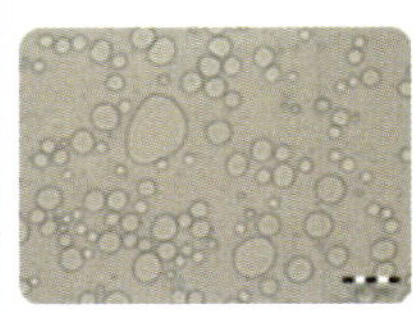

그림 2-40. Pemulen TR-1, 2, EZ-4U의 pH에 따른 점성 및 유화 안정성

③ 암모늄아크릴로일디메틸타우레이트/브이피코폴리머(Ammonium acryloyl dimethyltaurate/VP copolymer)

안정화제 및 사용감 조절제로 중화 없이 사용할 수 있는 다양한 종류의 암모늄아크릴로일디메틸타우레이트/브이피코폴리머(ammonium acryloyl dimethyltaurate/VP copolymer, Aristoflex series, Clariant)가 있다.

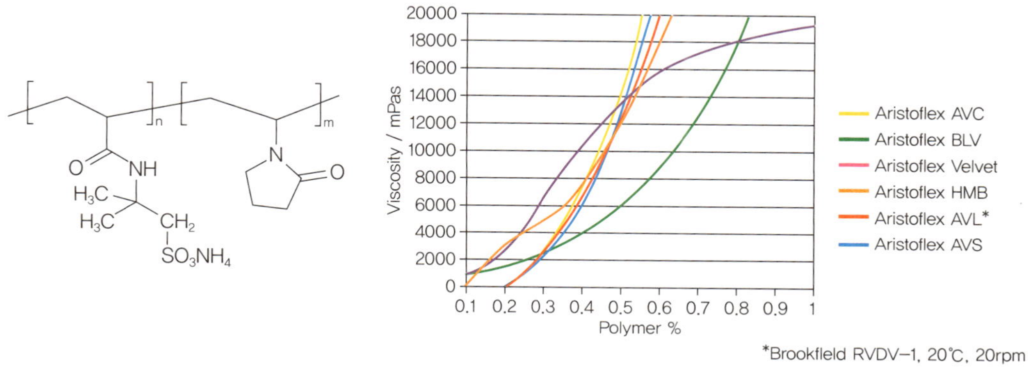

그림 2-41. Aristoflex 구조 및 농도에 따른 점성

Aristoflex AVC도 Pemulen series 고분자와 마찬가지로 고분자 계면활성제 역할을 하며, 계면활성제를 사용하지 않고도 유화 제품을 안정화(emulsifier free cream gel)시킬 수 있다고 소개하고 있다.

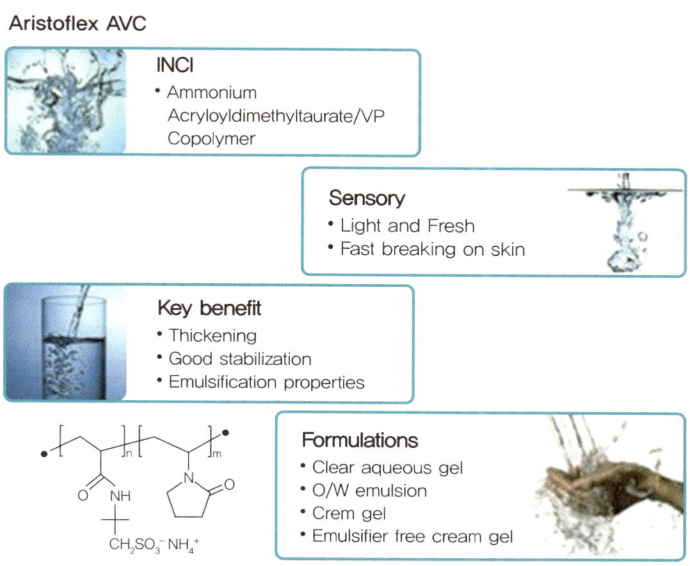

그림 2-42. Aristoflex AVC 소개

지난 2017년 화장품신문에 '시세이도, 계면활성제 없는 신유화기술 개발'이라는 기사[27]가 소개되었다. 개발된 '코어 코로나 유화기술' 활용으로 부드럽게 발리면서도 내수성이 강한 자외선 차단 제품과, 촉촉하면서도 끈적이지 않는 보습크림의 개발이 가능할 것으로 예상하였다.

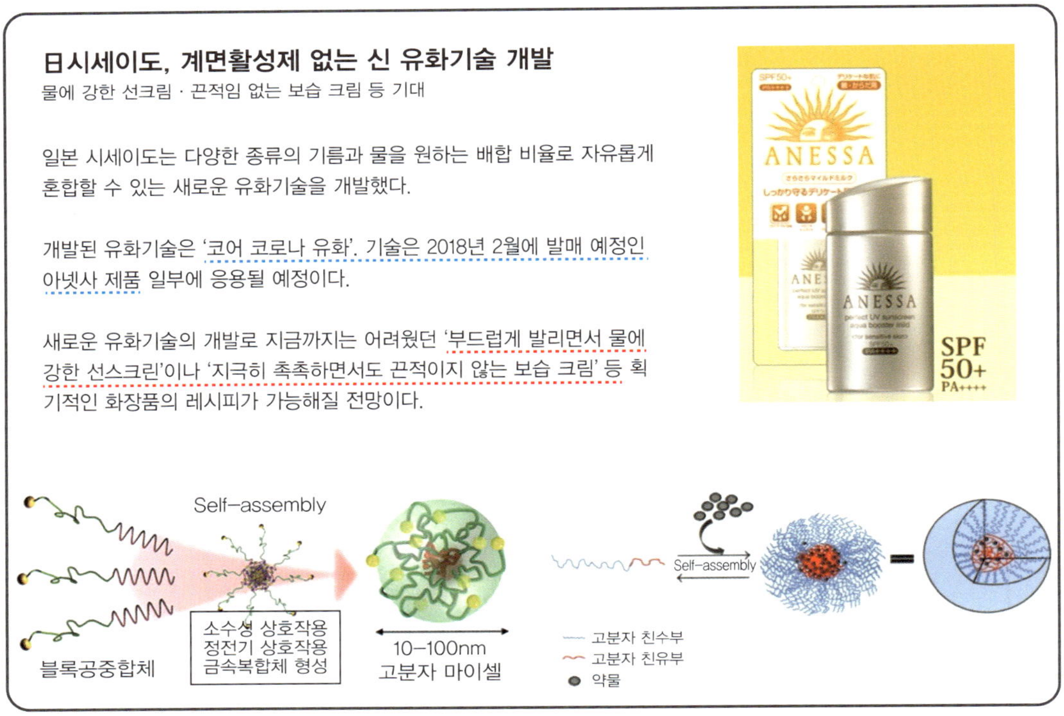

日시세이도, 계면활성제 없는 신 유화기술 개발
물에 강한 선크림 · 끈적임 없는 보습 크림 등 기대

일본 시세이도는 다양한 종류의 기름과 물을 원하는 배합 비율로 자유롭게 혼합할 수 있는 새로운 유화기술을 개발했다.

개발된 유화기술은 '코어 코로나 유화'. 기술은 2018년 2월에 발매 예정인 아넷사 제품 일부에 응용될 예정이다.

새로운 유화기술의 개발로 지금까지는 어려웠던 '부드럽게 발리면서 물에 강한 선스크린'이나 '지극히 촉촉하면서도 끈적이지 않는 보습 크림' 등 획기적인 화장품의 레시피가 가능해질 전망이다.

그림 2-43. 시세이도, 계면활성제 없는 신유화기술 개발 소개

일본의 NALC 워터프루프 자외선 차단 크림(SPF50+, PA++++)의 전성분에도 일반적인 계면활성제는 함유되어 있지 않으며, 대신 ammonium acryloyldimethyltaurate/VP copolymer가 함유되어 있어, 역시 계면활성제가 없는 유화기술이 적용된 것으로 보인다.

27 시세이도, 계면활성제 없는 신유화기술 개발, 화장품신문(2017.10.30)

NALC日焼け止め　ウォータープルーフ
SPF50+ PA++++
ロングUVA対応
容量：60G

水、メトキシケイヒ酸エチルヘキシル、ＢＧ、ジエチルアミノヒドロキシベンゾイル安息香酸ヘキシル、シクロペンタシロキサン、ポリシリコーン－１５、セバシン酸ジエチルヘキシル、ジメチコン、ペンチレングリコール、フェノキシエタノール、（アクリロイルジメチルタウリンアンモニウム／ＶＰ）コポリマー、ヒドロキシプロピルメチルセルロースステアロキシエーテル、ＢＨＴ、Ｔ－ブタノール、グリチルリチン酸２Ｋ、ヒアルロン酸ＮＡ、クララ根エキス

그림 2-44. NALC Perfect UV Protect 소개

④ 마그네슘알루미늄실리케이트(Magnesium aluminum silicate)

대표적인 합성 무기 점증제로 마그네슘알루미늄실리케이트(magnesium aluminum silicate, Veegum, Vandebilt)는 물에 분산되어 불투명한 점성액이 된다. Veegum 점토(clay)는 의약품에서 부형제로서 주로 현탁액 안정제 및 유화 안정제로 사용되었고, 연고와 좌약, 고체 약물에 통상적으로 사용되어 왔다.

Veegum은 스맥타이트(smectite) 점토로 판(plate) 구조를 하고 있으며, 판-판 사이에 이온 교환이 가능한 양이온이 존재한다. 양이온 교환을 통해 양이온 약물이 도입되면 판 사이에 인터칼레이션되어 약물 방출을 연장하는데 사용되기도 한다.

점증제로서 물에 분산시키면, 물 분자가 판 사이에 수화되어 들어가며, 물 함량이 충분하면 콜로이드 구조를 통해 안정화제 및 점도 조절제 역할을 한다.

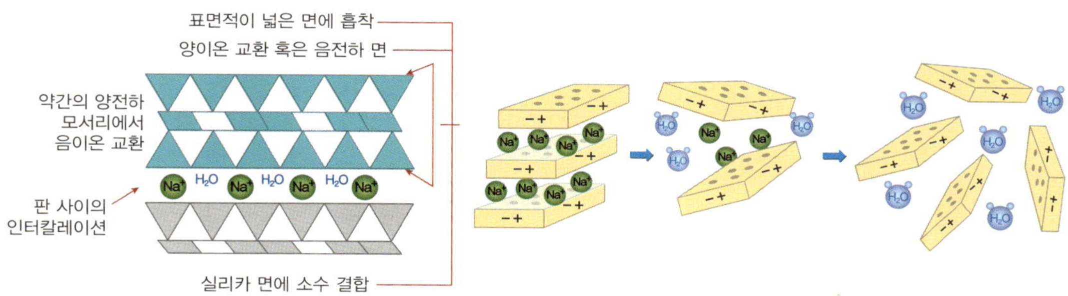

그림 2-45. Veegum의 구조 및 물에서의 분산

Veegum에도 다양한 종류가 있으며, 화장품에서는 Veegum HV(high viscosity)와 Veegum R(regular)이 좀 더 사용되며, 미생물로부터 얻는 다당류의 고분자 물질인 잔탄검(Xantan gum, Keltrol, CP Kelco)과 함께 사용하기도 한다.

표 2-23. Veegum의 종류와 응용

APPLICATION GUIDE								
Personal Care VEEGUM® Magnesium Aluminium Silicate	VEEGUM							
	Ultra	R	Pure	HV	K	HS	CH	D
Creams and Lotions at pH〈6	×				×	×		
Creams and Lotions at pH〉6		×	×	×			×	
Sunscreens	×	×	×	×			×	
Antiperspirants				×				
Depilatories, Perms, Straighteners						×	×	
Color Cosmetics	×	×	×	×			×	
Pressed Powder Color Cosmetics							×	
Loose Powder Color Cosmetics							×	
Dandruff Shampoos		×						
Conditioning 2-in-1 Shampoos	×					×		
Facial Masks	×					×	×	
Dentifrices							×	×

⑤ 리듐마그네슘소듐실리케이트(Lithium magnesium sodium silicate)

Veegum 외에 무기 점증제로 리듐마그네슘소듐실리케이트(Lithium magnesium sodium silicate, Laponite, BYK)가 있다.

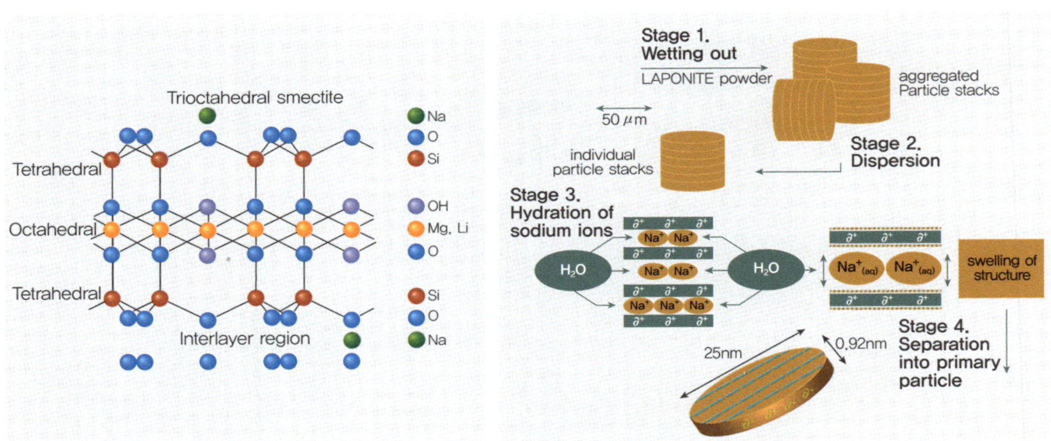

그림 2-46. Laponite 구조 및 물에서의 분산

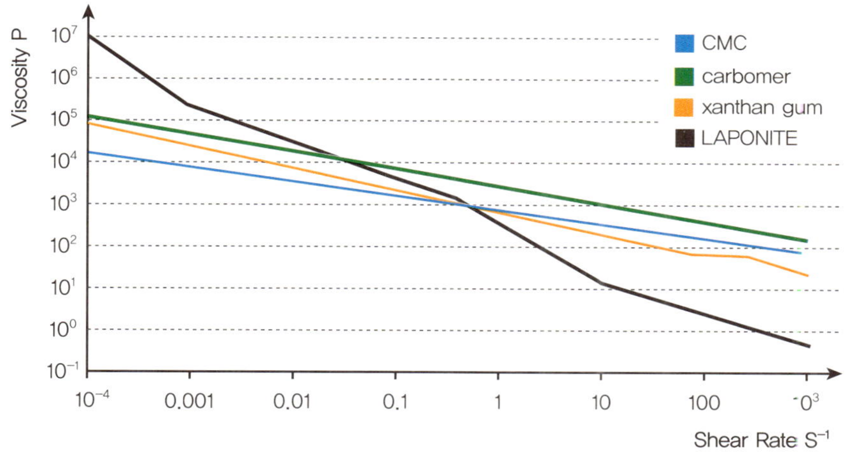

그림 2-47. 전단율에 따른 점도 비교

Laponite도 판상 구조를 하고 있으며, 판 사이에 소듐 이온이 존재하여 물에 분산 시 소듐 양이온과 물 분자 사이의 강한 수화력으로 판 사이의 간격이 넓어지는 부푼(swelling) 구조를 함으로써 점증된다. Laponite는 물에 분산되어 흐름이 없는 투명한 겔을 형성할 수도 있다. Laponite는 초기 점도는 높으나 전단율이 증가하면 상대적으로 점도가 낮아지는 특징을 가지고 있다.

(2) 피막형성제(Film formers)

피막 형성은 여러 아크릴레이트, 아크릴아마이드, 코폴리머 등의 물성으로 나타난다. 화장품에서 사용되는 대표적인 피막형성제를 표 2-24에 나타내었다.

피막형성제는 주로 필오프(peel-off) 팩에 활용되며, 최근에는 코 부분의 피지를 흡착하는 코팩에 활용되기도 한다. 피막형성제로 폴리비닐알코올(PVA)은 피막의 강도가 낮아 건조 후 떼어낼 때 잘 떨어지지 않는 경우가 있어, 피막의 강도 조절을 위해 폴리비닐피롤리돈(PVP)과 함께 사용하기도 한다.

표 2-24. 피막형성제 구조 및 특징

Ingredient	Structure	Characteristic
Polyvinyl Alcohol	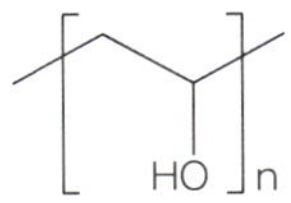	• Polyvinyl Acetate를 검화하여 얻음 • Peel-off Type Pack 제조에 사용 • 검화도에 따라 점도 및 필름의 강도 차이
Polyvinyl Pyrrolidone	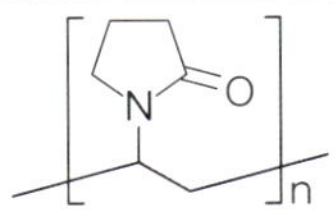	• 기초화장품에 밀착감 향상 • 두발 제품에 기포안정화, 모발 광택 부여 • Peel-off Type Pack 제조, PVA와 함께 사용
Nitrocellulose	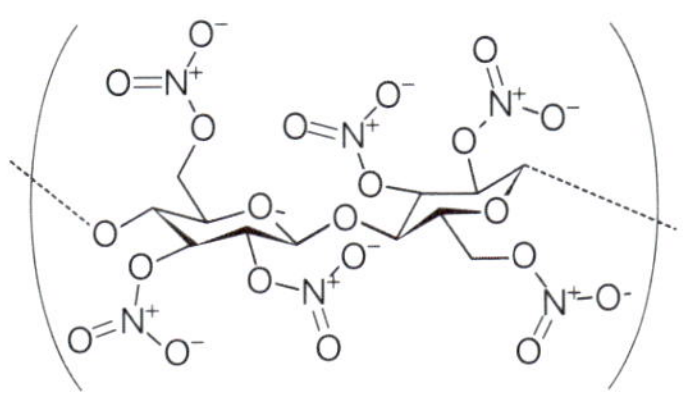	• Nail Care의 네일 에나멜의 피막제 • 밀폐된 공간에서 폭발 위험성 • 셀룰로오스 하이드록시기(¯OH)의 H가 질산화물로 치환된 형태이며, 치환기가 많을수록 폭발성과 폭발력이 큼

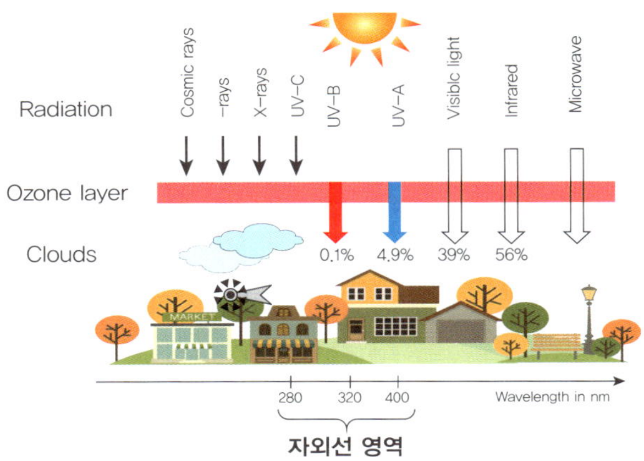

$$E(\text{energy}) = h\nu = h\frac{C}{\lambda} \propto \frac{1}{\lambda(\text{wavelength})}$$

UV	긍정적 효과	부정적 효과
C	강한 살균력	• 오존층 파괴로 인한 생태계 위협 • 피부 화상 및 심각한 피해 예상
B	• 비타민 D 활성화 • 피부각화 보호 • 자연색소침착 • 여드름 치유 • 면역 강화	• 피부홍반, 선번, 여드름 염증 악화 • 세포막 손상 • DNA 변화 • 피부암 유발
A	즉시 색소침착	• 피부홍반, 광독성 광알러지, 백내장 • 주름 형성, 광노화

그림 2-48. 자외선 영역 및 구분

7. 자외선차단제(Sunscreen agents)

자외선(UV, ultraviolet)은 100~400nm 파장으로 UV-C(100~280nm), UV-B(280~315nm), UV-A(315~400nm)로 구분한다. 보통 UV-C는 오존층에 흡수되고 지표에는 UV-B와 UV-A가 도달한다. 최근 환경오염에 의한 오존층의 파괴로 자외선에 의한 피부 손상 우려가 증가하고 있다. 지표에 도달하는 자외선은 전체 태양광으로부터 방출되는 양의 5% 정도 수준으로, 자외선은 피부에 이로운 점도 있지만, 여러 유해작용들이 알려져 있다.

피부에서 UV-B는 표피층까지 투과하고, 에너지가 상대적으로 낮은 UV-A는 진피층까지 투과하는 것으로 알려져 있다. UV-B는 상대적으로 에너지가 높기 때문에 피부에 홍반(선번), 세포막 손상, 피부암 등을 일으키고, UV-A는 표피의 기저층을 통과하기 때문에, 기저층에 존재하는 색소형성세포를 자극하여 색소침착을 유발하고, 진피층의 손상에 의한 주름 형성에 의한 조기 노화를 유발한다.

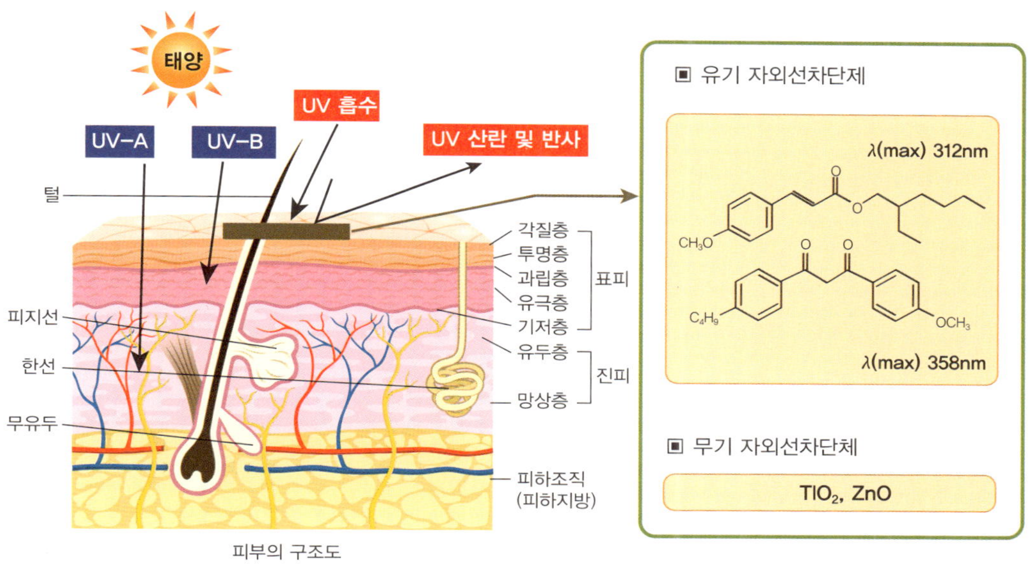

그림 2-49. 자외선의 피부 투과 및 자외선 차단

자외선차단제는 자외선을 흡수하는 유기 자외선차단제와 자외선을 산란시키는 무기 자외선차단제로 구분된다. 국내에서 허용된 자외선차단제는 무기 자외선차단제인 티타늄디옥사이드(TiO_2)와 징크옥사이드(ZnO) 2종을 포함하여 27종[28]이 고시되어 있다.

28 기능성화장품 기준 및 시험방법, 식품의약품안전처 고시 제2017-43호(2017.05.23)

표 2-25. 자외선차단제의 장단점

구분	장점	단점
유기물 자외선차단제	고효율의 차단효과	① 피부 부작용 발생 우려 • 피부를 통해 체내로 흡수될 가능성 : Oxybenzone 사용량의 1~2% 체내 흡수 → 소변, 모유[1)] • ROS 발생 → 피부 침투 후 더 많은 ROS 발생[2)] → Carcinogenis ② 낮은 광안전성 : 태양광에 2시간 노출 → SPF 1/2 이하로 감소[3)]
무기물 자외선차단제	높은 피부 안정성	① 나쁜 사용감 및 백화현상 백화현상 감소 → 나노입자화 ② 광독성 우려 나노 입자(〈 100nm) → 자외선 흡수[4)] → ROS 형성 → 유기물 분해[5)]

1, 2) K.A. Walters, et al.,(R. L. Bronaugh et al., eds), pp465~481, Dekker, New York(2002).
3) V. Vanquerp et al., J. Chromatogr. 832, 256(2001).
4) N. Serpone, et, al., Pure Appl. Chem., 71, 303(1999).
5) I. P. Parkin et al., J. Mater. Chem., 15, 1689(2005).

(1) 유기 자외선차단제(Organic sunscreen agents)

유기 자외선차단제는 액상이거나 용매에 녹여 사용하므로 자외선 차단 효율이 좋고 다양한 장점이 있으나 피부로의 흡수가 우려되며 자외선을 흡수 및 방출하는 화학작용에 의해 활성산소종(ROS, reactive oxygen species)이 발생할 수 있어 안전성이 우려되고 있으며 자외선에 노출 시 시간이 지남에 따라 자외선 차단 능력이 감소될 수 있는 단점이 있다.

피부에 화합물이 흡수되려면 분자량이 최소한 500Dalton 이하는 되어야 한다는 500Dalton rule[29]이 있다. 자외선차단제의 경우는 오히려 피부활성 성분과는 달리 피부에 흡수되면 불리하다. 최근에 유럽에서 허용된 여러 자외선차단제의 분자량은 500 이상이며 고분자 타입도 소개되어 있다.

자외선차단제 중 가장 일반적으로 사용되고 있는 UV-B 차단제인 에틸헥실메톡시신나메이트(ethylhexyl methoxycinnamate, Uvinul MC 80 / BASF, Parsol MCX / DSM, Escalol 557 / Ashland)는 자외선에 노출 시 trans form(Z configulation)에서 cis form(E configulation)으로 바뀌면 자외선 차단 능력이 감소하는 것으로 보고되어 있다[30].

29 J.D. Bos, The 500 Dalton rule for the skin penetration of chemical compounds and drugs, Experimental Dermatology, 9(3), 165-169(2000)

30 S. Pattanaargson et al., Stability of octyl methoxycinnamate and identification of its photo-degradation product, International Journal of Cosmetic Science, 23, 153-160(2001)

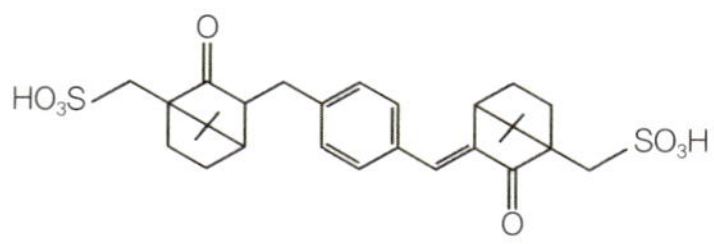

Mexoryl SX(L'Oreal)
- E = 775(@ λ max = 345)
- mw = 563

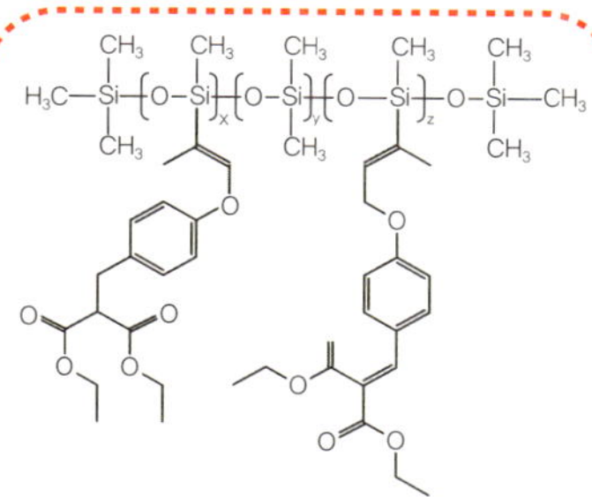

Polysilicone-15(DSM)
- E = 160~190(@ λ max = 312)
- mw = 16,741

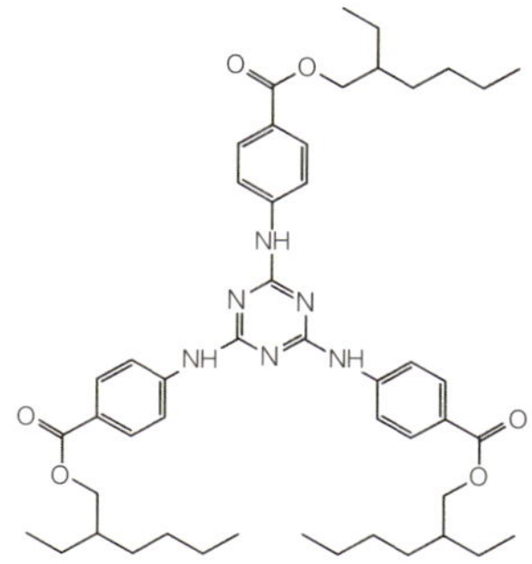

Uvinul T 150(BASF)
- E=1,450(@ λ max=314)
- mw=823

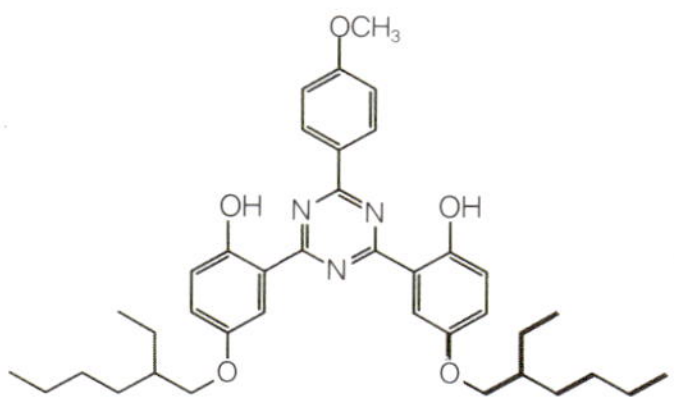

Tinosorb S(BASF)
- E = 745(@ λ max = 310)
- E = 820(@ λ max = 343)
- mw = 628 (mp 80℃)

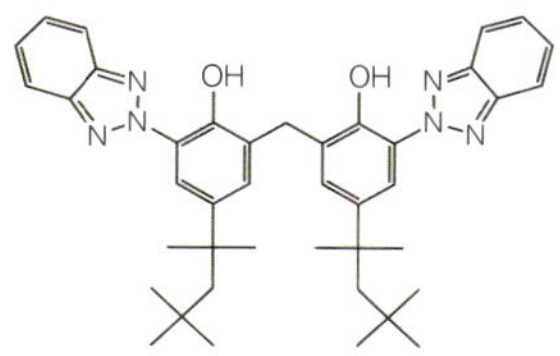

Tinosorb M (Ciba)
- 200 nm 이하의 입자
- E~500(@ λ max=303)
- E~600(@ λ max=358)
- mw=659(mp 195.7℃)

그림 2-50. 분자량이 500 이상인 자외선차단제 사례

- E = 850(@ λ max = 310)
- mw = 290

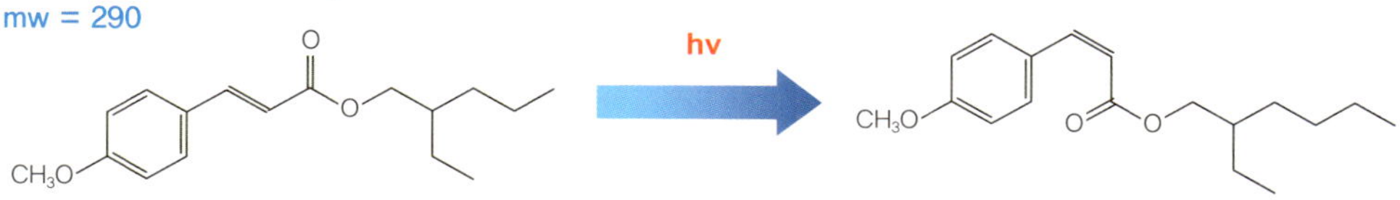

E-ethylhexyl-p-methoxycinnamate *Z-ethylhexyl-p-methoxycinnamate*

그림 2-51. 에틸헥실메톡시신나메이트의 광분해

UV-A 차단제로서 가장 일반적으로 사용되고 있는 부틸메톡시디벤조일메탄(butyl methoxydibenzoylmethane, Parsol 1789, DSM / Eusolex 9020, Merck / Escalol 517, Ashland)은 케톤 또는 알데하이드의 케토형(keto form)과 이중결합을 가진 알코올인 엔올형(enol form) 사이의 화학평형(chemical equilibrium)인 케토엔올 상호변이성(keto-enol tautomerism)[31]으로 인하여 자외선을 흡수하는 영역이 변경될 수 있다.

31 Parsol 1789, product information, DSM

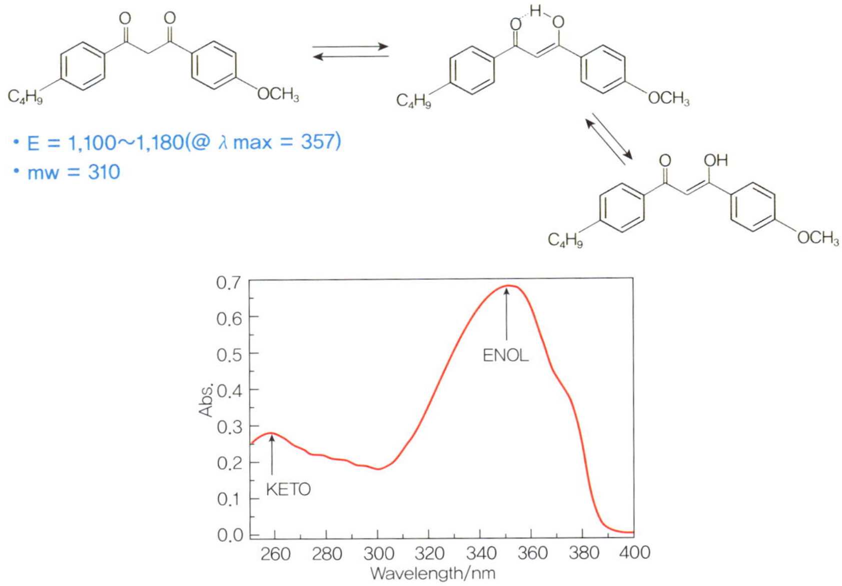

그림 2-52. 부틸메톡시디벤조일메탄의 케토엔올 상호변이성 및 자외선 흡수

부틸메톡시디벤조일메탄은 일반적으로 엔올형으로 존재하나 케토형이 되면 자외선 흡수 파장이 변경되며 흡광도가 낮아질 수 있다. 또한 처방 내에서 지방산과 반응하여 고급지방산 엔올 에스터(fatty acid enol ester)가 형성되면 용해도 감소로 석출될 수 있으며, 분자 구조상 킬레이트 역할로 메탈복합체(Metal complex)가 형성되어 색상이 변경될 수 있어 사용 시 주의가 요구된다. 부틸메톡시디벤조일메탄의 경우 극성 용매에서 좀 더 안정한 것으로 소개되어 있다.

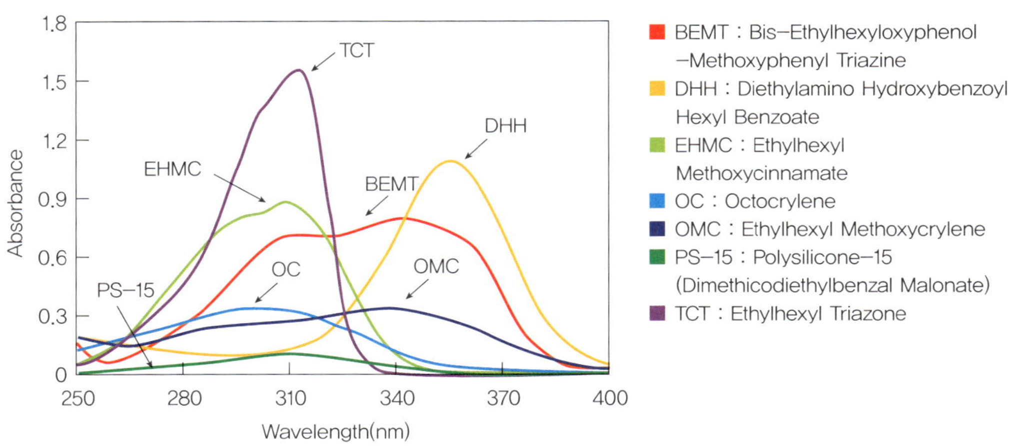

그림 2-53. 자외선차단제의 UV 흡광도

유기 자외선차단제의 자외선 흡수 효과는 간단하게 자외선차단제를 유기 용매에 용해시킨 후, UV-Visible spectrophotometer로 흡광도와 최대 흡수파장을 측정하면 된다. 그림 2-53은 에탄올에 0.01% 농도로 자외선차단제를 용해시켜 측정한 흡광도 자료이다.

자외선 차단 효과가 큰 자외선 차단 제품을 제조하기 위해서는 자외선 차단 효과가 기대되는 자외선 차단제의 함량이 일정량 이상 처방되어야 한다. 유기 자외선차단제가 액상이 아닌 고체 파우더로 된 경우는 용매에 녹아있어야만 그 효과를 제대로 나타낼 수 있다. 표 2-26은 고체 파우더 타입의 자외선차단제인 Uvinul T 150(Ethylhexyl Triazone), BEMT(Bis-Ethyl hexyloxyphenol Methoxyphenyl Triazine), BMDM(Buthy Methoxy Dibenzoyl Methane), Uvinul A Plus(Diethly amino Hydroxybenzoyl Hexyl Benzoale)에 대해 오일과 자외선차단제에의 용해도를 나타낸 것이다[32].

표 2-26. 고체 파우더 타입 자외선차단제 용해도

Ingredient	BEMT(%)	BMDM(%)	Uvinul A+(%)	Uvinul T150(%)
C12-15 Alkyl Benzoate	12	14	23	4.4
Caprylyl Caprylate/Caprate	7.9	Nd	13	6.7
Coco-Caprylate/Caprate	7.3	Nd	13	6.1
Coco Glycerides	5	9.7	14	9.4
Cyclomethicone	〈 0.1	0.1	0.3	〈 0.1
Dibutyl Adipate	10	18	31	16
Dimethicone	〈 0.1	0	0.1	〈 0.1
EHMC	17	23	39	14
EHS	20	15	30	3
EtOH	〈 0.5	2.4	11	1.3
HMS	16	16	36	2.8
IPM	5	7.1	9.1	3.4
MCT	5	12	17	6.2
Octocrylene	7.3	21	39	4.2
Propylheptyl Caprylate	6.3	12	12	5.7
Dicaprylyl Carbonate	8.8	11	18	5.9
Solarstay S1 (Ethyhexy Methoxycrylene)	〉30	〉25		
Dicaprylyl Carbonate(Cetiol CC)	〈 30	-		

* EHMC(ethylhexyl mothoxycinnamate), EHS(ethylhexyl salicylate), EtOH(ethyl alcohol), HMS(homosalate), IPM(isopropyl), MCT(middle chain triglyceride)

32 J. Giesinger et al., 선스크린 처방에 있어서 자외선흡수제의 용해성과 가벼운 감촉의 처방 개발에 대해, Fragrance & Journal, 8, 35(2013)

유기 자외선차단제의 자외선 흡수 메커니즘은 Jablonski Diagram으로 설명할 수 있다.

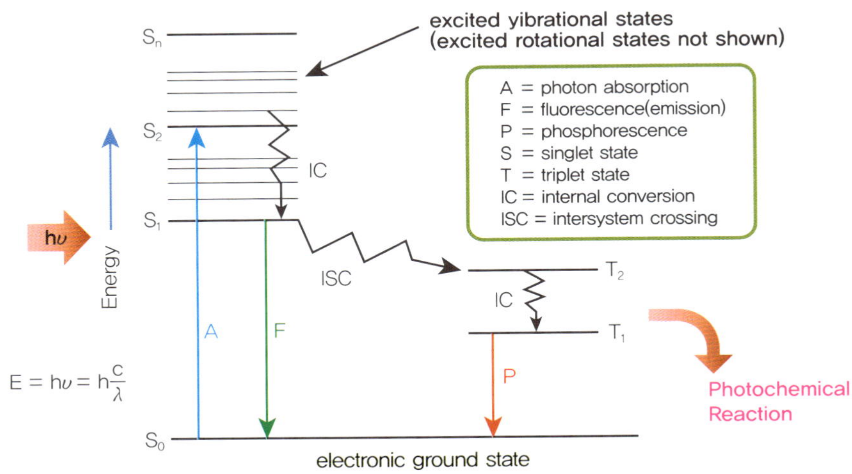

그림 2-54. Jablonski Diagram

전자가 바닥 상태(S_0, S : singlet state)에 있는 자외선차단제의 전자가 에너지(UV-B, 혹은 UV-A에 해당하는 에너지)를 받아 들뜬 상태(Sn)로 전이된다. 이후 내부전환(IC)을 통하여 에너지가 낮은 형광(fluorescence)을 방출하면서 다시 바닥 상태로 돌아오고, 에너지를 받으면 다시 여기되는 과정을 반복함으로써 자외선을 흡수하게 된다. 상황에 따라서는 전자가 들뜬 상태(S_1)에서 T_2 level(triplet state)로 계간전이(ISC)를 하며 내부전환(IC)을 통하여 에너지가 낮은 인광(phosphorescence)을 방출하면서 바닥 상태로 돌아온다. 전자가 T level(triplet state)에 있는 경우를 라디칼(radical)이라고 하며, 반응성이 커서 다른 분자들과 원하지 않은 광반응을 일으킴으로써, 자외선차단제의 분자구조 변경으로 자외선 차단 능력을 감소시키게 된다.

자외선차단제의 광안정성 확보는 중요한 과제이나 많은 연구자들이 그냥 지나치는 분야이기도 하다. 국내에서 미백이나 주름 개선에 도움을 주는 기능성 성분의 연구는 활발하나, 상대적으로 자외선차단제 관련 연구는 매우 미흡한 실정이다.

자외선차단제의 광안정성을 평가하는 방법은 UV 흡광도를 이용하는 방법, In vitro SPF 측정법을 이용하는 방법, 형광분석법을 이용한 방법이 있다[33].

자외선차단제 및 자외선 차단 제품의 효과는 SPF(sun protection factor)와 PA(protection A)로 구분된다. 기능성화장품 심사에 관한 규정[34]에 자외선차단지수 측정 방법과 자외선 차단 등급 분류가 게시되어 있어,

33 정택규 등, 신규 자외선차단제인 methoxycinnamidopropyl polysilsesquioxane의 광안정성 평가, J. Soc. Cosmet. Scientists Korea, 37(3), 227-236(2011) / C. Bonda, Research pathways to photostable sunscreens, Cosmetics & Toiletries, 143(2), 49-60(2008)

34 기능성화장품 심사에 관한 규정, 식품의약품안전처 고시 제2017-42호(2017.05.23)

관계자는 꼭 필독해야 하는 규정이다. 정부에서는 자외선 파장을 UV-C(200~290nm), UB-B(290~320nm), UV-A(320~400nm)로 분류하고 있다.

자외선 차단 효과는 인체시험을 기본으로 하나, 인체시험 전에 in vitro SPF 측정법(SPF-290S, Optometrics / SPF-290AS, Solar light)을 이용하여 평가할 수 있어, 광안정성 평가 사례로 SPF-290S analyzer를 이용하여 측정하였다.

자외선 차단 시료 SID UV-CUT™를 페트로라툼에 10%, 광안정화제로서 기존 자외선차단제 각 3종을 SID UV-CUT™의 10% 농도로 분산시킨 후 UV 광조사 전과 후에 SPF를 측정하였다. 결과 광안정화제가 함유되어 있지 않은 SID UV-CUT™은 광조사 전 대비 광조사 후 SPF가 26.20% 감소하였다. 광안정화제로 BEMT를 첨가한 경우는 SPF가 2.01%, OC를 첨가한 경우는 12.28%, OMC를 첨가한 경우는 9.93% 감소하여, BEMT가 SID UV-CUT™에 대해 가장 광안정화 효과가 양호하였다.

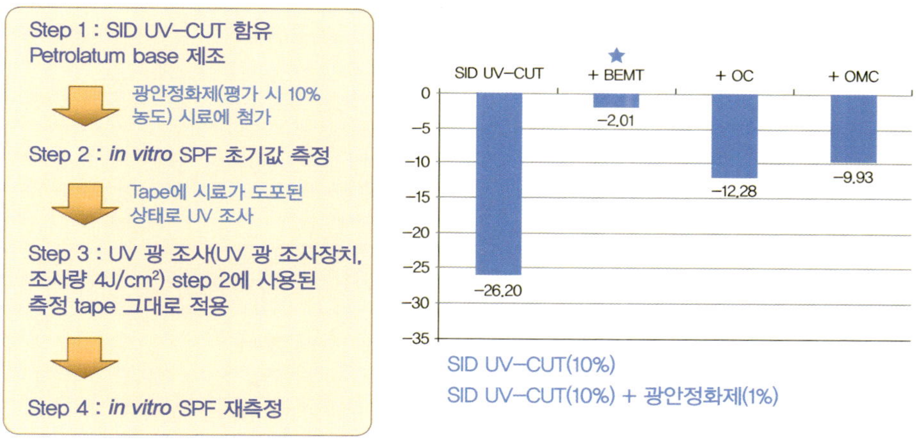

그림 2-55. In vitro SPF 측정법에 의한 SID UV-CUT™의 광안정화 효과

(2) 무기 자외선차단제(Inorganic sunscreen agents)

무기 자외선차단제는 불용성 파우더 타입으로 피부 흡수에 대해 안전성이 양호한 장점이 있는 반면에 자외선 차단 효율이 적으며 나쁜 사용감과 백화현상이 단점으로 지적되어 왔다. 따라서 차단효율을 증가시키기 위하여 나노입자화된 차단제를 선호하였으나, 최근 나노입자에 대한 많은 우려가 제기되었다. 이론적으로도 100nm 이하의 입자는 자외선을 산란시키는 효과 외에도 자외선을 흡수하기도 한다. 이러한 경우 역시 무기 자외선차단제에서도 유기 자외선차단제의 단점이 나타날 수도 있다.

무기 자외선차단제인 티타늄디옥사이드(TiO_2)의 결정 구조인 예추석(anatase)은 3.2eV의 밴드갭을 가지고 있으며 rutile은 3.0eV의 밴드갭을 가지고 있다[35]. 플랑크 방정식(Planck's equation)을 활용하면, anatase의 3.2eV는 387nm에 해당하고, rutile의 3.0eV는 413nm에 해당한다. 즉, anatase TiO_2는 UV-A 영역인 387nm의 자외선을 흡수하여 들뜬 상태(excited state)로 전이한다는 의미다. 이는 anatase TiO_2의 경우 광활성이 있어 다른 산업분야에 활용될 수 있으나, 피부를 상대로 하는 화장품 산업에서는 위험한 원료가 된다.

최근 자료[36]에 의하면, 무기 자외선차단제로서 anatase 결정구조의 nano TiO_2는 광활성이 크기 때문에 소비자 안전을 위하여 상대적으로 광활성이 적은 rutile 결정의 사용을 권장한다고 설명하고 있다.

플랑크 방정식

$$E = Nh\nu = Nh\frac{c}{\lambda} = 2.86 \times 10^4 \text{kcal/mol} \cdot \frac{1}{\lambda(\text{nm})}$$

$$eV = 23.053\text{kcal/mol}$$

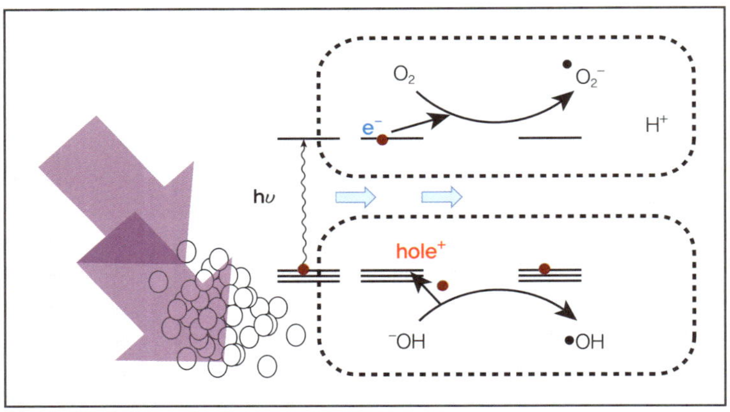

Anatase, 3.2eV(386nm) ; Rutile, 3.0 eV(413nm)

그림 2-56. 티타늄디옥사이드(TiO_2)의 광활성

In vitro SPF 측정법에 의한 측정 사례로서 3종의 무기 자외선차단제를 5% 농도로 페트롤라튬에 분산시킨 후, SPF-290S analyzer로 측정하였다. 측정 결과 표면이 동일하게 소수성인 시료(#1, #2)에서 입자가 작은 시료(#2)의 SPF 수치가 컸으며, 동일한 입자 크기지만 표면 극성이 소수성(#2), 친수성(#3)으로 다른 경우는 소수성 시료(#2)의 SPF 수치가 크다. 이는 시료를 분산한 분산매가 소수성이기 때문이다. 유기 자

35 이종탁 등, 서로 다른 구조 및 형태를 가지는 TiO_2 나노입자의 광촉매 활성, Applied Chemistry, 14(1), 21-24(2010)
36 이성호, EU 및 미국에서의 무기 자외선차단제 최신 규제 동향, 선진화학

외선차단제와는 달리 무기 자외선차단제의 경우는 입자가 얼마나 작은가, 분산매에 얼마나 잘 분산시키는가가 중요함을 알 수 있다.

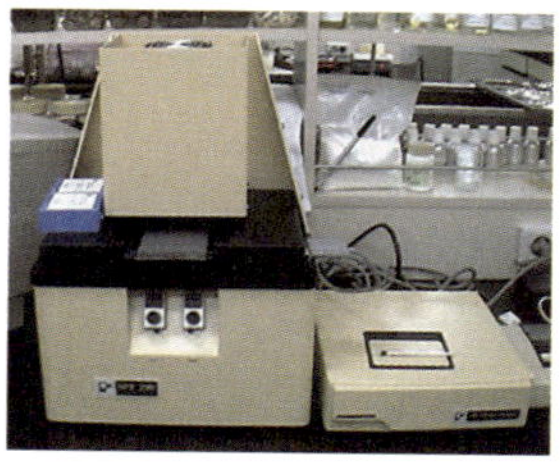

Add 5% of each sample to Petrolatum

Sample	#1 YiO_2-AS	#2 Micro TiO_2-AS	#3 TiO_2 MT600B
Particle size	0.3~1.0㎛	50nm	50nm
Surface	hydrophobic	hydrophobic	hydrophilic
SPF	2.5	11.9	7.1

그림 2-57. 무기 자외선차단제 종류에 따른 SPF 차이

자외선 차단 인체시험은 기능성화장품 심사에 관한 규정에 명시되어 있다. SPF(sun protection factor)는 50+ 한도이며, PA(protection A)는 PA+(PFA 2~4), PA++(PFA 4~8), PA+++(PFA 8~16), PA++++(PFA 16 이상)로 구분한다.

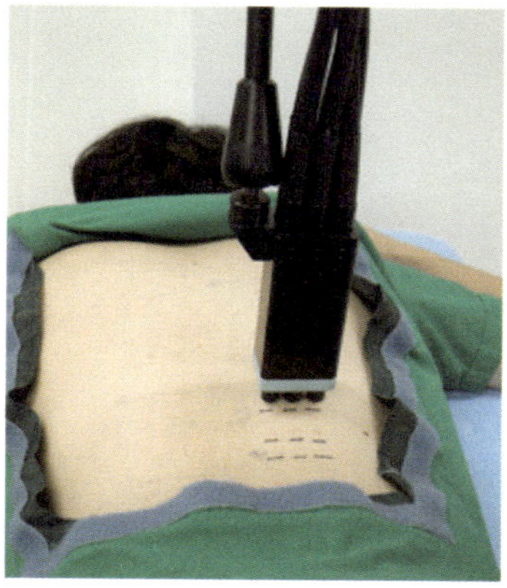

피험자의 등 부위에 표준시료와 시험제품을 2mg/cm^2의 양으로 균일하게 도포하고 15분간 안정화한 후, 무도포의 MED(MPPD)를 근거로 자외선을 조사하여 표준시료와 시험제품의 MED(MPPD)로 SPF와 PA를 결정

- MED : Minimal Erythema Dose
- MPPD : Minimal Persistent Pigment Darkening Dose
- SPF : Sun Protection Factor
- PA : Protection A

그림 2-58. 자외선 차단 인체시험

8. 항산화제(Anti-oxidizing agents)

산화(oxidation)는 분자, 원자 또는 이온이 산소를 얻거나 수소 또는 전자를 잃는 것, 원자의 산화수가 증가(예 $M^0 \rightarrow M^+$)하는 것을 말한다. 환원(reduction)은 산화와 반대로 산소를 잃거나 수소 또는 전자를 얻는 것, 원자의 산화수가 감소(예 $M^+ \rightarrow M^0$)하는 것을 말한다. 또한 산화제란 다른 물질을 산화시키면서 자신은 환원되는 물질을 말하며, 환원제란 다른 물질을 환원시키면서 자신은 산화되는 물질을 말한다.

일반적으로 공해, 자외선 등과 같은 요인들로 인해 몸 속 활성산소 발생이 증가할 수 있으며, 적절하게 방어하지 못할 경우 유해 활성산소들이 피부 손상을 유발하고 DNA를 손상시켜 피부 노화를 일으키는 것으로 알려져 있다[37].

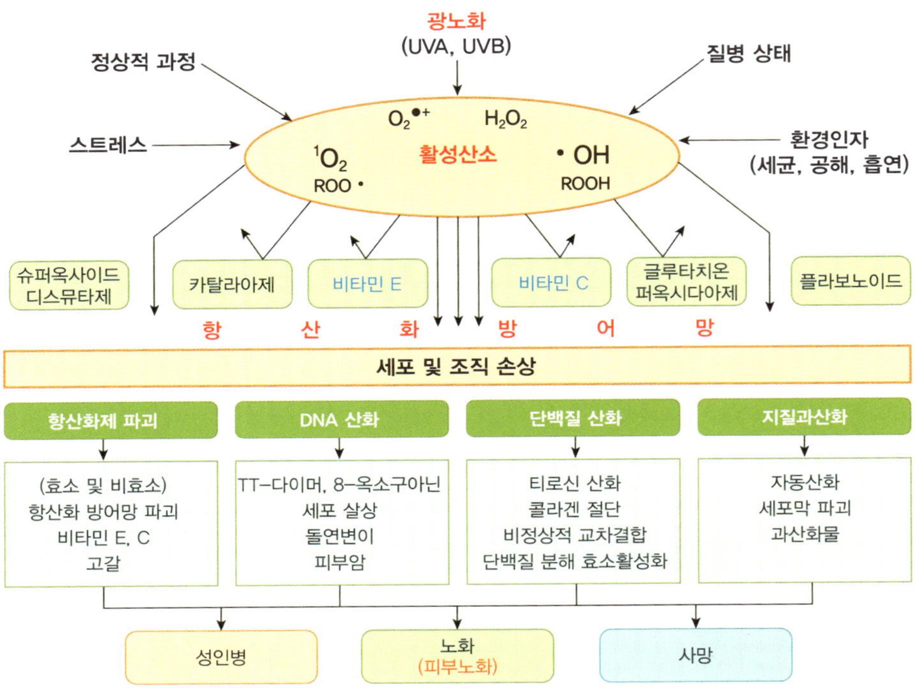

그림 2-59. 산화 및 피부노화

활성산소를 제거하는 과정을 항산화라고 한다. 활성산소(ROS, reactive oxygen species)는 쌍을 이루지 않은 전자가 불안정한 상태로 되어 있는 강력한 산화제로서 대표적으로 O^{2-}(superoxide anion), H_2O_2(hydrogen peroxide), OH^-(hydroxyl anion) · OH(hydroxy radical) · O_2^{2-}(peroxide) 등이 있다.

화장품 분야에서 항산화제 개발을 위한 천연물 연구는 상당히 다양하게 많이 이루어져 있으며, 피부 세포를 보호하고 노화를 예방하기 위해서 활성산소로 인한 산화적 스트레스를 억제하고, 활성산소를 제거할 수 있는 항산화 효능을 가진 천연물질에 대한 연구가 활발하게 진행되고 있다[38].

피부의 항산화 외에도, 화장품 원료 중 다중결합을 2개 이상 가진 불포화화합물 등 여러 성분들은 물

37 박현철 등, 자외선이 조사된 섬유아세포에서 말채나무 잎추출물의 항산화작용, Korean Society for Biotechnology and Bioengineering Journal 29(6), 432-436(2014)

38 임경란 등, 오가피 분획 추출물의 항산화효과, Korean Society for Biotechnology and Bioengineering Journal 23(4), 329-334(2008)

이나 공기 중의 산소의 작용에 의해 산화나 가수분해되어 여러 산화물을 생성할 수 있다. 이와 같은 산화물들은 산폐취, 특히 불쾌한 특이취 발생으로 화장품의 품질을 저하시키기도 한다. 이런 현상을 방지하기 위해서도 제품 내에 항산화 효과가 확인된 원료를 처방하여야 한다.

9. 금속이온봉쇄제(Chelating agents)

킬레이트는 한 개의 리간드(ligand)가 금속이온(M)과 두 자리 이상에서 배위결합을 하여 생긴 착이온을 말한다. 예를 들어 구리가 포함된 용액에 에틸렌다이아민의 수용액을 첨가할 때 구리는 에틸렌다이아민의 두 개 아민기의 질소 원자와 결합하여 고리 모양의 착이온을 만드는데, 이 착이온은 물에 용해된다. 클로로필이나 헤모글로빈도 킬레이트제와 금속이온과의 착이온이다.

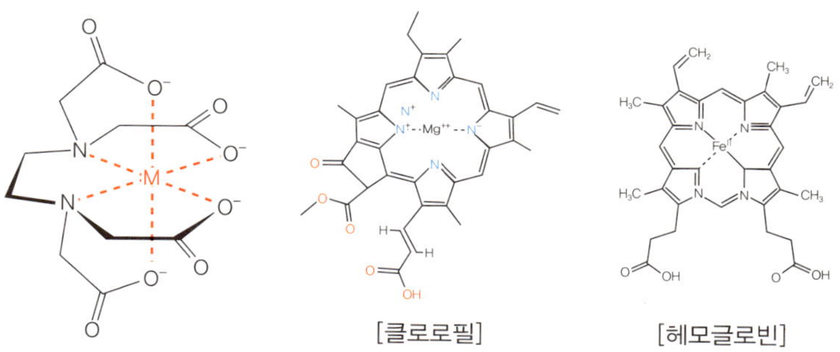

그림 2-60. 킬레이트 역할 및 사례

표 2-27. 다양한 킬레이트제

구분	DTPA	HEDTA	EDTA	NTA	구분	DTPA	HEDTA	EDTA	NTA
Fe^{3+}	28.6	19.8	25.1	15.9	Hg^{2+}	26.3	20.1	21.8	
Cr^{3+}			24.0		Cu^{2+}	21.1	17.6	18.8	13.2
Lu^{3+}	22.4	15.9	19.8	12.5	Ni^{2+}	20.2	17.0	18.6	11.5
Yb^{3+}	22.6	15.9	19.8	12.4	Pb^{2+}	18.6	15.5	18.6	11.4
Er^{3+}	22.7	15.5	19.0	12.0	Zn^{2+}	18.3	14.5	16.7	10.7
Tb^{3+}	22.7	15.4	17.6	11.6	Co^{2+}	18.4	14.4	16.2	10.4
Gd^{3+}	22.5	15.3	17.1	11.5	Cd^{2+}	18.9	13.0	16.6	9.8
Eu^{3+}	22.4	15.4	17.4	11.5	Fe^{2+}	16.6	11.6	14.3	8.8
Sm^{3+}	22.3	15.4	16.5	11.5	Mn^{2+}	15.5	10.7	14.0	7.4
Nd^{3+}	21.6	14.9	16.5	11.3	Ca^{2+}	10.7	8.5	10.9	6.6

구분	DTPA	HEDTA	EDTA	NTA	구분	DTPA	HEDTA	EDTA	NTA
Y^{3+}	22.1	14.7	17.8	11.5	Mg^{2+}	9.0	7.0	8.7	5.4
Pr^{3+}	21.1	14.7	16.2	11.1	Sr^{2+}	9.7	6.8	8.6	5.0
Ce^{3+}	20.5	14.2	15.8	10.8	Ba^{2+}	8.6	6.2	7.8	4.8
La^{3+}	19.5	13.5	15.1	10.4	Ag^{+}			7.3	5.4
Al^{3+}			16.1	10.9	Na^{+}			1.7	2.2

DTPA : Diethylenetriamine Pentaacetic Acid
HEDTA : Hydroxyethylethylenediaminetriacetic Acid
EDTA : Ethylenediaminetetraacetic Acid
NTA : Nitrilotriacetic Acid

킬레이트를 형성하는 대표적인 리간드로 EDTA(Ethylenediaminetetraacetic acid) 및 그 유도체, HEDTA(Hydroxyethylethylenediaminetriacetic acid) 및 그 유도체, 특히 다이소듐이디티에이(Disodium EDTA), 트라이소듐이디티에이(Trisodium EDTA)가 사용된다. 이외에도 테트라소듐파이로포스페이트(Tetrasodium pyrophosphate)가 사용되기도 한다. 산업적으로 여러 킬레이트제가 사용되며 금속이온에 대한 킬레이팅 효과(chelating activity)에 차이를 보인다[39].

또한 Disodium EDTA는 카보머의 점도를 감소시키므로[40] 처방 개발자들은 참고할 필요가 있다.

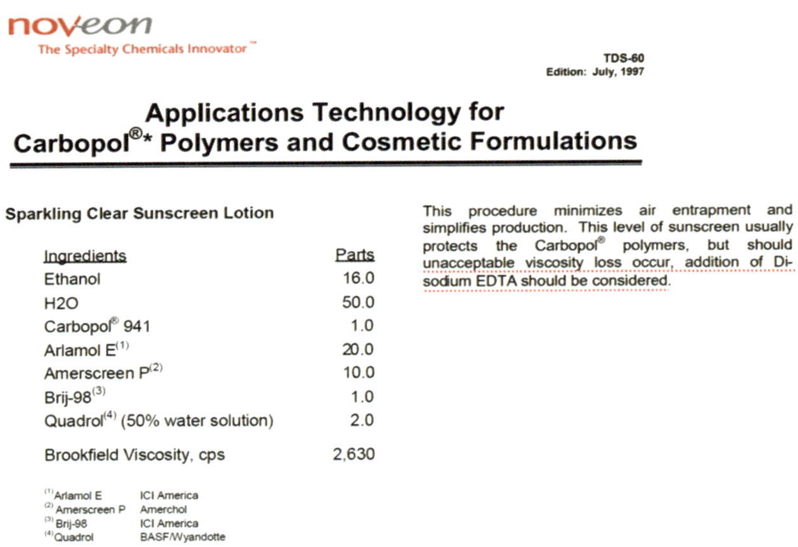
noveon
The Specialty Chemicals Innovator™

TDS-60
Edition: July, 1997

Applications Technology for Carbopol®* Polymers and Cosmetic Formulations

Sparkling Clear Sunscreen Lotion

Ingredients	Parts
Ethanol	16.0
H2O	50.0
Carbopol® 941	1.0
Arlamol E(1)	20.0
Amerscreen P(2)	10.0
Brij-98(3)	1.0
Quadrol(4) (50% water solution)	2.0
Brookfield Viscosity, cps	2,630

(1) Arlamol E ICI America
(2) Amerscreen P Amerchol
(3) Brij-98 ICI America
(4) Quadrol BASF/Wyandotte

This procedure minimizes air entrapment and simplifies production. This level of sunscreen usually protects the Carbopol® polymers, but should unacceptable viscosity loss occur, addition of Disodium EDTA should be considered.

그림 2-61. Disodium EDTA에 의한 Carbopol polymer의 점도 감소

39 금속이온봉쇄제, Clewat, Nagase
40 Applications technology for carbopol polymers and cosmetic formulations, Noveon TDS(1997)

10. 방부제(Preservatives)

화장품은 오일이나 물을 주성분으로 하며 미생물의 영양소인 탄소원, 질소원 등이 배합되어 있어 미생물이 침투하기 쉽다. 반면에 식품보다 사용 기간이 길고, 사용 중 손가락 등에 의한 오염으로 부패, 변취 등이 우려된다.

화장품과 관련한 불필요한 균주는 세균(박테리아), 효모 및 곰팡이로 구분한다. 이 균주들은 대부분 실온과 호기성 조건(공기가 있는 조건)에서 잘 생육한다.

표 2-28. 미생물 생육 조건

구분	세균(박테리아)	효모	곰팡이
생육 온도	25~37℃	25~30℃	20~30℃
좋은 영양소	단백질, 아미노산, 동물성 식품	당질, 식물성 식품	전분, 식물성 식품
생육 pH 영역	약산~약알칼리	산성	산성
공기(산소) 요구성	대부분 호기성	호기성~혐기성	호기성
주요 생산물	아민, 암모니아, 산류, 탄산가스	알코올, 산류, 탄산가스	산류
대표적 오염균	황색포도상구균, 대장균, 녹농균	빵효모, 칸디다균	푸른곰팡이, 맥아곰팡이

화장품은 다음과 같이 제조하는 곳에서 미생물에 오염(1차 오염)될 수 있으며, 소비자가 사용하는 중에도 오염(2차 오염)될 수 있다.

표 2-29. 오염의 종류

구분	내용
1차오염	공장 제조에서 유래되는 오염 - 작업장 먼지(공기), 오염된 물, 화장품 재료, 보관, 기타 제조 장비 등
2차오염	소비자에 의한 사용 중의 미생물 오염 - 손가락을 넣어 화장품을 꺼냄, 사용하고 남은 내용물을 다시 넣음 - 뚜껑을 연 채로 방치 - 공기($8 \sim 35 \times 10^2/m^3$), 토양($1 \times 10^8 \sim 4 \times 10^{10}/g$), 두피($1.4 \times 10^7/cm^2$) - 얼굴이나 손에도 다량의 균이 상재(피부상재균)

화장품 안전기준 등에 관한 규정[41]에서 미생물한도는 다음과 같으며, 화장품 미생물한도 시험법 가이드라인[42]에 미생물 생균수 시험법과 한도 시험법이 잘 기술되어 있다. 화장품 원료 및(반)제품의 품질관리 및 유통화장품의 안정관리 차원에서 생균수 시험은 중요하다.

41 화장품 안전기준 등에 관한 규정, 식품의약품안전처고시 제2017-114호(2017.12.29)

42 화장품 미생물한도 시험법 가이드라인, 식품의약품안전처(2018.04)

표 2-30. 화장품의 미생물한도

법적기준(한국, 중국)	비고
1,000cfu/g(mL) 이하	물휴지, 세균 및 진균수 각각 100개/g(mL) 이하
500cfu/g(mL) 이하	영유아 제품류 및 눈화장용 제품류(총 호기성 생균수)
불검출	대장균(E. coli), 녹농균(P. aeruginosa), 황색포도상구균(S. aureus)

표 2-31. 미생물 방부력 평가 기준

박테리아	효모	곰팡이
E. coli ATCC 8739 P. aeruginosa ATCC 9027 S. aureus ATCC 25923 환경균주	C. albicans ATCC 10231 환경균주	A. niger ATCC 16404

균주	평가 기준(자사 기준)	비고
박테리아	접종 균주의 99.99% 7일 이내 사멸	이후 증식 없어야 함
효모	접종 균주의 99.90% 7일 이내 사멸	
곰팡이	접종 균주의 99.00% 7일 이내 사멸	

또한 신제품 개발(처방 개발자) 입장에서 미생물 방부력시험(challenge test)도 중요하다. 미생물 방부력시험은 시험품에 미생물이 몇 cfu/ml(g)가 있냐의 문제가 아니라 시험품에 각 배양한 균주를 접종한 후 시간에 따라 균주가 얼마나 빨리 사멸하는가로 평가한다. 즉 유통 중에 미생물의 증식 및 2차오염을 방지하기 위한 제품의 방부력 평가로, 신제품 개발에 제품에 함유되는 살균·보존제(방부제, 또는 방부력이 있는 원료)의 어떤 종류를 얼마나 함유시켜야 하는지에 대한 문제와 결부된다.

살균·보존제는 사용상의 제한이 필요한 원료이며, 원료와 제품의 안전성을 평가하는 기준의 하나로 소개되어 일반 소비자들도 쉽게 찾아볼 수 있는 EWG's Skin Deep Score가 큰 것으로 분류되어 있어, 사용이 꺼려지기까지 한다. 제품 개발자들은 가능하면 최소로 사용하면서도 미생물 방부력 평가 판정에 적합하기를 원한다. 따라서 처방 중 살균·보존제에 대한 이해와 지식이 요구된다.

일반적으로 살균·보존제의 필요 조건(이상 조건)은 다음과 같다.

① 낮은 농도에서 다양한 균에 대해 효과가 있어야 한다.

② 넓은 온도 및 pH 범위에서 안정하여야 한다.

③ 제품의 물리적 성질에 영향을 주지 말아야 하며, 포장재와도 반응이 없어야 한다.

④ 수상(water phase)에서의 충분한 용해도(분배계수(P)$=C_o/C_w$)가 있어야 한다.

⑤ 세포막을 통과할 수 있는 구조여야 한다.

⑥ 안전성, 배합한도, 경제성, 분해 및 분해산물의 독성이 없어야 한다.

표 2-32. 화학구조의 색상

Ingredient	Structure	Characteristic
Paraben	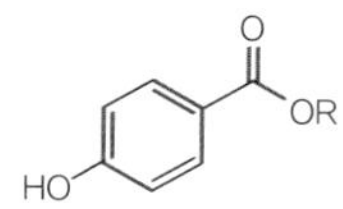	• 가장 일반적으로 사용되었던 방부제 • 단일성분일 경우 0.4%(산으로서) • 혼합 사용의 경우 0.8%(산으로서) • 최근 내분기계 장애 원인으로 감소 추세 • Paraben Free
Phenoxyethanol	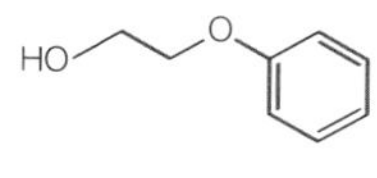	• 알코올 타입 방부제, 특이취 • Paraben 대체로 사용, 알레르기 유발 • 배합한도 ≦ 1%
CMIT/MIT CMIT : 5-Chloro-2-Methyl-4-isothiazolin-3-one MIT : 2-Methyl-4-isothiazolin-3-one	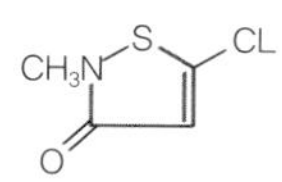 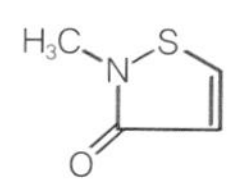	• 최근 치약, 가습기에 사용되어 문제가 되었던 방부제 • 물에 잘 녹으며, 강력한 세균 방부제 • MIT ≦ 0.01%, 혼합물 ≦ 0.0015%
*1,2-Hexanediol	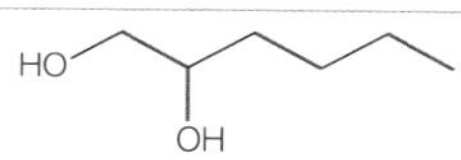	
Caprylyl Glycol	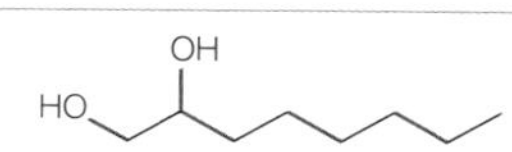	*Methylpropanediol 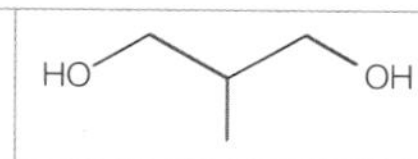
*Ethylhexylglycerin	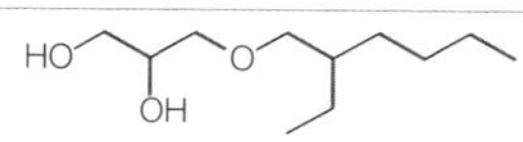	

* 방부제로 분류되어 있지 않음

화장품 안전기준 등에 관한 규정의 사용상의 제한이 필요한 살균 · 보존제는 대부분 합성물로서, 많은 연구자들에 의해 천연방부제에 대한 연구 및 적용이 이루어지고 있다[43]. 방부제의 방부력은 균이 증식되지 않는 최소 농도인 MIC(minimum inhibitory concentration)로 표기되며 MIC가 작은 경우 방부력이 좋다. 또한 균주가 사멸하는 면적으로 표현하는 clear zone이 있으며, clear zone이 클 때 방부력이 좋다. 천연을 강조하는 제품에서 기존 방부제를 대체할 수 있는 천연방부제는 필요하며, 향후 지속적인 관심과 연구 개발이 진행될 것으로 보인다.

43 김미진 등, 천연방부제로서 항균오일의 항균력 비교, J. Soc. Cosmet. Scientists Korea, 32(2), 99-103(2006)

표 2-33. 천연방부제의 방부력 비교

• MIC(Minimum Inhibitory Concentration) of natural Essential Oil against Various Microorganisms

Strains	MIC(%)					
	Phytocide	Melaleucol	S. tea tree oil	Salicylic acid	D-M (Methylparaben)	Dermosoft octiol
E. coli	2.67±.29	0.12±.03	0.47±.06		0.20±.00	0.20±.00
S. aureus	0.13±.06	0.13±.03	0.02±.01		0.30±.00	0.30±.00
P. aeruginosa	0.87±.11	0.10±.00	0.30±.00		0.28±.03	0.27±.06
C. albicans	0.60±.17	0.08±.03	0.10±.00		0.17±.06	0.23±.03
A. niger	0.67±.29	0.05±.00	0.20±.00		0.12±.02	0.17±.03
P. acnes	0.10±.01	0.11±.02	0.05±.00	0.13±.06		

S. tea tree oil : Soluble tea tree oil

The results were represented in triplicate experiments.

• Size of Clear Zone of Various Microorganism after Applying Natural Essential Oils

Strains	Clear Zone(mm)					
	Phytoncide	Melaleucol	S. tea tree oil	Salicylic acid(10%)	D-M(10%) (Methylparaben)	Dermosoft octiol
E. coli	1.25±.25	8.25±.52	8.25±.52		4.25±.25	6.08±.14
S. aureus	1.75±.25	8.33±.52	8.33±.52		2.58±.29	2.50±.66
P. aeruginosa	1.33±.58	8.58±.95	8.58±.95		3.58±.52	3.08±.14
C. albicans	1.42±.52	〉20.00	〉20.00		6.33±.61	7.50±.00
A. niger	2.75±.00	〉20.00	〉20.00		6.50±.50	11.50±.50
P. acnes	2.08±.66	3.25±.66	3.25±.00	1.67±.29		

S. tea tree oil : Soluble tea tree oil

The results were represented in triplicate experiments.

J. Soc. Cosmet. scientistis Korea
Vol. 32, No.2, June 2006, 99-103

또한 처방 개발자들은 살균 · 보존제(방부제)에 대한 지식 외에도 처방 중에 방부제에 영향을 줄 수 원료들에 대한 정보도 필요하다. 처방 중에 극성이 큰 오일, HLB가 높은 계면활성제, 폴리에틸렌글리콜 등은 방부제를 불활성화시켜 방부제의 사용량을 증가시키기도 하므로, 방부제의 용해도 등 사용에 주의가 필요하다.

11. 색소류(Colors)

사람의 눈에 보이는 전자기파는 가시광선 영역으로 가시광선보다 긴 파장이 적외선, 짧은 파장이 자외선이다. 가시광선의 파장은 대략 400~700nm 영역이다.

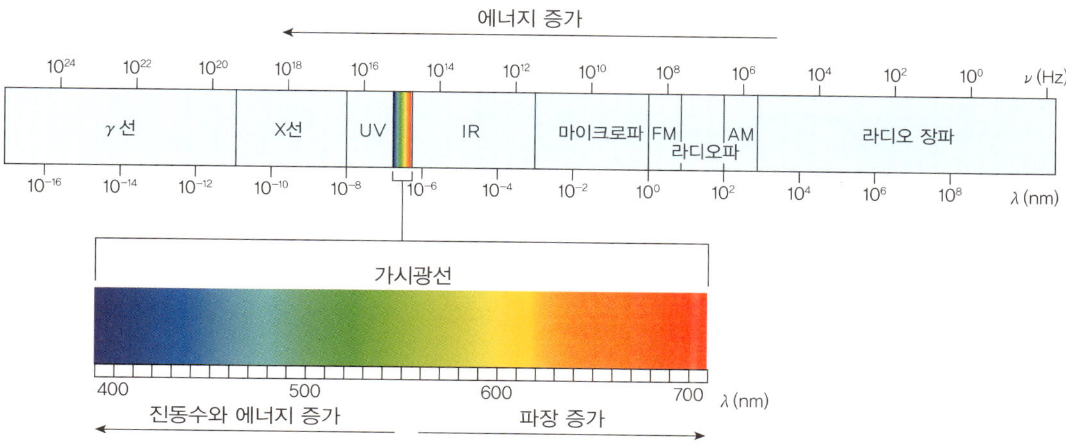

그림 2-62. 전자기 스펙트럼, 파장과 색

물체의 색은 구성물질과 여기에 쪼여지는 빛의 종류에 따라 각각의 색으로 보인다. 물체에 빛을 쪼이면 빛은 물체 표면에서 반사되는 부분, 물체 속으로 들어가 내부에서 반사되어 외부로 나오는 부분, 물체에 흡수되는 부분, 물체를 투과하는 부분으로 나누어진다.

각 파장의 빛을 어느 정도 반사하고 있는가를 나타낸 것이 분광 반사율 곡선(spectral reflection curve)이다. 반대로 각 파장의 빛을 어느 정도 투과시키는가를 나타내는 것이 분광 투과율 곡선(spectral transmission curve)이다.

색재는 특정 파장을 흡수 또는 투과하는 물질이다. 적색 안료는 적색의 빛을 반사하고 적색 이외의 빛을 흡수한다. 또한 적색 염료는 적색광을 투과하고 적색 이외의 빛을 흡수한다. 백색의 안료는 가시광선 영역의 모든 파장의 빛을 반사하며, 흑색 안료는 모든 파장의 빛을 흡수한다. 청색 안료는 500nm 정도 이하의 파장을 반사하며, 황색 안료는 500nm 정도 이상의 파장을 반사하고, 적색 안료는 600nm 정도 이상의 파장을 반사한다. 가시광선 스펙트럼의 낮은 파장대를 청색으로 인식하고 긴 파장대를 적색으로 인식하는 이유이다.

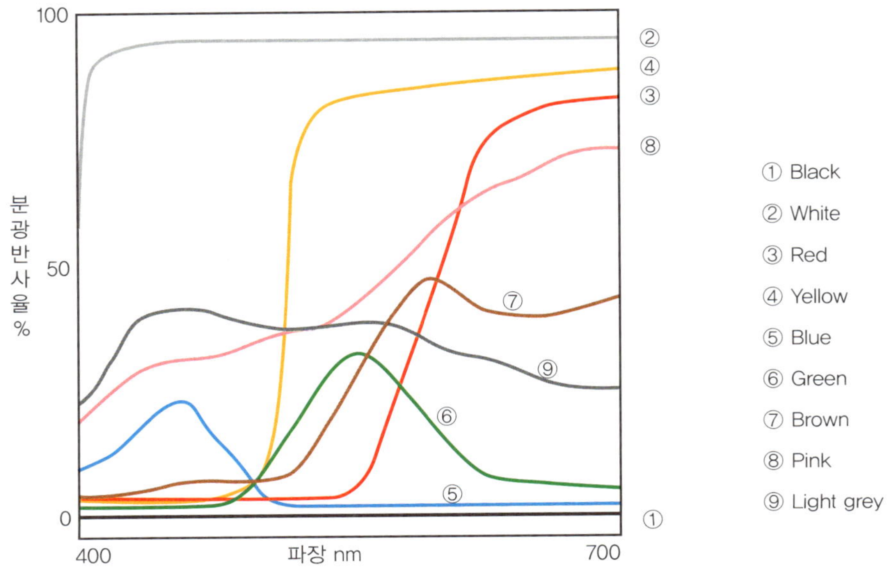

그림 2-63. 색재의 분광 반사율 곡선

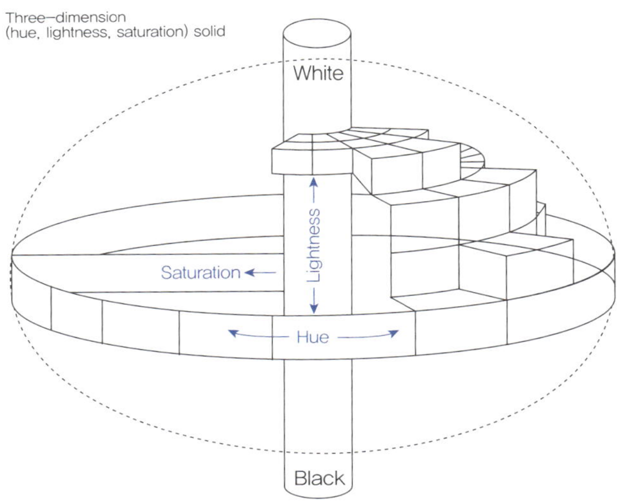

- 색상(Hue) : 파장에 의해 결정
  - Red, Green, Yellow, Blue 등
- 명도(Value) : 빛의 밝고 어둡기
  - Lightness로 White(밝음), Black(어두움)
- 채도(Chroma)
  - 색상이 진한가 혹은 생생한가의 의미
  - Saturation으로 표기

그림 2-64. 색의 속성

색에는 무채색(achromatic color)과 유채색(chromatic color)이 있다. 무채색은 색상을 띠지 않는 색, 즉 빛을 분광하지 않고 흡수 또는 반사에 의해 생기는 백색, 회색, 흑색을 말한다. 유채색은 색상을 지닌 색, 즉 조사된 빛을 분광하여 일부를 흡수하고 가시광 영역으로 반사 또는 투과하여 색채를 나타내는 것을 말한다. 색에는 색상, 명도, 채도라는 색의 3속성이라 불리는 요소가 있다.

색을 표시하는 방법인 표색계는 먼셀 표색계(Munsell color system), CIE(표준) 표색계(CIE standard colorimetric system), Lab 표색계(Hunter Lab system), L*a*b* 표색계(L*a*b* system)가 소개되어 있다[44].

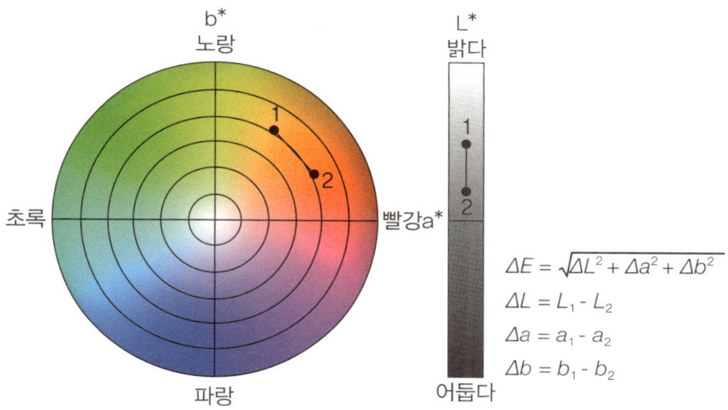

그림 2-65. CIE 1976(L*a*b*) 표색계

화장품의 색소 종류와 기준 및 시험방법[45]에 화장품에 사용하는 색소의 종류, 사용 부위 및 사용 한도가 기술되어 있다.

화장품에 배합되는 색재는 크게 유기합성색소(타르색소), 천연색소, 무기안료로 구분된다. 유기합성색소의 염료(dye)는 수용성 염료와 유용성 염료, 레이크(lake)는 염료레이크(물에 녹기 쉬운 염료를 황산알루미늄, 황산지르코늄 등으로 물에 불용성으로 하여 알루미나에 흡착시킨 것)와 레이크안료(물에 녹기 어려운 염료를 칼슘 등의 염으로 물에 불용화시킨 것), 유기안료는 구조 내에 가용성기를 갖지 않고 물이나 기름 용제에 용해되지 않는 유색분말을 말한다. 무기안료는 구조 내에 가용성기를 갖지 않고, 물이나 기름에 용제에 용해되지 않는 유색분말을 말한다.

44 김주덕 등, 신화장품학, 제2판, 동화기술(2004)

45 화장품의 색소 종류와 기준 및 시험방법, 식품의약품안전처고시 제2016-49호(2016.06.24)

표 2-34. 화장품용 색재의 분류

- 유기합성색소 (타르색소)
  - 염료
  - 레이크
  - (유기안료)
- 천연색소
- 무기안료
  - 제질안료
  - 착색안료
  - 백색안료
- 진주광택안료
- 고분자 분체
- 기능성 안료

Type	Main Ingredient	Characteristic
Dye	황색4호, 청색1호, 적색201호 등	• 수용성 염료, 유용성 염료 • 용매에 용해
Lake	황색4호 알루미늄레이크 등	• 염료레이크 : 물에 녹기 쉬운 염료를 황산알루미늄, 황산지르코늄 등으로 물에 불용성으로 하여 알루미나에 흡착시킨 것 • 레이크안료 : 물에 녹기 쉬운 염료를 칼슘 등의 염으로 물에 불용화시킨 것
Natural Colorant	*B*-카로틴, 시코닌 등	• 합성색소에 비해 착색력, 내광성 등 부족 • 원료 가격, 수급, 품질 문제
Extender Powder	마이카, 탈크, 카올린, 세리사이트 등	• 점토광물로부터 얻어짐 • 희석제, 발림성 및 부착력 증대
Coloring Powder	황산화철, 흑산화철, 산화크롬, 군청, 카본블랙 등	• 유기색소에 비해 안전성 및 안정성 양호 • 발색력
Whitening Powder	이산화티탄, 산화아연	• 굴절률 높음, 은폐력 우수 • 자외선 차단 효과
Pearl Powder	운모티탄, 옥시염화비스무스	• 진주 광택, 금속성 느낌
Synthetic Polymer	나일론, 폴리에칠렌, 폴리메칠메타크릴레이트	• 구상 고분자 개발, 미세플라스틱 문제
Functional Powder	질화붕소, 합성마이카, 포토크로믹 안료, 복합미립자분체	• 다양한 성분 개발 • 환경에 따른 색상 변하는 색소

표 3-35. 무기안료의 역할과 굴절률 및 마찰계수

◉ Cosmetic Effect of Color Cosmetics

- 착색성
- 피복성, 은폐력(Hiding Power)
  - 굴절률(Refractive Index)
  - 입자 크기
- 퍼짐성
  - 동적마찰계수
- 부착성
  - 표면 처리
- 흡수성
  - 다공성
- 자외선 차단
  - 입자 크기

◉ Eye makeup Cosmetics(Safety)

아이라이너 → 마스카라, 아이섀도 → 아이브로우

Powder	Refractive Index
이산화티탄(루틸)	2.71
이산화티탄(아나타제)	2.52
산화아연	2.03
탄산칼슘	1.51~1.65
점토광물(탈크, 마이카 등)	1.56
실리카	1.55

Powder	Dynamic Coefficient of Friction
탈크	0.27~0.33
마이카	0.42~0.47
카올린	0.54~0.59
이산화티탄	0.49
미립자 이산화티탄	0.80
산화아연	0.60
구상 실리카	0.28~0.32
구상 나일론	0.33
구상 PS	0.26~0.30
구상 PMMA	0.29

색의 3속성과 관련하여 피부가 노화되면 피부의 색상은 적색에서 점점 황색을 띠며, 명도는 감소하고 채도는 진해진다. 이를 보정하기 위해서는 황색으로 된 피부에 적색을 가해 명도를 높이고 채도를 낮추어 피부가 핑크톤을 나타내도록 무기안료나 기능성 안료가 배합된 메이크업을 하면 된다.

04 화장품 화학

화장품의 상태는 분산계(disperse system) 또는 분산(dispersion)이다. 분산계는 일정한 형태로 연속된 매질(분산매, dispersion medium) 중에 입자(분산상, dispersed phase)가 분산되어 존재하는 계이다. 분산매는 기체상, 액체상, 고체상 어느 것이라도 해당되고, 분산상은 기체상, 액체상, 고체상뿐만 아니라 독립된 분자나 이온을 가리키기도 한다.

1. 콜로이드(Colloid)

콜로이드 분산계이다. 콜로이드 입자가 분산해 있는(용해하고 있다고 말하지 않는다) 액체를 콜로이드 용액이라고 하는데, 분산해 있는 입자의 물질을 분산질(분산상), 분산의 매체를 분산매라고 한다. 분산계는 분산 입자의 크기에 따라 분자분산계(molecular dispersion), 콜로이드 분산계(colloidal dispersion), 조대분산계(coarse dispersion) 3가지로 구분한다.

① 분자분산계 : 분산 입자가 1nm 이하로 독립된 분자나 이온이 분산된 계
② 콜로이드 분산계 : 분산 입자가 1~1000nm 정도인 계
③ 조대분산계 : 분산 입자가 1000nm(1μm) 이상인 계

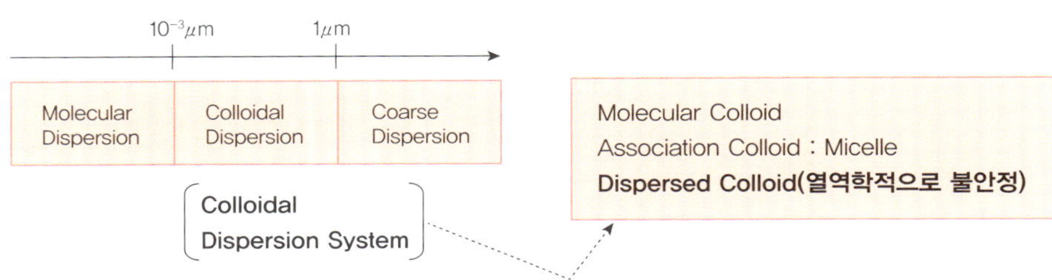

그림 2-66. 분산계의 구분

콜로이드 분산계와 조대분산계를 합쳐서 콜로이드 분산계라 하기도 하며, 분산 입자의 성질에 따라 3가지로 구분한다.

① 분자 콜로이드(molecular colloid) : 고분자가 용매에 분산되어 있는 고분자 용액
② 회합 콜로이드(association colloid) : 비교적 작은 분자나 이온이 다수 모여 회합체를 만들며, 이를 마이셀

(micelle)이라고 한다. 대표적으로 계면활성제가 모여 있는 것을 말하며 열역학적으로 안정한 계이다.

③ 분산 또는 입자 콜로이드 : 분산매와 분산상이 명확하게 구분되는 계로 가역적이며 열역학적으로 불안정한 계를 말한다.

분산 콜로이드는 분산매와 분산상의 관계로부터 다음과 같이 분류된다. 화장품에서 주로 다루는 콜로이드는 회합 콜로이드와 분산 콜로이드로 회합 콜로이드는 화장수와 같은 분산계이며, 분산 콜로이드로 액체가 액체에 분사되어 있는 에멀션, 고체가 액체에 분산되어 있는 현탁액과 같은 서스펜션(suspension) 등이 있다.

표 2-36. 분산 콜로이드의 분류

Dispersion Midium	Dispersed phase	Name	Example
Gas	Gas		
	Liquid	Liquid Aerosol	Fog, Liquid Spray
	Solid	Solid Aerosol	Smoke, Dust
Liquid	Gas	Foal	Fire-extinguisher
	Liquid	Emulsion	Milk, Mayonnaise, Cosmetic
	Solid	Sol, Colloidal, Suspension	Toothpaste, Color Cosmetic
Solid	Gas	Solid Foam	Expanded PS
	Liquid	Solid Emulsion	Pearl, Gel
	Solid	Solid Suspension	Pigmented Plastic, Alloy, Powders

2. 표면장력과 계면장력(Surface tension & interfacial tension)

물의 표면과 내부를 볼 때, 내부의 물 분자는 모든 방향에서 다른 분자와 상호 작용을 하나, 표면에 있는 분자는 내부 분자와만 상호작용을 하게 되어, 표면에 있는 분자를 내부로 끌어 당기는 힘이 작용하게 된다. 결국 공기와 접촉하고 있는 물의 표면적을 감소시키려 하게 된다. 이와 같이 액체의 표면을 최소화하려는 에너지가 바로 표면장력(surface tension)이며 물의 표면장력은 72dyne/cm이다.

물에서 계면활성제의 농도가 낮은 경우는 통상의 용액과 같은 거동을 나타내지만 농도가 증가하면 계면활성제의 소수기는 공기층으로, 친수기는 물 안쪽으로 위치하는 배향(orientation)을 함으로써 물과 공기의 접촉을 감소시키게 된다. 이렇게 계면활성제 분자는 수용액 내부보다 표면에 더 많이 모이게 되고 용액 내부 농도보다 표면 쪽의 농도가 커지게 되는데, 이런 현상을 흡착(adsorption)이라 한다. 이와 같이 계면활성제 소량을 물에 녹이는 것만으로도 표면장력을 심히 저하시키는 것은 흡착이라는 현상과 관계 있다.

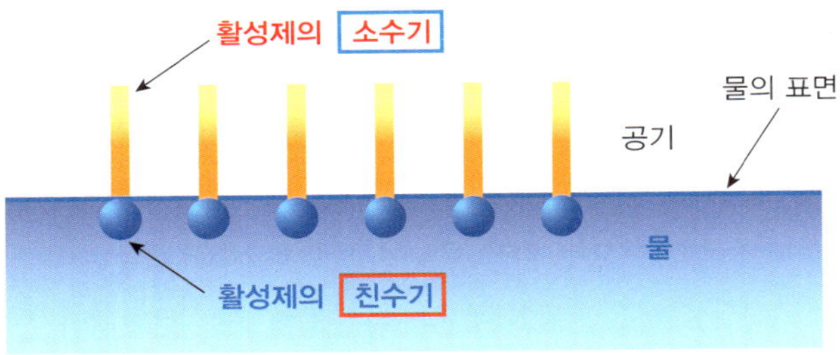

그림 2-67. 물 표면에서의 계면활성제 흡착

계면활성제가 물에 가용되었을 때 계면과 수용액 사이의 계면활성제 분포는 평형을 이룬다. 그러므로 흡착량은 용액에서 계면활성제의 농도에 따른다. 흡착과 농도, 표면장력 사이의 관계식은 Gibb's 흡착 등온 방정식에 의하여 나타난다.

$$\Gamma = -(1/RT)(d\gamma/d\ln C)$$

Γ = 흡착량(단위면적당 표면에서의 계면활성제 농도(mol/cm^2))
γ = 표면장력
C = 용액 속의 계면활성제 농도
R = 기체상수
T = 절대온도

이 식은 기체/액체 계면에서 흡착된 계면활성제의 양을 계산하는 데에 이용된다. 실제는 γ과 ln C의 관계를 그래프로 나타냄으로써 얻어지는 기울기로부터 산출할 수 있다. 계면활성제가 흡착되고 있다는 것은 $\Gamma > 0$이라는 뜻이다. 즉 흡착량이 증가하면 표면장력은 감소한다는 의미이다.

계면은 2개 이상의 서로 섞이지 않은 상이 접하고 있는 경계면을 말하며, 액체 혹은 고체상이 기체와 접하고 있는 경우를 보통 표면(surface)이라고 한다. 2가지 상의 경계면을 계면이라 하고, 계면의 면적을 감소시키는 힘을 계면장력이라고 한다. 표면장력과 거의 같은 의미이지만, 계면장력은 일반적인 경우를 말한다.

계면에 존재하는 분자들은 다른 여러 종류의 분자들과 접촉하고 있다. 그리고 각 계면에 존재하는 분자들로부터 다른 크기의 유인력을 받는다. 그러므로 계면장력은 계면에 의존하는 분자들이 각 계면 내에 있는 분자들과 비교하여 더 많은 에너지를 갖고 있기 때문에 생겨난다.

액체 A와 B가 접촉할 때 그들 사이의 분자들 간 유인력이 있다. 만일 두 액체 A, B에 관하여 가상의 계면장력을 생각할 수 있다면 그들이 서로 접촉할 때 두 액체의 표면장력의 합($\gamma_A+\gamma_B$)보다 더 적어지므로 다음 식을 얻을 수 있다.

$$\gamma_{AB} = \gamma_A + \gamma_B - 2\Sigma_{AB}$$

γ_{AB} : 계면장력

γ_A, γ_B : A 용액, B 용액의 표면장력

Σ_{AB} : A 분자와 B분자 사이에 존재하는 유인력

분자 A와 B 사이 분자 간 인력이 매우 클 때 계면장력은 음수가 될 것이다. 만일 계면장력이 음수라면 그것은 액체 A와 B의 접촉으로 인해 에너지가 감소한다는 것을 의미한다.

입자의 크기가 미세한 콜로이드 분산계의 경우는 대단히 큰 계면이 존재하므로, 계면이 중요한 의미를 갖게 된다. 가령 분산상의 부피가 20mL이며 완전한 구 형태의 1개 입자로 되어 있다고 가정하면, 부피로부터 1개 입자의 반경을 구할 수 있으며, 입자의 계면적을 계산할 수 있다. 이론적인 계산에 의하면 계면적은 35.6 cm^2가 된다. 같은 부피의 분산상이 콜로이드 분산계 수준으로 입자의 반경이 1μm라고 가정하면, 부피와 반경으로부터 입자 수를 계산할 수 있으며, 이로부터 전체 입자의 계면적을 계산할 수 있다. 이론적인 계산에 의하면 입자 수는 4.8×10^{12}개이며 계면적은 $6.0 \times 10^5 cm^2$로 아파트 18.2평 넓이에 달하는 상당히 큰 수이다.

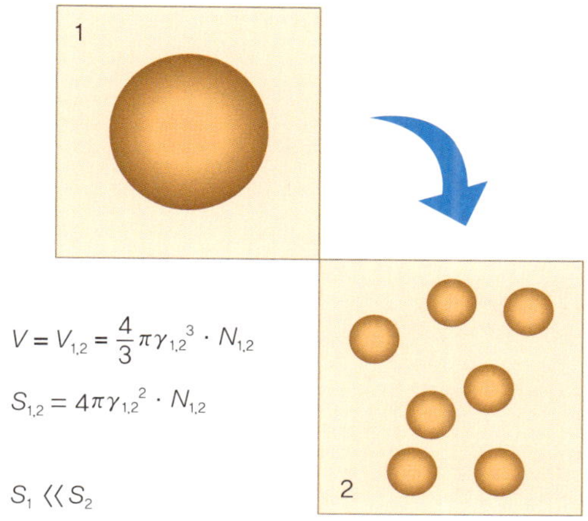

그림 2-68. 계면적의 증가

계면에 존재하는 분자는 내측과 외측에서 다른 분자와 접하고, 내부에 있는 분자의 상태와는 다르다. 이 때문에 계면에서는 내부에 비해 과잉의 자유에너지가 존재하고, 단위면적당 과잉 자유에너지를 계면장력(interfacial tension)이라 한다. 즉, 계면이 작을 때는 문제가 되지 않으나, 계면이 커지게 되면, 큰 계면을 유지하기 위해서 에너지가 필요하다는 의미다.

Gibbs 모델을 사용하여 표면 혹은 계면장력, γ의 정의를 얻는 것이 가능하다. 표면자유에너지 dG는 3개 조성인 엔트로피, SdT, 계면에너지, $Ad\gamma$, 구성 $\Sigma n_i d\mu_i$(n_i : 화학포텐셜 μ_i를 갖는 조성 i의 분자 수)로 이루어진다. Gibbs-Deuhem equation에서 자유에너지, $dG=-SdT+Ad\gamma+\Sigma n_i d\mu_i$로 표현되며, 일정한 온도와 조성에서 $dG=Ad\gamma$로 표현된다. 즉, 안정한 계면에서 계면적이 증가하면 에너지는 증가한다[46].

상기 그림의 분산계 1에서 분산계 2로 될 때 자유에너지 변화는 표면에너지와 분산엔트로피로 구성되며, 일반적으로 $\gamma_{12}\Delta A \gg T\Delta S$이므로 ΔG는 양의 값을 갖는다. 대부분의 콜로이드 분산계 형성은 비자발적이고, 계는 열역학적으로 안정하지 않다. 분산계 1에서 분산계 2로 될 때 계면적이 1.6만 배 정도가 커지므로, 분산계 2를 유지하기 위해서는 상당량의 에너지가 요구된다. 따라서 분산계는 계면적을 감소시킴으로써 에너지를 감소하는 방향으로 breakdown하게 된다. 또한 다른 측면에서 분산계를 유지하기 위한 단위면적당 과잉 자유에너지인 계면장력을 감소시켜야만 한다.

$$\Delta G=\gamma_{12}\Delta A-T\Delta S,\ \Delta A=A_2-A_1$$

계면활성제는 계면에 흡착하여 계면에너지를 저하(계면장력을 현저히 저하)시킴으로써 계면의 성질을 현저하게 변화시키는 물질이다. 계면적이 상당히 큰 콜로이드 분산계, 특히 화장품과 같이 물과 유성성분의 계면적이 큰 유화제품에서 계면장력을 감소시키는 계면활성제는 필수 성분이라 할 수 있다.

3. 계면활성제 성질

(1) 계면활성제 HLB

계면활성제는 한 분자에 친수기와 친유기(소수기)를 갖고 있기 때문에 그 계면활성제가 친수성(hydrophilic)이 되는가, 친유성(hydrophobic)이 되는가는 친수기와 친유기의 상대적 성질 크기에 따라 결정된다.

이미 1949년[47], 1954년[48]에 Griffin에 의한 유화실험을 통해 각종 계면활성제의 HLB를 조사하고 수치화하여 각 계면활성제의 HLB 값(HLB value)을 구하였다. Griffin에 의한 HLB 값은 비이온성 계면활성제에 대한 HLB로서, HLB 값은 완전히 친유성인 0에서부터 완전히 친수성인 20까지로 하였다.

46 T.F. Tadros, Emulsion formation and stability, 1 ed., Wiley-VCH Verlag GmbH & Co. KgaA, 1-75(2013)
47 W.C. Griffin, Classification of surface-active agents by HLB, Journal of the Society of Cosmetic Chemists, 1(5), 311-326(1949)
48 W.C. Griffin, Calculation of HLB values of non-ionic surfactants, Journal of the Society of Cosmetic Chemists, 5(4), 249-256(1954)

$$HLB = 20 \times M_h/M$$

M_h : 계면활성제 분자 중 친수성 부분의 분자량
M : 계면활성제 분자량

계면활성제 중 polyhydric alcohol fatty acid esters의 경우, 검화가(saponification number of the ester)와 산가(acid number of the acid)로부터 HLB를 계산할 수 있다. 또한 fatty acid esters의 경우, oxyethylene 부분의 질량과 polyhydric alcohol 부분의 질량으로부터 HLB를 계산할 수 있다[49].

(1) Polyhydric alcohol fatty acid ester Type

$$HLB = 20\left(1-\frac{S}{A}\right) \rightarrow 0\sim20$$

S=에스터의 비누화 값
A=산의 산가

(2) Fatty acid ester Type

$$HLB = \frac{1}{5}(E+P) \rightarrow 0\sim20$$

E=옥시에틸렌 함량 무게 %
P=폴리하이드릭알코올 함량 무게 %(글리세롤, 솔비톨)

Examples :

i) Atmul 67®; glyceryl monostearate(soap free)
S=에스터의 비누화 값, 161
A=산의 산가, 198

$$HLB = 20\left(1-\frac{161}{198}\right) = 3.8$$

ii) Tween 20®, polyoxyethylene sorbitan monolaurate
S=에스터의 비누화 값, 45.5(mid-point)
A=산의 산가, 276

$$HLB = 20\left(1-\frac{45.5}{276}\right) = 16.7$$

Example : Atlas G-1441; polyoxyethylene sorbitol lanolin derivative
E=옥시에틸렌 함량 무게, 65.1
P=폴리하리드릭알코올 함량 무게, 6.7

$$HLB = \frac{65.1+6.7}{5} = 14$$

그림 2-69. 비이온성 계면활성제의 HLB 계산

1957년[50]에 Davies는 HLB 계산에 계면활성제 분자 중 성질이 다른 친수기(약한 친수성, 강한 친수성)를 고려하였다.

49 A. Gadhave, Determination of hydrophilic-lipophilic balance value, International Journal of Science and Research, 3(4), 2319-7064(2014)
50 J.T. Davies, A quantitative kinetic theory of emulsion type, I. Physical chemistry of the emulsifying agent, gas/liquid and liquid/liquid interface, Proceedings of the International Congress of Surface Activity, 426-438(1957)

표2-37. Davies에 의한 HLB 계산

Hydrophilic Groups	Group number
$-SO_4^-Na^+$	38.7
$-COO^-K^+$	21.1
$-COO^-Na^+$	9.4
N(tertiary amine)	9.4
Ester(sorbitan ring)	6.8
Ester(free)	2.4
-COOH	2.1
Hydroxyl(free)	1.9
-O-	1.3
Hydroxyl(sorbitan ring)	0.5

$$HLB = 7 + \sum_{i=1}^{m} H_i - n \times 0.475$$

Lipophilic Groups	Group number
-CH-	-0.475
$-CH_2-$	-0.475
CH_3-	-0.475
=CH-	-0.475

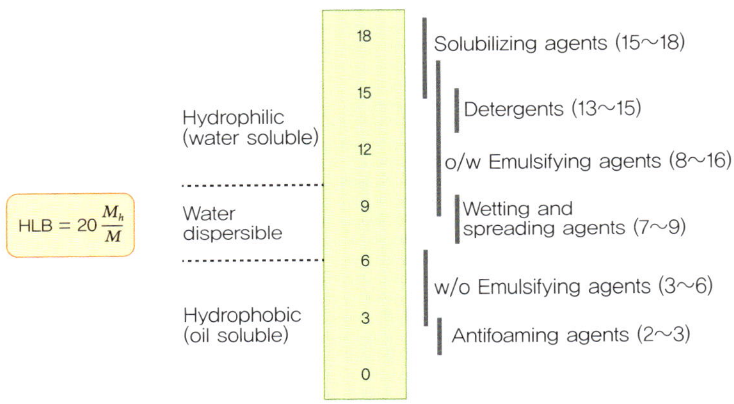

그림 2-70. 계면활성제의 HLB 값과 용도

계면활성제 HLB 값은 계면활성제를 공급하는 업체의 카탈로그[51]에 잘 기술되어 있다. 계면활성제는 HLB에 따라 다양한 용도로 활용된다.

각 화장품 원료는 소요 HLB(required HLB, R-HLB) 값을 가질 수 있다. 원료에 대한 R-HLB 값은 계면활성제 및 계면활성제 조합으로 그 원료를 유화 시 가장 안정하게 유화될 때 계면활성제의 HLB 값에 해당한다. 근래 에센셜 오일에 대한 R-HLB 값을 구하는 연구가 이루어진 사례가 있다[52].

51 The HLB system, a time-saving guide to emulsifier selection, ICI(1976) / Emulsifiers, emollients and solubilizers for personal care, Kolb / Span & Tween, Croda

52 L.O. Orafidiya et al., Determination of the required HLB values of some essential oils, International Journal of Pharmaceutics, 237, 241-249(2002) / N. Kallai et al., Application of droplet size analysis for the determination of the required HLB of lemon oil in O/W emulsion, Current Pharmaceutical Analysis, 11, 11-15(2015)

표 2-38. 원료의 required HLB 값

원료	HLB
Acetophenone	14
Acid, Dimer	14
Acid, Isostearic	15-16
Acid, Lauric	16
Acid, Linoleic	16
Acid, Oleic	17
Acid, Ricinoleic	16
Alcohol, Cetyl	15-16
Alcohol, Decyl	15
Alcohol, Hexadecyl	11-12
Alcohol, Isodecyl	14
Alcohol, Isohexadecyl	11-12
Alcohol, Lauryl	14
Alcohol, Oleyl	13-14
Alcohol, Stearyl	15-16
Alcohol, Tridecyl	14
Arachidyl Propionate	7
Arlamol E	7
Beeswax	9
Benzene	15
Bensonitrile	14
Bromobenzene	13
Butyl Stearate	11
Carbon Tetrachloride	16
Carnauba Wax	15
Castor Oil	14
Ceresine Wax	8
Chlorinated Paraffin	12-14
Chlorobenzene	13
Cocoa Butter	6
Corn Oil	10
Cottonseed Oil	5-6
Cyclohexane	15
Decahydro Naphthalene	15
Decyl Acetate	11
Diethyl Aniline	14
Diisooctyl Phthalate	13
Diisopropyl Adipate	9
Diisopropyl Benzene	15
Dimethyl Silicone	9
Ethyl Aniline	13
Ethyl Benzoate	13
Fenchone	12
Glycerol Monostearate	13
Hydrogenated Peanut Oil	6-7
Isopropyl Myristate	11-12
Isopropyl Lanolate	14
Isopropyl Palmitate	11-12
Jojoba Oil	6-7
Kerosene	12
Lanolin, Anhydrous	9
Lanolin, Liquid	9
Lard	5
Lauryl Amine	12
Menhaden Oil	12
Methyl Phenyl Silicone	7
Methyl Silicone	11
Mineral Oil (light) Napthenic	11-12
Mineral Oil, Paraffinic	10
Mineral Oil (light) Paraffinic	10-11
Mineral Oil (medium) Paraffinic	9
Mineral Spirits	14
Mink Oil	5
Nitrobenzene	13
N,N-diethyl-m-toluamide	7-8
Nonyl Phenol	14
Orthodichlorobenzene	13
Palm Oil	10
Paraffin Wax	10
Petrolatum	7-8
Petroleum Naphtha	14
Pine Oil	16
Polyethylene Wax	15
Polyoxypropylene 30 Cetyl Ether	10-11
Propene, Tetramer	14
Rapeseed Oil	6
Silicone Oil (volatile)	7-8
Soybean Oil	6
Styrene	15
Toluene	15
Trichlorotrifluoroethane	14
Tricresyl Phosphate	17
Xylene	14

화장품에는 다양한 성분들이 함유되어 있으므로, 화장품 개발 시 R-HLB 값을 하나하나 계산하지는 않는다. 다만 계면활성제의 HLB 값, 각 원료의 R-HLB 값 개념은 화장품을 시작하는 연구자에게는 교육적으로 중요하다고 생각된다.

상기 에센셜오일의 R-HLB 값을 구하는 논문에서와 같이 유성원료에 대한 R-HLB를 간단히 구할 수 있다. 예를 들면 그림 2-71과 같이 R-HLB를 구하고 싶은 오일 성분과 계면활성제를 Tween 60과 Span 83으로 선정하고, 오일의 함량을 20%, 계면활성제 및 조합한 함량을 1%, 나머지는 정제수로 한다. 각 시험관에 원료들과 계면활성제 및 조합을 첨가하고, 일정하게 흔들어 주어(간단하게는 엄지로 입구를 막고 흔들어 줌) 유화시킨 후 방치한다. 충분한 에너지로 유화시키지 않았으므로, 쉽게 분리가 일어난다. 그중에서도 분리되는 정도가 작은 계면활성제 조합의 HLB 값이 오일의 R-HLB 값이 된다. 물론 다른 계면활성제를 사용하여도 된다.

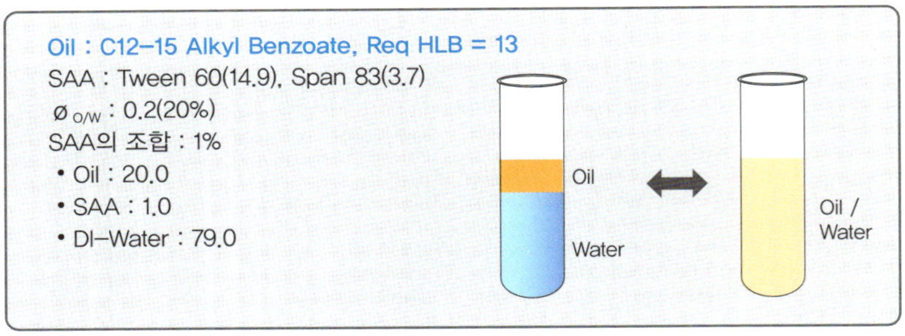

그림 2-71. 오일의 required HLB 값 구하기

(2) 마이셀 형성과 임계 마이셀 농도(Micelle formation & critical micelle concentration)

또한 계면활성제의 표면 흡착 외에도 수용액 내부에서 회합체를 형성하며, 회합 콜로이드(association colloid)가 된다. 이 회합체를 마이셀(micelle)이라고 하며, 계면활성제의 소수기는 안쪽으로, 친수기는 바깥쪽으로 위치하여 소수기와 물과의 접촉을 감소시키게 된다. 수용액에서 계면활성제의 농도가 증가하면 표면에 계면활성제의 흡착으로 인하여 수용액의 표면장력이 감소하게 되며, 마이셀이 형성되는 최소 농도인 임계 마이셀 농도(critical micelle concentration, CMC) 이상의 농도에서는 surface saturated로 인하여 더 이상 표면장력이 감소하지 않으며, 일정하게 유지하게 된다.

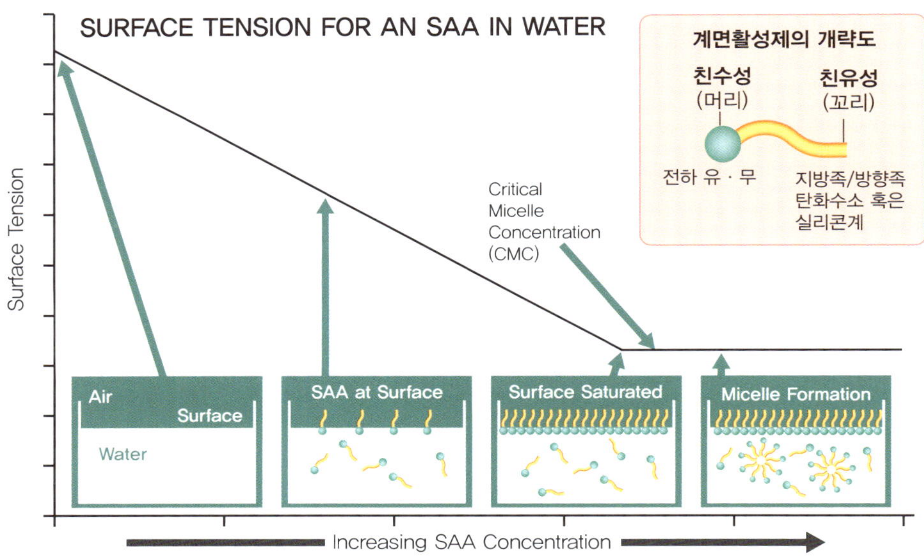

그림 2-72. 계면활성제에 의한 물의 표면장력 감소 및 마이셀 형성

CMC에서 계면활성제의 회합수, 회합체의 크기, 마이셀의 모양은 계면활성제 및 그 농도에 따라 결정되며, 계면활성제 친수기와 친유기의 상대적 크기에 따라 다양한 마이셀 구조를 가질 수 있다.

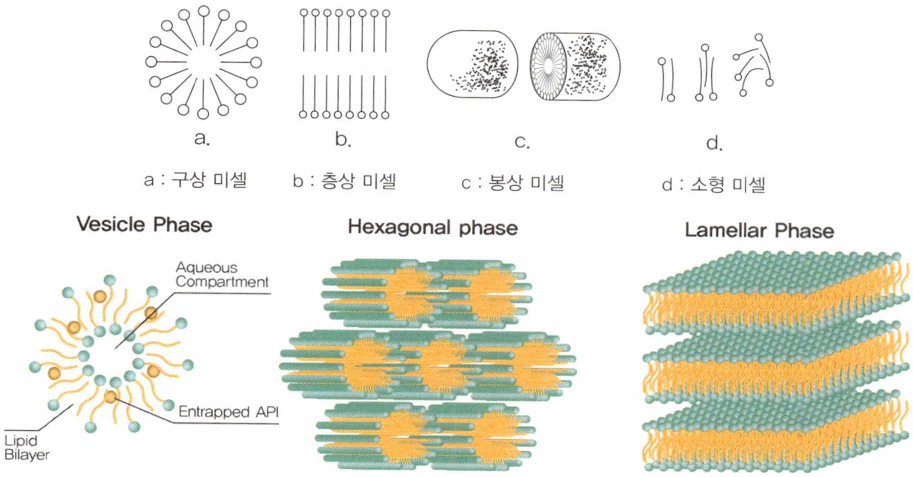

그림 2-73. 다양한 계면활성제 회합체

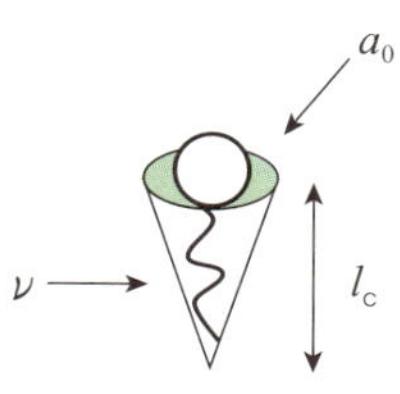

$$CPP = \nu / a_0 l_c$$

- υ : 탄화수소 꼬리의 부피
- l_c : 탄화수소 탄소의 임계 길이
- a_0 : 계면활성제 머리의 최적 표면적

Critical Packing Parameter ($\nu / a_0 l_c$)	Critical Packing Shape	Structures Formed
〈 1/3	Cone	Spherical micelles
1/3 – 1/2	Truncated cone	Cylindrical micelles
1/2 – 1	Truncated cone	Flexible bilayers, vesicles
~1	Cylinder	Planar bilayers
〉1	Inverted truncated cone or wedge	Inverted micelles

그림 2-74. 계면활성제 친수기 및 친유기의 크기에 따른 마이셀 구조

CMC 이상에서 계면활성제 분자는 회합 콜로이드(association colloid)가 되므로, 용질의 입자수에 의존하는 성질인 총괄성(colligative properties)인 삼투압, 끓는점 오름, 어는점 내림 등 물리적 성질이 현저히 변화한다.

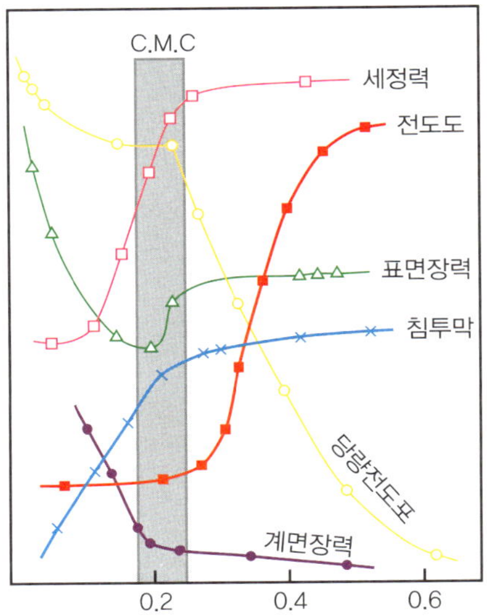

그림 2-75. 계면활성제 농도에 따른 물리적 성질 변화

(3) 구름점과 크라프트점(Cloud point & Krafft point)

비이온성 계면활성제 수용액은 온도를 올리면 갑자기 탁해지는데, 이 온도를 구름점(cloud point)이라 한다. 폴리에틸렌글리콜을 함유하고 있는 비이온 계면활성제는 $-(CH_2OCH_2O)_n-$의 산소와 물 분자의 수소와의 수소결합(hydrogen bonding)을 통해 친수성으로 물에 분산되나, 온도가 상승함에 따라 수소결합이 끊어지게 된다. 점점 물에 대한 용해성이 저하되어, 결국에는 계면활성제는 친수성이 아닌 친유 성질을 갖게 된다. 이와 같이 친수성에서 친유성으로 변경되는 온도를 전상온도(phase inversion temperature, PIT)라고 한다.

물과 오일이 함유된 에멀션 계에서 온도가 상승하면 계면활성제는 친수성에서 친유성으로 변화하여 오일에 역 마이셀(W/O 유형)을 형성하게 된다. 온도가 감소하여 전성온도 부근에서는 물과 오일의 상호 가용화가 급격히 증가하게 되어 마이크로에멀션(microemulsion)이라 하는 영역을 형성하게 되고, 온도가 감소하게 되면 다시 마이셀(O/W 유형)을 형성하게 된다.

이와 같은 현상을 이용하여 액체가 액체에 분사되어 있는 에멀션(분산 콜로이드)제조 시 분산상의 입자를 작게 하여 나노에멀션을 만드는 데 활용되기도 한다(PIT method)[53].

53 P. Fernandez, Nano-emulsion formation by emulsion phase inversion, Colloids and Surfaces A : Physicochem. Eng. Aspects, 251, 53-58(2004)

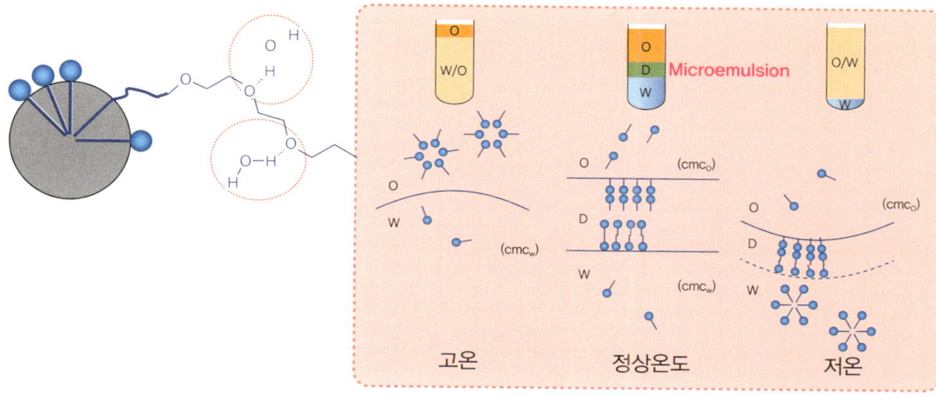

그림 2-76. PIT를 이용한 유화법(HLB 온도 유화법)

이온성 계면활성제는 어느 온도 이상에서 물에 대한 용해도가 급격히 상승하는데, 이 온도를 크라프트점(Krafft point)이라 한다. 이 온도 이상에서 계면활성제가 물에 대한 수화력 증가 및 마이셀이 형성되면서 급격히 용해하게 되므로 마이셀이 형성되는 최소 온도로 정의되며, 크라프트점에서의 계면활성제 농도는 CMC에 해당한다.

크라프트 온도 이상에서는 훨씬 고농도의 계면활성제 수용액을 얻을 수 있으므로 실용적인 면에서 매우 중요하며 이상적으로 크라프트점이 실온 이하인 것이 바람직하다. 음이온 계면활성제의 크라프트점에서 용해도는 해당 양이온에 의해 결정되는데 보통 나트륨염이 칼륨염보다, 칼슘염이 나트륨염보다 크라프트점이 높다. 즉, 칼슘염이 나트륨염보다 마이셀을 더 잘 형성하지 못하는 것으로 경수에서 비누의 용해도를 떨어뜨릴 수 있다. 계면활성제의 친수성을 증가시키거나 친유성을 감소시키면 크라프트점이 감소, 즉 마이셀 형성을 증가시킬 수도 있다.

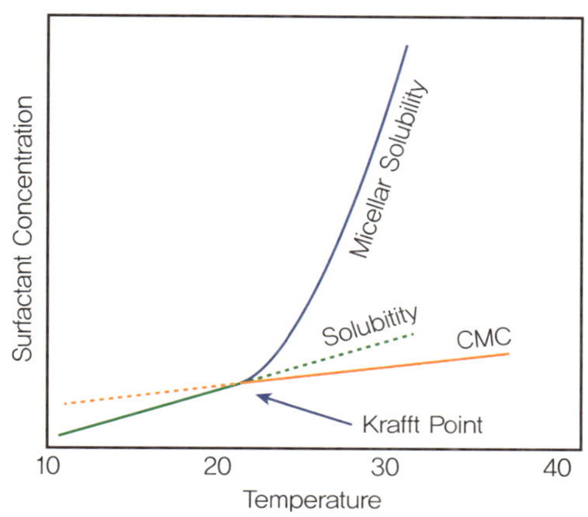

그림 2-77. 계면활성제 농도와 온도에 따른 용해도

폴리옥시에틸렌 유형 비이온 계면활성제의 경우 물에서의 용해도는 상한 온도(upper critical temperature)와 하한 온도(lower critical temperature) 사이로 제한되는데, 상한 온도가 구름점이 되고 하한 온도가 크라프트점이 된다. 에틸렌옥시이드 몰수가 증가하면 크라프트점은 감소한다[54].

4. 가용화와 유화(Solubilization & emulsification)

가용화 및 유화는 분산(dispersion)과 함께 기초화장품 제형에 필수적이다. 화장품을 제형적으로 구분하는 방법이 다양할 수 있으나, 유화, 현탁, 가용화 및 비유화 유형으로 구분할 수 있다.

① 유화 유형 : 기본적으로 물과 오일이 포함되어 있으며, 이를 유화시키기 위한 계면활성제(유화제)가 포함된다. 일반적으로 백색 불투명한 성상을 갖는다.

② 현탁 유형 : 유화 유형보다 오일 함량이 적으며, 마찬가지로 이를 유화시키기 위한 계면활성제가 적은 함량으로 포함된다. 일반적인 외관은 반투명하다.

사용 중요도 : ◎(Major)〉○(Minor)〉△(Option)〉×

타입	정제수	지방 및 오일	유화제	가용화제	비고
유화타입	◎	◎	◎	×	크림, 로션 등
현탁타입	◎	○	△	△	현탁화장수 등
가용화타입	◎	(향)	×	○	화장수, 투명젤 등
비유화타입	◎	×	×	△	화장수 등
	×	◎	△	×	오일 등

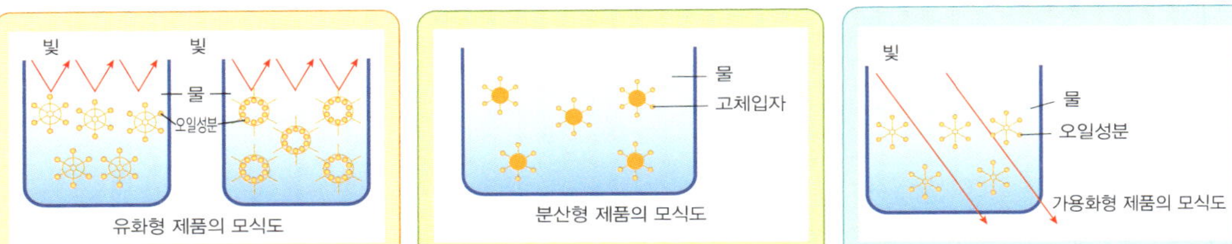

- 유화 : 오일 성분이 계면활성제에 의해 물에 섞이면서 현탁, 빛 통과하지 못함
- 입자 크기 : 1~10μm
- 로션, 크림 등

- 분산 : 물 또는 오일에 미세한 (고체) 입자가 분산제에 의해 균일하게 혼합
- 잉크
- 현탁스킨, 파운데이션 등

- 가용화 : 물에 녹기 어려운 오일 성분이 가용화제에 의해 투명, 용해
- 미셀
- 화장수, 투명젤, 에센스 등

그림 2-78. 화장품 제형 구분

54 H. Schott, Krafft points & cloud points of polyoxyethylated nonionic surfactants, tenside surfactants detergents, 46(1), 39-47(2009)

③ 가용화 유형 : 오일을 가용화시킨다는 표현도 있지만, 일반적으로는 오일보다는 향(향도 오일에 해당)을 함유한 제형을 계면활성제(여기서는 가용화제)를 사용하여 투명한 외관이 되도록 한 것이다.

④ 비유화 유형 : 물이나 물에 잘 용해 · 분산되는 성분만을 사용하거나, 오일과 오일에 잘 용해되는 성분만을 사용한 1상으로서 계면활성제를 함유하지 않는 제형을 말한다.

상기 4가지 유형의 중간 유형이 얼마든지 있을 수 있으며, 고체 입자(무기 파우더 등)는 용매에 분산되어 유화, 가용화, 비유화 유형 내에 포함될 수도 있다.

분산상의 입자 크기와 외관에 따라서도 분류할 수 있으며,

- **에멀션**(emulsion) : 콜로이드 분산계에 해당하는 입자 크기(1~10μm)를 가지며, 대표적인 유화 유형으로서 성상은 백색 불투명하고, 열역학적으로 불안정하다.
- **나노에멀션**(nanoemulsion) : 일반적으로 유화와 가용화의 중간에 위치하며, 나노 크기의 유화 입자를 갖는 에멀션으로서 에멀션보다 10분의 1 정도 크기이다. 약간 청백색이거나 반투명 외관을 나타낸다.
- **마이크로에멀션**(microemulsion) : 마이크로에멀션도 나노에멀션과 같이 유화와 가용화의 중간에 위치하나, 나노에멀션(nanoemulsion) 입자 크기의 10분의 1 정도이다. 에멀션으로 분류되므로 오일이 함유되어 있으며, 반투명에서 투명한 외관을 갖기 위해서는 일반 에멀션의 처방과는 다르다. 한편에서는 팽윤된 큰 마이셀(swollen micelle)로 보기도 한다. 마이크로에멀션은 일반 에멀션과는 달리 열역학적으로 안정하다. 나노에멀션이나 마이크로에멀션의 반사광이 청색으로 보이는 현상은 틴들 효과(Tyndall effect)로서 콜로이드 입자나 서스펜션에서 입자에 의해 빛이 산란되는 효과(예 맑은 하늘)이다. 입자가 작은 경우, 반사광의 세기는 파장 역수의 4승배[Intensity ~$(1/\lambda)^4$]로서 가시광선 영역에서 파장이 짧은 청색이 가장 강하게 반사(레일리 산란, Rayleigh scattering)되기 때문이다.
- **가용화액**(solubilization solution) : 가용화 유형은 화장품 제형에서와 같이 분산상의 입자 크기가 5~10nm 정도로 가시광선이 투과하여, 투명한 외관을 갖는다. 입자 크기가 작은 콜로이드계는 입자끼리 충돌하면서 불규칙한 운동인 브라운 운동(Brownian motion)을 계속하여 오랫동안 균일하게 상태를 유지함으로써 열역학적으로 안정하다.

표 2-39. 분산상의 입자 크기에 따른 제형 및 특성

구분	입자 크기	외관	Tyndall 효과		열역학
			반사광	투과광	
에멀션	1~10μm	유백색	–	–	불안정
나노에멀션	0.1~1μm	청백색	약청색	약적색	
	50~100nm	반투명	청색	적색	안정
마이크로에멀션	10~50nm	투명			
가용화용액	5~10nm		–	–	

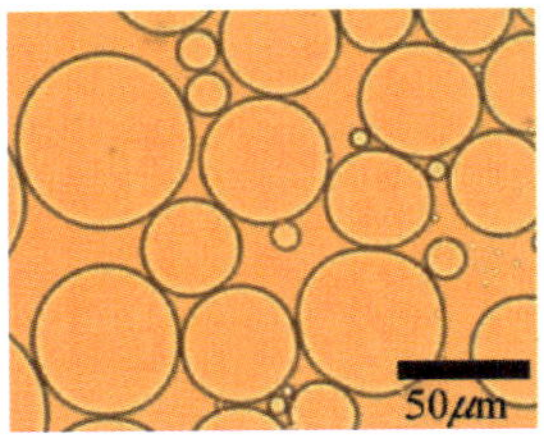

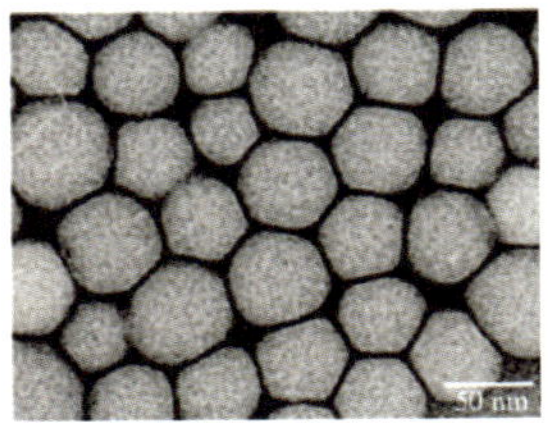

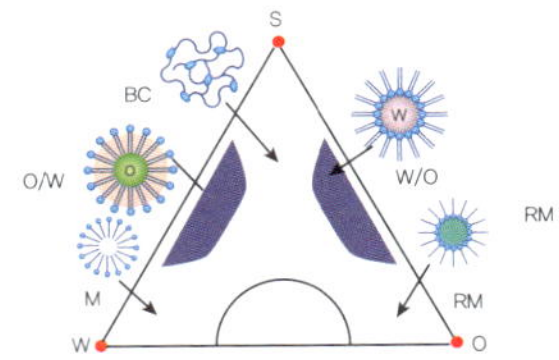

	macroemulsions	nanoemulsions	microemulsions
size	1~100㎛	20~500nm	10~100nm
shape	spherical	spherical	spherical, lamellar
stability	thermodynamically unstable, weakly kinetically stable	thermodynamically unstable, kinetically stable	thermodynamically stable
method of preparation	high&low energy methods	high&low energy methods	low energy methods
polydispersity	often high(〉40%)	typically low(〈10~20%)	typically low(〈10%)

그림 2-79. 에멀션 비교[55]

(1) 가용화(Solubilization)

가용화는 어떤 액체에 용해되지 않는 물질에 대해 계면활성제 등을 이용하여 특정의 구조(마이셀, 액정 등)와 같이 열역학적으로 안정화시켜 투명한 상태로 하는 일로 정의한다. 이와 같이 계면활성제 수용액은 물에 난용성인 물질을 투명하게 용해시킬 수 있다[56].

가용화에 직접 작용하는 계면활성제를 가용화제(solubilizer)라고 하며, 가용화된 물질을 피가용화물(solubilizate)이라 하고 있다. 계면활성제의 가용화 능력은 임계 마이셀 농도(CMC) 이상에서 나타나고, 일반적으로 피가용화물 농도보다 2~6배가량의 가용화제를 사용하기도 한다.

가용화 방법은 가용화제와 피가용화물(향 등)을 함께 용매(폴리올, 에탄올 등)에 용해[가용화 파트]시킨 후, 수상 파트에 서서히 첨가하면서 혼합한다. 가용화제 농도, 가용화 파트의 첨가 및 혼합 속도와 시간은 실험에 의해 결정되나, 너무 빠른 속도로 첨가하면 가용화가 잘 이루어지지 않는 경우도 있다.

피가용화물이 가용화될 때 마이셀 내에 피가용화물의 위치는 피가용화물의 극성, 사용하는 가용화제의 구조에 따라 여러 가지로 나눌 수 있다[57].

55 A. Kupta et al., Nanoemulsions : formation, properties and applications, The Royal Society of Chemistry, Soft matter(2016)
56 김수지 등, Swollen micelle을 이용한 난용성 효능물질의 안정화 연구, J. Soc. Cosmet. Sci. Korea, 42(1), 9-13(2016)
57 C.O. Rangel-Yagui et al., Micellar solubilization of drugs, J. Pharm. Pharmaceut. Sci., 8(2), 47-163(2005)

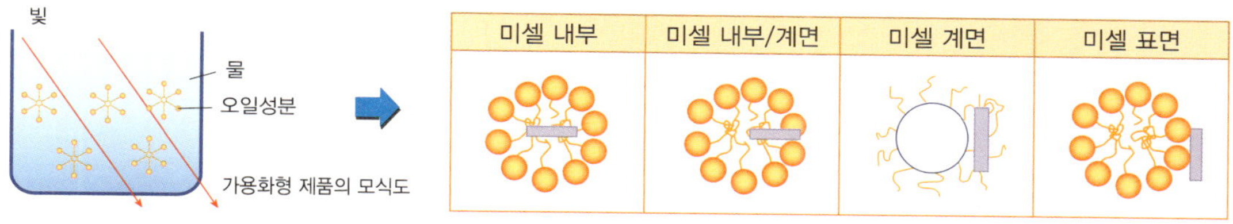

그림 2-80. 피가용화물 위치

가용화에서 가용화제의 산택은 중요하다. HLB에 따른 계면활성제 용도에서 가용화제의 HLB는 일반적으로 15~18 정도이나 더 중요한 것은 실험을 통해서 확인이 되어야 한다. 가용화제로 비이온성 및 이온성 계면활성제는

① 친수기의 반발력이 작으면 CMC가 낮고, 마이셀 크기가 커짐으로써 가용화력 증가
② 알킬기가 같으면 비이온성〉양이온성〉음이온성 계면활성제순으로 가용화력 양호
③ 알킬기가 커지면 가용화력 증가
④ 측쇄가 많은 경우는 마이셀 크기가 증가하여 가용화력이 증가
⑤ 폴리옥시에틸렌(POE) 유형 계면활성제의 경우 POE 몰수에 따른 영향이 있으며, 계면활성제 농도에 따라 여러 마이셀 구조(다양한 계면활성제 회합체)가 가능하다.

또한 첨가제에 따라서도 가용화력에 차이가 있을 수 있다.

① 에탄올이 첨가되면 POE형 계면활성제의 가용화력이 증가
② 폴리올이 첨가되면 POE형 계면활성제와 다가 알코올의 상호작용으로 구름점이 감소되며 마이셀 형성력이 증가
③ 염이 첨가되면, POE의 수소결합을 끊어 물에 대한 용해도 감소, 계면활성제의 CMC 감소로 마이셀 회합수가 증가하며, 양이온(K^+〉Na^+〉Li^+, Ca^{2+} 등)에 따라 가용화량이 증가
④ 2종의 용매를 혼합함으로써(cosolvency) 피가용화물의 용해도를 증가시킬 수 있다.

가용화제는 가용화력이 높다고 알려져 있는 HLB가 큰 에테르 유형 계면활성제(Brij series, Croda)가 있으며, Solubilisant LRI(PPG-26-buteth-26 * PEG-40 hydrogenated castor oil * water, Sensient), Eumulgin CO 60(PEG-60 hydrogenated castor oil, BASF), Tween 80(Polysorbate 80, PEG-20 sorbitan oleate, Croda) 등이 있다. 동일한 원료로 INCI 이름은 같으나, 제조원과 상품명이 다른 다양한 계면활성제가 있다. 최근에는 에틸렌옥사이드가 부가되어 있지 않은(PEG-free type) 폴리글리세릴 에스터(다가알코올 에스터) 유형의 가용화제가 소개되어 있으나, 실험을 통해 검증이 필요하다(Makigreen LCS+, caprylyl/capryl glucoside * polyglyceryl-10 isostearate * sodium dilauramidoglutamide lysine, Daito Kasei / Tego Solve 55, polyglyceryl-3 caprylate/caprate/succinate * propylene glycol, Evonik).

(2) 마이크로에멀션(microemulsion)

마이크로에멀션은 열역학적으로 안정한 오일과 물의 혼합물이며, 이 안정성은 상당히 많은 양의 계면활성제가 포함되기 때문이다. 마이크로에멀션은 Schulman 등에 의해 1940년대에 소개되었다[58]. Schulman 등은 광학적으로 투명한 마이크로에멀션이 기존 물, 오일, 계면활성제 외에 중간 사슬 길이의 지방알코올과 같은 보조 계면활성제 존재에서 자연적으로 형성되는 것을 관찰하였다. 많은 액체-액체 시스템에서 임계 마이셀 농도(critical micelle concentration, CMC)에 도달하더라도 계면장력은 최저값에 미치지 못했으나, 보조 계면활성제를 첨가하면 이 문제를 해결할 수 있다.

마이크로에멀션은 일반적인 O/W 혹은 W/O 유형과는 달리, 서로 간 또는 과량의 유상/수상과 넓은 범위의 상평형을 이루는 무작위 양면 혼합물(random bicontinuous mixture), 규칙적인 입자(ordered droplets) 또는 라멜라 혼합물 등과 같은 다양한 질감을 가질 수 있다[59].

마이크로에멀션 내의 연속적인 구조는 다음과 같이 Scriven[60]에 의해 제안되었다. 이 구조에서 도메인들은 3차원으로 연결되어 있으며 라멜라 상도 관찰되었다.

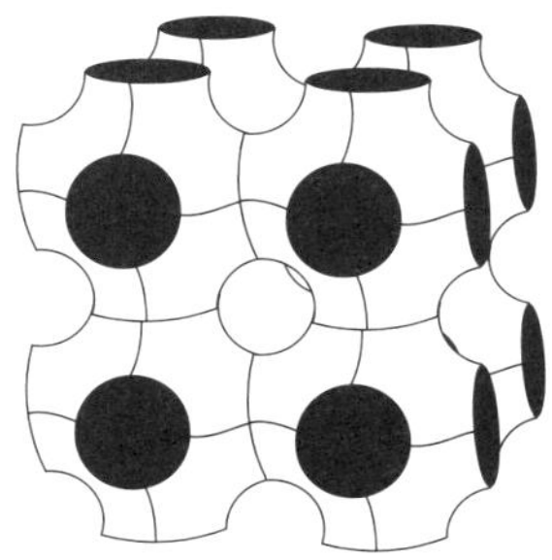

그림 2-81. 양면구조(bicontinuous structure)

마이크로에멀션의 분류는 다음과 같이 Winsor[61]가 제안한 4가지의 일반적인 유형으로 분류된다.

- **유형 I** : O/W 유형 마이크로에멀션이 수상과 공존(평형)
- **유형 II** : W/O 유형 마이크로에멀션이 유상과 공존(평형)
- **유형 III** : 중간상 혹은 중간 범위(middle phase or midrange)의 마이크로에멀션이 유상, 수상과 공존(평형)
- **유형 IV** : 1상의 등방성 마이셀 용액으로 수상, 유상, 중간상 마이크로에멀션이 서로 가용화된 상태다.

유형 I, II, III은 수상 감소, 유상 감소, 수상에의 첨가제, 유상에의 첨가제, 계면활성제의 농도 및 친수/친유 성질 증가 등을 통해 유형 IV가 생성될 수 있다.

---

58 T.P. Hoar et al., Transparent water-in-oil dispersions : the oleopathic hydro-micelle, Nature, 152, 102-103(1943)
59 P. Ghosh, Emulsions, microemulsions and foams, NPTEL-Chemical Engineering-Interfacial Engineering
60 L.E. Scriven, Equilibrium bicontinuous structure, Nature, 263, 123-125(1976)
61 P.A. Winsor, Hydrotropy, solubilisation and related emulsification processes, 44, 376-398(1948)

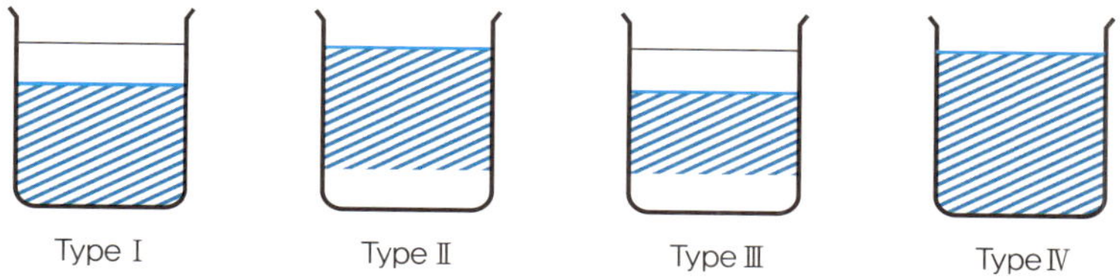

그림 2-82. Winsor의 마이크로에멀션 유형

(3) 유화(Emulsification)

① 에멀션 유형

물과 오일같이 서로 섞이지 않는 액체끼리의 분산계를 에멀션 또는 유탁액이라 하며, 이와 같은 상태로 하는 것을 유화(emulsification)라 한다. 에멀션은 조대 분산계에 해당하는 입자 크기(1~10㎛)를 가지며, 분산상과 분산매의 굴절률 차이로 백색 불투명하고, 열역학적으로 불안정하다. 일반적으로 좁은 범위에서의 에멀션하면 매크로에멀션(macroemulsion)으로서 나노에멀션이나 마이크로에멀션과는 구분하여 부른다.

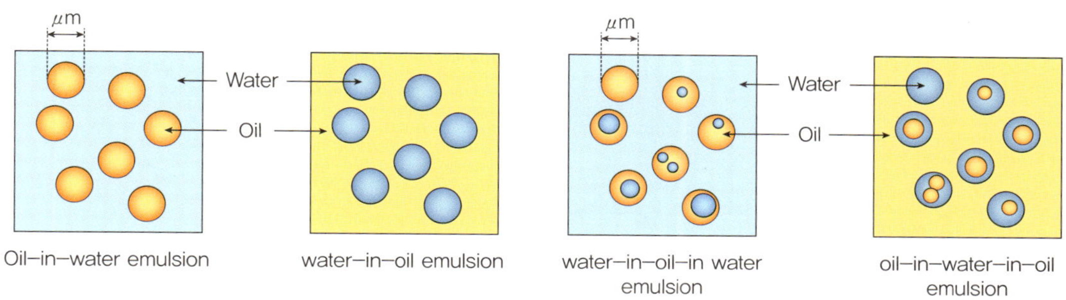

그림 2-83. 에멀션 유형

에멀션은 물을 연속상(분산매, 외상, outer phase)으로 하고 그 안에 오일이 분산(분산상, 내상, inner phase)되어 있는 수중유형(oil-in-water type, O/W 유형)과 반대로 오일을 연속상(분산매, 외상, outer phase)으로 하고 그 안에 물이 분산(분산상, 내상, inner phase)되어 있는 유중수형(water-in-oil type, W/O 유형)이 있다.

대부분의 유화형 화장품의 경우 O/W 유형에 속하지만, 내수성을 향상시키기 위한 자외선 차단 제품이나 클렌징크림, 마사지크림과 같이 오일 함량이 많아야 하는 제품류는 W/O 유형으로도 제조할 수 있다. 최근 자외선 차단 제품은 물론 베이스 메이크업에 해당하는 제품류에 대해서 오일을 실리콘오일로 대체 사용하여 오일감을 줄이고 사용감을 좀 더 산뜻하게 한 W/S 유형이 있다.

O/W, W/O 유형과 같은 2상 외에 다상(다중) 에멀션이 있으며, 분산상이 또 다른 에멀션으로 되어 있는 경우가 있다. 물을 연속상으로 하고 그 안에 W/O 유형 에멀션이 분산되어 있는 수중유중수형(water-in-oil-in-water type, WO/W 유형)과 반대로 오일을 연속상으로 하고 그 안에 O/W 에멀션이 분산되어 있는 유중수중유형(oil-in-water-in-oil type, O/W/O 유형)이 있으며, 이와 같은 3상 에멀션 외에도 4상 이상의 에멀션도 있을 수 있다.

② 에멀션 제조방법

에멀션 제조에는 고전적으로 4가지 방법이 있다[62].

㉠ Agent in oil method : 계면활성제(유화제)를 유상에 첨가하고, 여기에 수상을 첨가하여 제조하는 방법

㉡ Agent in water method : 계면활성제(유화제)를 수상에 첨가하고, 여기에 유상을 첨가하여 제조하는 방법

㉢ Nascent soap(in situ) method : 유상에 지방산, 수상에 알칼리를 첨가하여 상호 혼합하는 방법

㉣ Alternate addition method : 계면활성제(유화제)에 유상과 수상을 조금씩 첨가하여 혼합하는 방법이다.

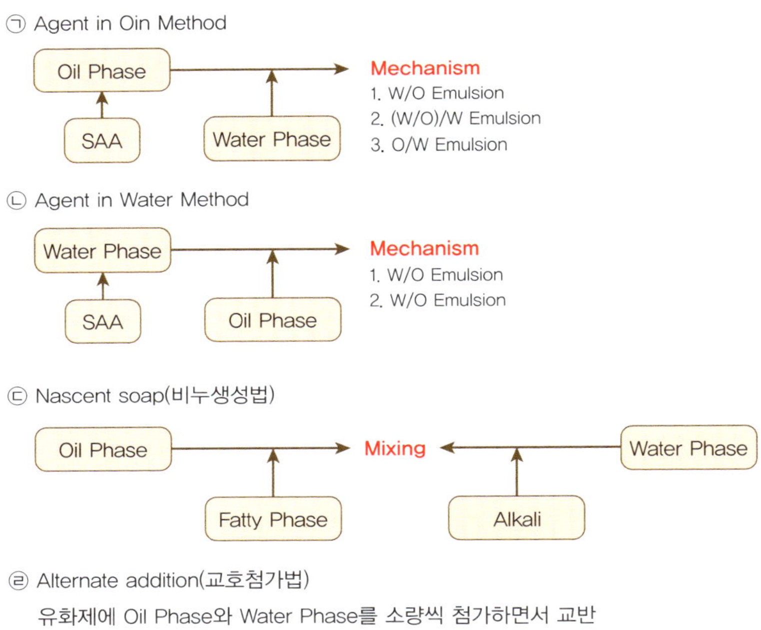

그림 2-84. 에멀션 제조법

62 T.J. Lin, Effect of initial surfactant locations on the viscosity of emulsions, J. Soc. Cosmetic Chemists, 19, 683-697(1968)

현재는 좀 더 일반적으로, O/W 유형 제조에는 Agent in oil method에서 수상에 유상을 첨가하여 제조하며, W/O 유형 제조에는 Agent in oil method를 이용하여 제조한다. 그러나 에멀션 형성에 제조방법 외에도 계면활성제의 HLB 값(O/W 유형 : 8~16, W/O 유형 : 3~6), 계면활성제 종류 및 함량, 내상의 비율, 계면활성제는 아니지만 계면에 영향을 줄 수 있는 다른 원료(예, 다가 금속염 등) 등 간접적으로 영향을 줄 수 있는 요인은 많다.

로션이나 크림 같은 기초화장품은 물론 색조화장품에서도 유화를 이용하는 경우가 많다. 실질적으로 에멀션을 제조하는 방법(O/W 유형)은 다음과 같다. 가장 기본적으로 수상, 유상, 활성성분 부분(파트)으로 구성한다.

㉠ 유상을 평량하고 온도를 올려 투명하게 용해시킨다(70~75℃).

㉡ 수상을 유상의 온도와 동일하게 하여 성분들을 용해 및 분산시킨다(70~75℃).

㉢ 수상에 유상을 서서히 첨가하면서 혼합하고, 첨가 후 유화장치(homogenizer)를 통해 유화(homogenization)한다.

㉣ 내용물(유화물)을 냉각하여 56℃가 되면 활성성분을 첨가하고 2차 유화한다.

㉤ 탈포하고, 유화 입자를 관찰한 후 실온으로 냉각한다.

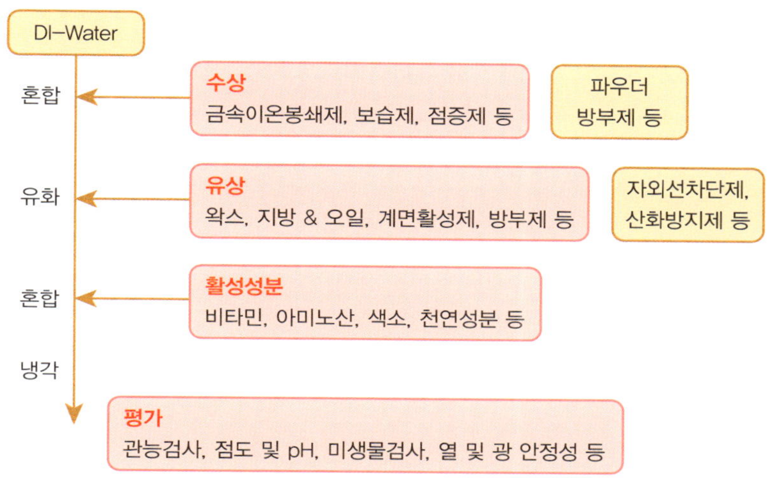

그림 2-85. 간략한 에멀션 제조공정

다시 각 단계별로 보면 다음과 같이, 평량단계 → 가온단계 → 유화단계 → 냉각단계 → 평가단계로 볼 수 있다.

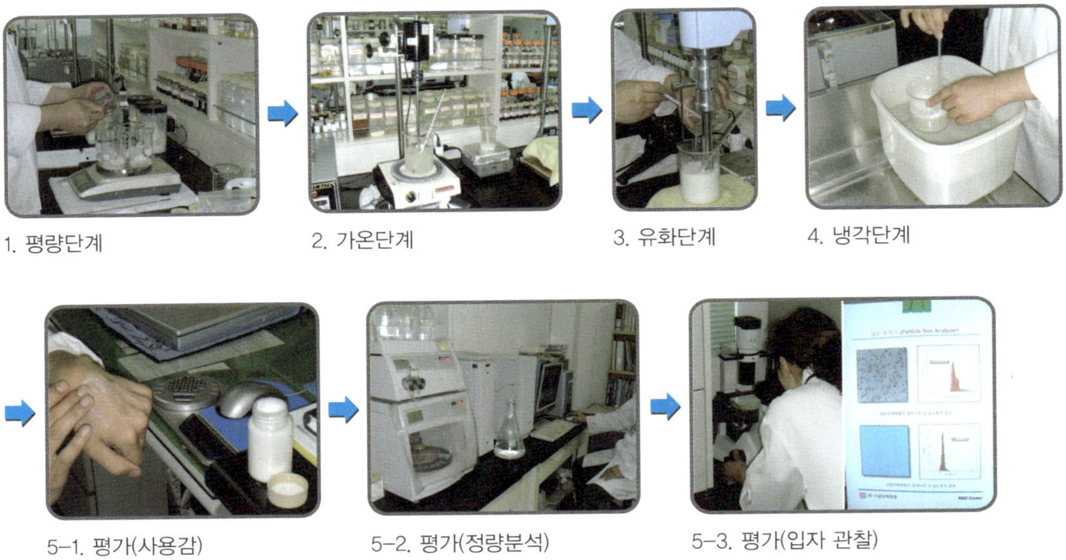

그림 2-86. 에멀션 제조의 각 단계

화장품 처방은 다양하기 때문에 실질적으로는 상기에서 제시된 각 단계보다도 더 복잡하다. 추가적으로 점검해야 할 사항은 다음과 같다.

㉠ 점증제의 경우는 정제수를 분취하여 미리 분산하고 수상에 첨가하여 유화하는 경우, 1차 유화 후 첨가하는 경우

㉡ 활성성분으로서 유상에 첨가하여야 하는 경우는 유화 전에 유상에 첨가하는 경우

㉢ 유화 시 유화 속도와 유화 시간의 결정(처방에 따라 다를 수 있으며, 표준 유화 입자로 결정)

㉣ 1차 유화 후 활성성분 첨가 시점에서의 온도의 차이

㉤ 탈포 및 냉각 시, 냉각 온도 및 시간의 차이(냉매를 사용하는 경우는 일정할 수 있으나, 그렇지 않은 경우는 제조실 환경에 따라 다를 수 있음)

㉥ 최종 실온으로 냉각 시 냉각 온도의 차이

㉦ 최종 제조된 내용물을 유화가마로부터 유출 시 여과 여부

③ 에멀션 제조장치

수상의 혼합, 유상의 혼합 또는 점증제 분산 등 많은 에너지가 들어갈 필요가 없는 경우는 분산기(electronic overhead stirrer, agi-mixer, disper mixer 등)를 이용하고 분산기 머리 부분(impeller type)에 따라 분산력의 차이를 보인다.

수상과 유상을 혼합·유화 시는 유화기(homogenizer, homomixer)가 사용되며, 실험실용과 현장 생산용(유화가마, homotank)으로 구분된다.

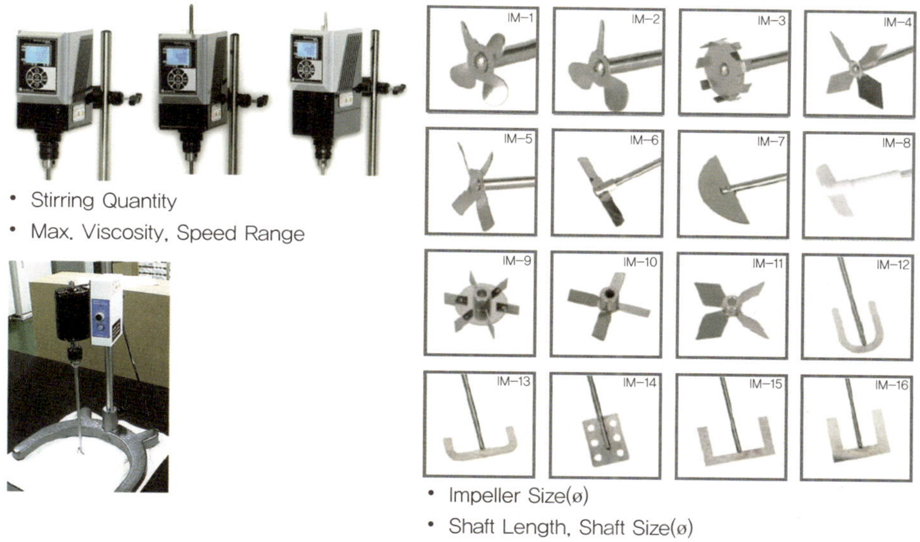

그림 2-87. 분산기

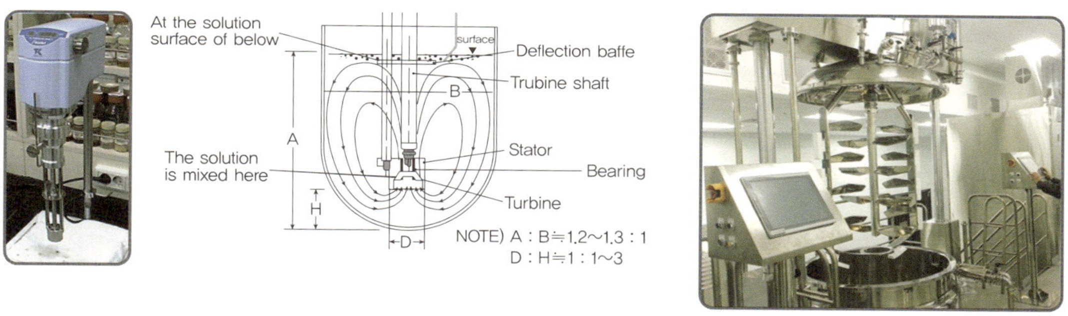

그림 2-88. 유화기(실험용, 생산용)

④ 에멀션 유형 판별

에멀션 유형을 결정하는 방법은

㉠ 희석법 : 물에 O/W 타입 에멀션을 소량 첨가하면 희석된다. 이와 같이 에멀션의 외상과 상용성이 있는 액체를 첨가하여 얼마나 혼합·분산이 되는지 판단하는 방법

㉡ 전기전도도법 : 에멀션의 외상이 수상이어야만 전기가 통한다. 따라서 전기전도에 따라 외상이 수상인지 유상인지 알 수 있는 방법

㉢ 색소첨가법 : 희석법과 유사한 방법으로서, 수용성 색소 또는 유용성 색소를 첨가하여 색소가 에멀션에 용해되는지를 관능평가 혹은 현미경 관찰로 외상이 수상인지 유상인지 판단하는 방법이 있다.

⑤ 에멀션 입자 측정

에멀션 입자 크기는 통상 광학현미경을 통해 관찰한다. 광학현미경을 통해 1000배 정도까지 분별할 수 있으므로, 현미경 상의 1mm가 1μm가 된다. 가시광선 파장이 대략 400~700nm이므로, 이론적으로 0.4μm까지 관찰할 수 있다.

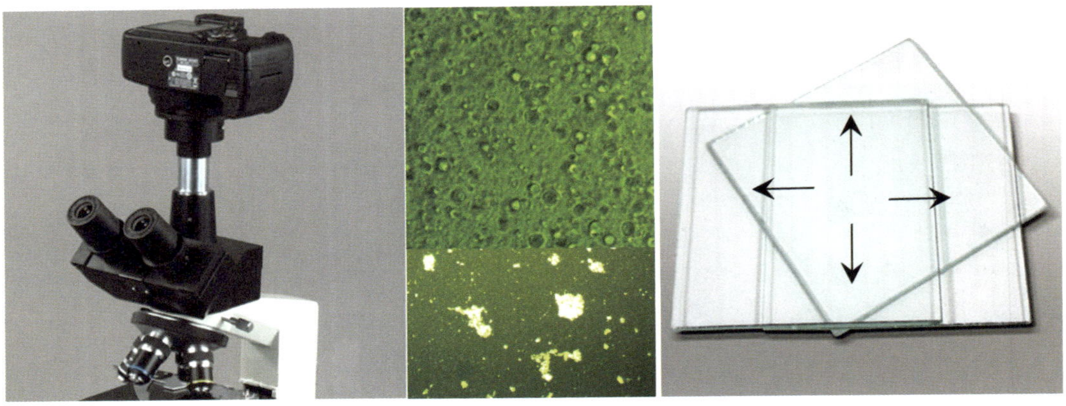

그림 2-89. 유화 입자 관찰

유화 입자를 관찰하는 이유와 필요는 다음과 같다.

㉠ 유화가 잘되어 입자 크기가 콜로이드 분산계(에멀션)에 해당하는 1~10μm 범위 내에 있는지 확인할 필요가 있다.

㉡ 실험실에서 최종 선정된 표준품의 유화 입자와 현장에서 scale up한 생산품의 입자 크기가 유사한지 확인하고, 실험실 표준품보다 입자 크기가 크다면 유화 시간을 늘려야 한다.

㉢ 에멀션은 시간이 지남에 따라 입자 크기가 커질 수 있다. 입자 크기가 커진다는 의미는 제품 입장에서는 불안정화, 열역학적으로는 안정화되어 가는 과정으로 볼 수 있다. 따라서 제품의 안정도를 판단하는 한 방법으로서 시간 및 보관 조건에 따라 유화 입자의 크기 변화 관찰이 필요하다.

가시광선을 이용하여 관찰할 수 있는 입자 크기보다 작은 입자의 경우는 레이저를 이용한 입도분석기(particle size analyzer)를 통해 측정할 수 있다. 상업적으로 Malvern사 Zetasizer Nano Series, Microtrac사 S3500, Nicomp사 380 등이 소개되어 있다.

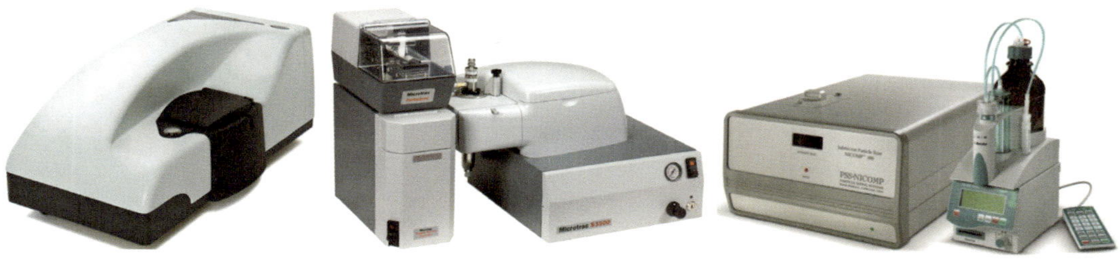

그림 2-90. Zetasizer Nano ZS, , Microtrac사 S3500, Nicomp사 380

⑥ 에멀션 점도

에멀션 화장품의 에멀션 유형과 더불어 사용 감촉 및 사용효과 등은 화장품 상품성에 크게 영향을 줄 수 있어 점도를 포함한 유변학적 성질(rheological property)이 중요시되고 있다[63].

높은 점성의 오일 입자가 물과 같이 낮은 점성의 분산매에 분산 · 희석된 O/W 에멀션에서 내상의 비율(Φ)이 0.01보다 작은 경우(입자 간 상호작용이 없다고 가정)에 점도는 아인슈타인 방정식(Einstein equation)으로 주어진다.

$$\eta_r = 1 + [\eta]\,\varnothing$$

η_r : 상대점도(relative viscosity), $[\eta]$: 고유점도(intrinsic viscosity)

에멀션의 경우, 고유점도는 다음과 같이 주어진다.

$$[\eta] = 2.5\left(\frac{\eta_i + 0.4\eta_o}{\eta_i + \eta_o}\right)$$

η_i = 내상점도, η_o = 외상점도

$\eta_i \gg \eta_o \rightarrow [\eta] \sim 2.5$

$\eta_i \ll \eta_o \rightarrow [\eta] \sim 1.0$(for foam)

따라서 에멀션의 상대점도는 내상점도가 외상점도보다 아주 높은 경우에 $\eta_r = 1 + 2.5\varnothing$, 내상점도가 외상점도보다 아주 낮은 경우에 $\eta_r = 1 + \varnothing$로 주어진다.

내상 비율, 0.01 〈 ø 〈0.2의 범위 내에 있는 경우에 Bachelor는 상대 점도를 다음 식으로 유도하였으며,

$$\eta_r = 1 + 2.5\varnothing + 6.2\varnothing^2 + \vartheta\varnothing^3$$

63 T.F. Tadros, Emulsion formation and stability, 1 ed., Wiley-VCH Verlag GmbH & Co. KgaA, 1-75(2013)

내상 비율, ø〉0.2인 경우, Dougherty and Krieger는 다음 식으로 유도하였다. 내상 비율이 증가함에 따라 상대 점도는 증가하며, 최대 충진 비율($ø_p$: maximum packing fraction)에서 급격히 증가한다.

$$\eta_r = \left(1 - \frac{ø}{ø_p}\right)^{-[\eta]ø_p}$$

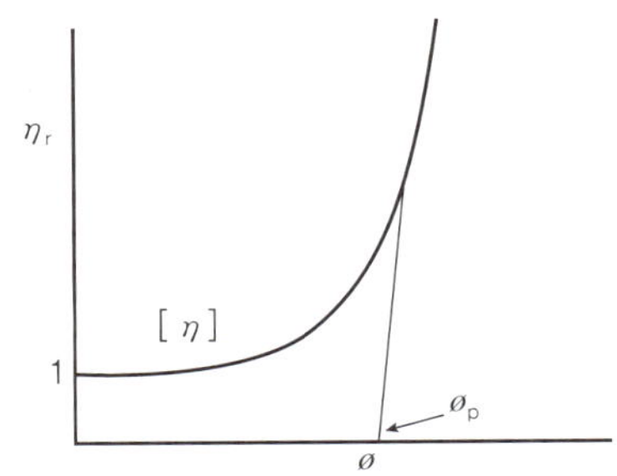

그림 2-91. η_r vs. ø 곡선

또 다른 이론과 실험에서 ø〈0.6인 경우 내상 비율이 증가할수록 점도가 증가하나 분산 입자의 크기에는 영향을 주지 않았고, ø〉0.6인 경우 내상 비율이 증가할수록 점도가 증가하고 분산 입자의 크기에도 영향을 주었는데, 입자의 크기가 작을수록 점도가 크게 상승하였다.

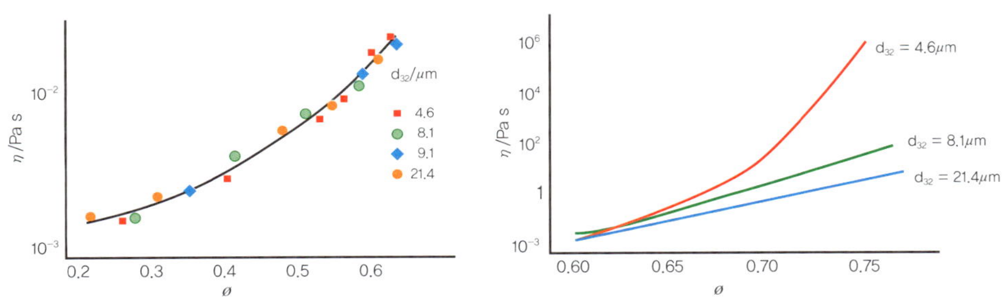

그림 2-92. 다른 분산입자에서 η_r vs. ø 곡선(ø〈0.6)

상기 그림에서는 내상 비율이 높은 경우에만 입자에 따른 점도 변화가 있다고 하였으나, 일반적으로 에멀션에서 유화 입자와 점도는 밀접한 관계가 있으며 입자가 작으면 점도는 상승한다.

$$\eta = x \cdot \frac{1}{d_m} + C, \quad \eta \cdot d_m \sim \text{constant}$$

η = 점도　x = 비례상수　d_m : 입자 크기　C : 상수

이외에 계면활성제의 HLB, 융점 등 에멀션의 점도에 영향을 주는 요인은 다양하다. 에멀션의 점도를 상승시키는 요인을 정리하면 다음과 같다.

㉠ 외상(분산매), 내상(분산상)의 점도가 높은 경우

㉡ 내상의 비율이 높은 경우(계면적의 증가)

㉢ 유화 입자(분산 입자)가 작은 경우(계면적의 증가)

㉣ 유화 입자(분산 입자)가 전하를 띠는 경우(입자 간 상호작용)

㉤ 계면활성제의 친유성 비율이 높은 경우

⑦ 미세한 에멀션 제조

일반 에멀션의 입자 크기(1~10μm)보다 작은 크기의 입자(가용화 수준에서 나노에멀션 수준의 입자)를 갖는(초)미세 에멀션을 얻는 방법들이 소개되어 있으며, 대표적으로 계면화학적 특성을 이용한 저에너지 방법(low-energy method)과 외부 장치를 이용한 고에너지 방법(high-energy method)로 구분된다[64].

여기서는 저에너지 방법으로 조성 상전이(phase inversion composition, PIC) 유화법과 전상온도(phase inversion temperature, PIT) 유화법, 고에너지 방법(high-energy method)으로 고압유화(high pressure homogenization)법을 설명하고자 한다.

〈저에너지 방법〉

- 조성 상전이(PIC) 유화
- 전상온도(PIT) 유화
- D상 유화

〈고에너지 방법〉

- 고압 유화
- 초음파 유화

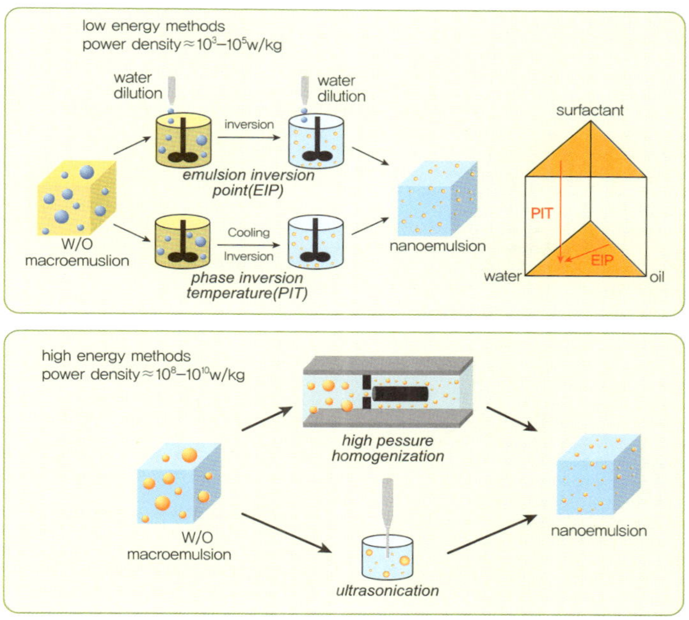

그림 2-93. 미세 에멀션 제조방법

64 A. Kupta et al., Nanoemulsions : formation, properties and applications, The Royal Society of Chemistry, Soft matter(2016)

㉠ 조성 상전이(phase inversion composition, PIC) 유화법

PIC 유화법[65]은 에멀션 제조 방법 중 agent-in-oil method와 같은 유사한 방법으로 진행한다. 고온에서 유상에 계면활성제를 첨가하고 교반시키면서 수상을 서서히 첨가하면 처음에는 W/O(수상에 대해 concave) 유형의 에멀션을 형성하고, 수상이 추가적으로 더 첨가되면 계면활성제 집합체의 평균 곡률이 0인 이중 연속상(bicontinuous phase) 마이크로에멀션이나 라멜라 액정상을 지나며 수상이 더 첨가되면 O/W(수상에 대해 convex) 유형의 미세한 입자의 에멀션이 형성된다.

아래 그림[66]에서와 같이 계면활성제 집합체의 곡률이 0인 중간상 근처에서 점도가 최하로 되었다가 바로 점도가 급 상승(겔 형성)하고 O/W 유형으로 전상되면서 점도가 감소한다. 전기전도도는 수상이 첨가됨에 따라 서서히 증가하다가 O/W 유형으로 전상되면서 좀 더 급격히 증가한다.

PIC 유화법에서는 계면활성제의 종류 및 혼합 비율(HLB), 유화 온도, 교반 조건, 수상 첨가 속도 등이 물성에 영향을 주는 요인들이다[67]. 또한 오일의 극성이 최종 미세 에멀션 형성에 영향을 주며, 오일의 극성이 증가하면 계면활성제의 HLB가 증가하여야 하고, 보조계면활성제(cosurfactant) 함량이 증가하여야 한다[68].

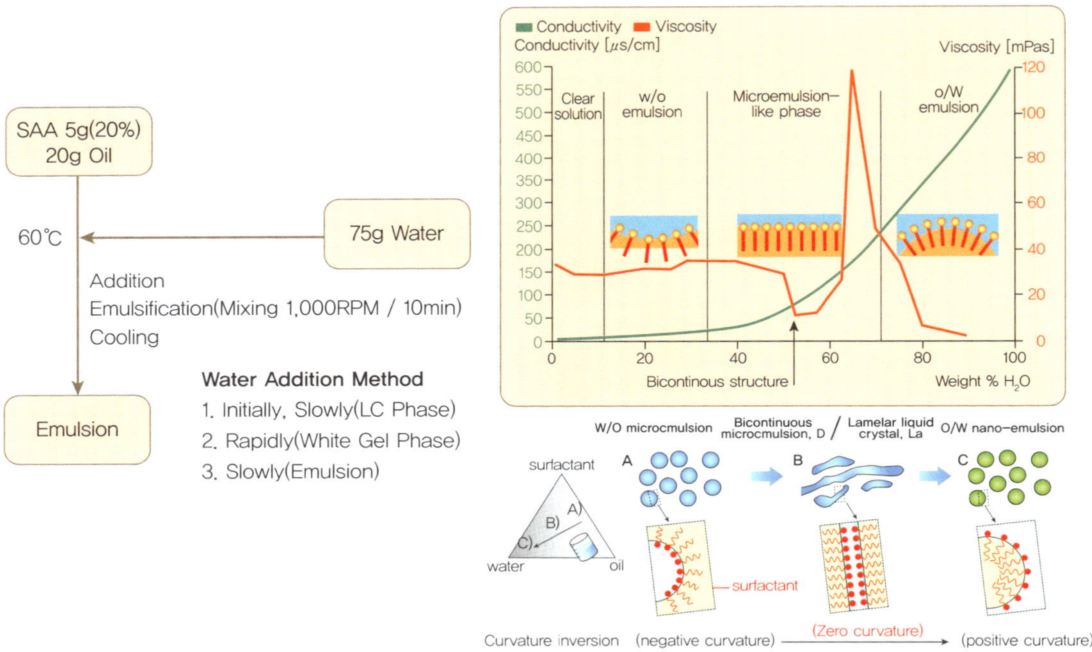

그림 2-94. PIC 제조방법

65 H. Sagitani, Making homogeneous and fine droplet O/W emulsions using nonionic surfactants, Journal of the American Oil Chemists' Society, 58(6), 738-743(1981)

66 J. Meyer, Nanoemulsions for PEG-free cosmetic by simple dilution, Elements21, Evonik Science Newletter, 32-34(2018)

67 조완구, PIC 방법으로 제조된 저점도 W/O 나노에멀션의 안정성, J. Soc. Cosmet. Sci. Korea, 42(2), 129-133(2016)

68 J. Meyer et al., Simple processing of PEG-free nanoemulsions and classical emulsions, SOFW-Journal, 134, 58-64(2008)

㉡ 전상온도(phase inversion temperature, PIT) 유화법

PIT 유화법(HLB 온도 유화법)[69]은 [구름점과 크라프트점]에서 이미 설명하였다. PIT 유화법을 이용하기 위해서 계면활성제는 폴리에틸렌글리콜을 함유하고 있어야만 하며, 유화온도는 구름점 이상에서 진행하게 된다.

PIT 유화법도 PIC 유화법과 같이 에멀션 제조 방법 중 agent-in-oil method(계면활성제를 유상에 첨가하고, 여기에 수상을 첨가하여 제조하는 방법)와 같은 방법으로 진행하든지, 일반적인 로션과 크림을 제조하는 방법처럼 계면활성제가 첨가된 유상을 수상에 첨가하는 방법으로 시작한다.

아래 그림에서와 같이 PIT 이상의 높은 온도에서는 유화가 진행되며, 고온에서는 W/O(수상에 대해 concave) 유형의 에멀션이 형성된다. 냉각하여 전상온도 근방에서 PIC 유화법에서와 같이 계면활성제 집합체의 평균 곡률이 0인 이중 연속상(bicontinuous phase) 마이크로에멀션이나 라멜라 액정상을 지나며 온도가 더 감소하면 O/W(수상에 대해 convex) 유형의 미세한 입자의 에멀션이 형성된다.

PIT 유화법에서는 계면활성제의 친수성 정도가 중요하며(PIT), 염류의 첨가, 지방산 및 지방알코올 등도 PIT에 영향을 준다.

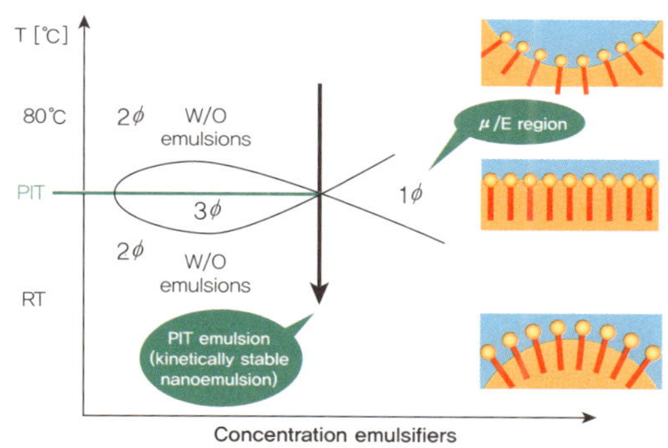

그림 2-95. PIT 제조방법

㉢ 고압유화(high pressure homogenization, HPH)법

고에너지 방법을 이용하여 일반 에멀션의 입자 크기보다 작은 미세한 에멀션을 제조하는 이유는, 성상의 변화, 사용감, 안정성 향상 등 때문이다. 이외에도 최근에는 작은 입자에 화장품의 기능성 성분(활성성분)을 함유 시 활성성분의 피부 투과가 유리하여 화장품의 효능을 향상시키는 데 효과가 있으며, 이에 대

---

69 K. Shinoda et al., The Stability of O/W type emulsions as functions of temperature and the HLB of emulsifiers : The emulsification by PIT, Journal of Colloid and Interface Science, 30(2), 258-263(1969) / P. Fernandez et al., Nano-emulsion formation by emulsion phase inversion, Colloids and Surfaces A : Physicochem. Eng. Aspects, 251, 53-58(2004)

한 많은 연구가 이루어지고 있다[70].

고압유화기는 1900년 어거스트 가울린(August Gaulin)이 처음 발명하였으며 1909년 균질기(덴마크, APV 사)로 소개되었다. 초기의 고압유화기는 식품산업에서 크리밍과 침전을 방지하기 위한 균질화로 물성을 향상시키기 위해 활용되였다.

그림 2-96. 고압유화기 활용

HPH 방법 외에 마이크로플루다이저(microfluidizer)를 사용하는 Microfluidization 방법[71]이 소개되어 있다. HPH 방법과 유사하며, 어떤 경우는 병용해서 사용하기도 한다.

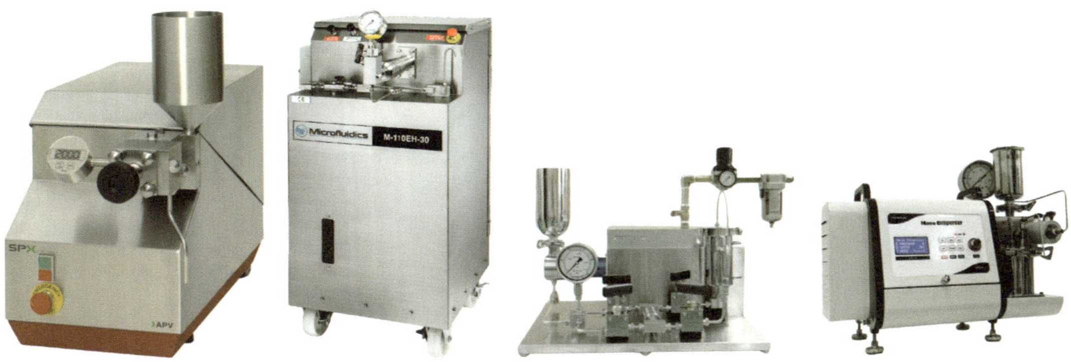

그림 2-97. 실험용 고압유화기(APV, Microfluidics, Micronox, Ilshin Autoclave)

70 임명선 등, 피부 흡수 증진을 위한 마디풀 추출물 함유 나노에멀션 제조에 관한 연구, Appl. Chem. Eng., 23(2), 222-227(2012)
71 김진웅 등, 고급 화장품 소재 개발을 위한 마이크로플루딕스 기술의 잠재적 응용성, J. Soc. Cosmet. Scientists Korea, 34(4), 245-258(2008)

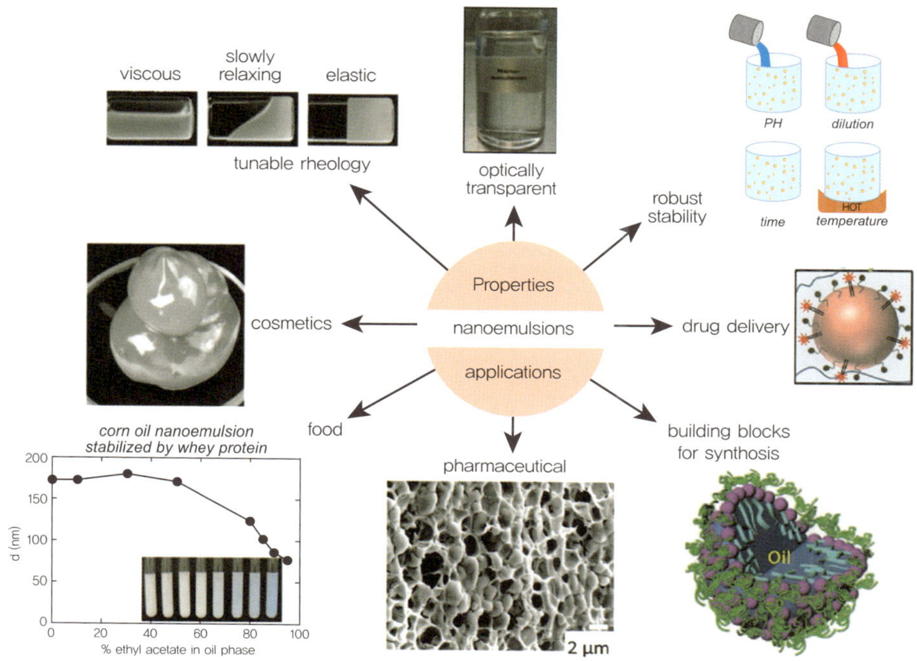

그림 2-98. 나노에멀션의 응용 분야

이와 같은 HPH 방법을 이용한 미세한 에멀션(특히 나노에멀션) 제조기술은 식품은 물론 화장품, 의약품 등 다양한 분야에 적용되고 있다.

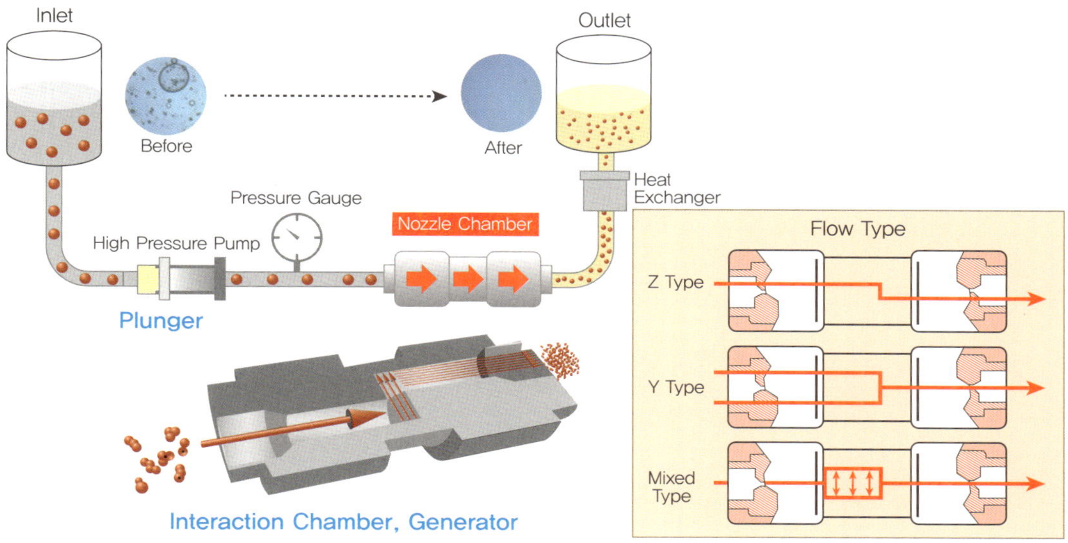

그림 2-99. 고압분산 시스템[72]

72 Nanodisperser, 일신오토클레이브

HPH 방법을 이용한 미세한 에멀션을 제조하는 방법은 다음과 같다.

㉠ 먼저 일반 에멀션인 매크로에멀션을 제조하고 고압유화기에 투입한다.

㉡ 고압을 발생시키는 플런저(plunger)의 도움으로 다양한 구조의 nozzle chamber(generator)로 들어가게 된다.

㉢ Nozzle chamber를 통과하며 미세한 에멀션이 제조되며, 필요 시 입자 크기가 일정하게 될 때까지 여러 번 반복(number of passes)한다.

고압유화 원리를 이해하는 것은 중요하나 다소 쉽지 않다[73]. 다음 그림에 저자가 이해한 고압유화 원리를 설명하였다.

㉠ 압력 증가 → 유체의 속도 감소, 약간의 충돌효과(impact effect)
㉡ 유체 속도 증가 & shear force effect
- 유체의 압력 감소(베르누이 정리)
- 기체 압력이 상대적으로 큼 → 유체에 대한 기체의 용해도 증가(헨리 법칙) $S_g=k_H P_g$
- 기체의 압력과 유체의 압력 평형 → 유체 압력을 기체의 포화증기압에 이르게 함 → 유체에 vapor bubble 생성(cavitation effect)

㉢ 압력 차이 → vapor bubble 파열 → 유체의 입자 감소
㉣ impact effect & 다음 단계로 진행

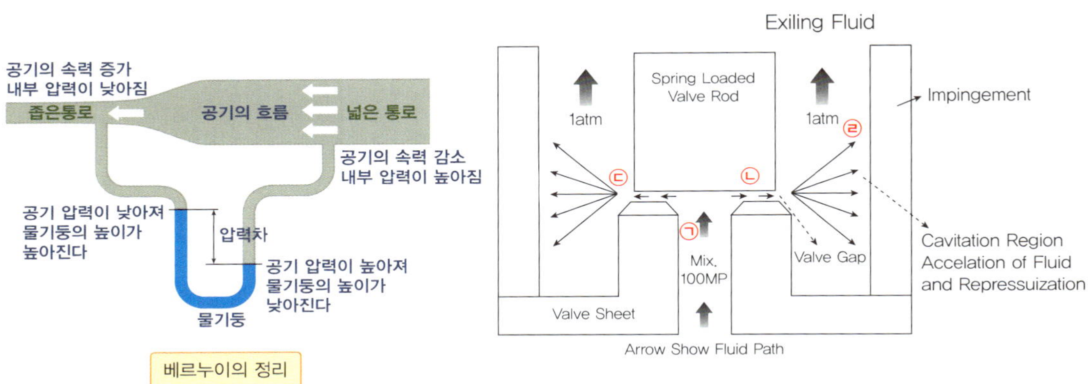

그림 2-100. 고압유화 원리

고압유화기를 이용한 많은 연구[74]가 이루어지고 있으나, 특별한 제조기기가 필요하고 안정성 기작에 대한 이해도가 떨어지는 등 단점을 가지고 있어, 실험실에서는 여전히 저에너지 방법들에 의한 연구가 진행되고 있다[75].

73 배덕환 등, Hydrogenated 레시친으로 안정화된 silicone nanoemulsion, J. Korean Ind. Rng. Chem., 11(5), 522-528(2000)
74 N. Sharma et al., Preparation and optimization of nanoemulsions for targeting drug delivery, Int. J. Drug Dev. & Res., 5(4), 37-48(2013)
75 조완구, 나노에멀션 : 화장품을 위한 새로운 제형, J. Soc. Cosmet. Scientists Korea, 37(1), 1-21(2011)

⑧ 에멀션 안정성

에멀션, 특히 마이크로에멀션의 입자 크기 이하인 분산계 외에는 열역학적으로 안정하지 않다. 열역학적으로 안정하지 않다는 의미는 일정 조건과 시간에서 물리적으로 분리가 일어난다는 의미다.

에멀션의 불안정화는 일반적으로 크리밍(creaming), 응집(coagulation, flocculation), 합일(coalescence)의 3가지 현상이 나타나며, 이외에 오스트발트 라이프닝(Ostwald ripening) 현상이 일어난다. 또한 침강(sedimentation), 상전이(phase inversion)도 포함한다[76].

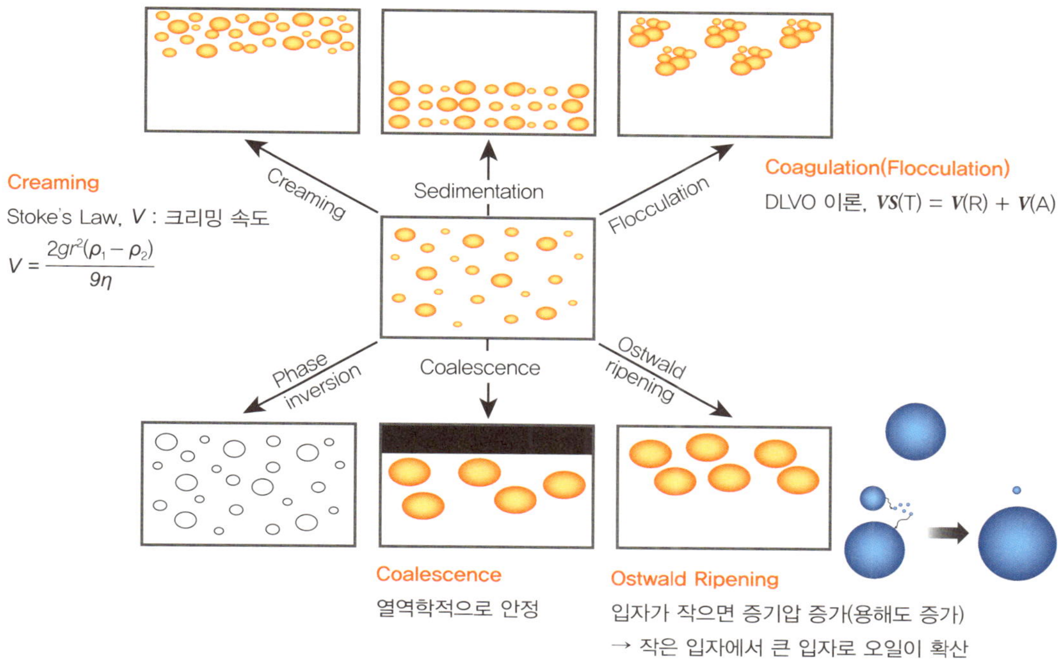

그림 2-101. 에멀션의 불안정화

㉠ 크리밍(creaming)

크리밍은 분산상, O/W 에멀션에서는 오일이 위로 부상(W/O 에멀션에서는 침강)하는 현상이다. 크리밍 현상은 유상과 수상의 비중 차이가 있는 경우, 중력에 의해서 비중이 큰 입자는 침강, 비중이 작은 입자는 부상하여 에멀션 하부 및 상부가 농축되어 나타나는 분리현상이다.

크리밍 속도는 Stock의 법칙으로 구할 수 있다.

---

76 T.F. Tadros, Emulsion formation and stability, 1 ed., Wiley-VCH Verlag GmbH & Co. KgaA, 1-75(2013)

$$V = \frac{2gr^2(\rho_1 - \rho_2)}{9\eta}$$

V = 입자의 이동 속도, g = 중력가속도, r = 입자 반경

ρ_1, ρ_2 = 분산매와 분산상 밀도(비중), η = 분산매 점도

따라서 에멀션의 크리밍 속도를 감소시키기 위해서는 분사상의 입자 크기를 작게 하는 방법, 분산매와 분산상의 밀도차를 작게 하는 방법, 분산매의 점도를 올리는 방법이 제시될 수 있다.

㉡ 응집(coagulation, flocculation)

응집은 분산 입자들이 큰 단위로 집합(aggregation)되는 현상을 말한다. 이는 모든 분산계에서 일반적인 van Der Waals 인력 때문에 발생한다. van Der Waals 인력이 약할 정도로 반발력이 충분치 않을 경우에 발생하며, 인력의 크기에 따라 강하기도 하며 약하기도 하다.

입자 사이의 상호작용은 DLVO(Derjaguin, Landau, Verwey and Overbeek) 이론으로 설명한다[77]. 입자 사이의 거리 함수로서 입자들의 상호 인력(attraction power)과 반발력(electrostatic repulsion power)에 대한 포텐셜에너지는 다음과 같다.

$$V_T = V_R + T_A$$

V_T = 전체 포텐셜, V_R = 반발 포텐셜(+), V_A = 인력 포텐셜(−)

입자들이 서로 접근하면 반발력이 작용하고, 더욱 가까워지면 인력의 작용으로 입자가 응집될 수 있다. 이와 같이 입자가 가까워지면 반발력 증가 및 인력이 작용하는데, 전체 포텐셜이 최대(에너지 장벽)가 되는 거리가 있으며, 에너지 장벽을 넘지 않으면 응집되지 않는다.

따라서 에멀션의 응집현상을 감소시키기 위한 분사상 입자 간의 반발력 증가 및 인력을 감소시키기 위해서는

ⓐ 이온성 계면활성제를 사용함으로써 입자 표면에 흡착된 이온으로 인하여 반발력을 증가시킨다.

ⓑ 고분자(점증제)를 사용한 경우, 입자 표면에 흡착한 고분자 층으로 입자 간의 반발력이 생기며, 입자 간의 접촉을 방해함으로써 인력을 감소시킨다.

ⓒ 폴리옥시에틸렌 타입의 비이온성 계면활성제를 사용하는 경우, 폴리옥시에틸렌 몰수가 크면 고분자의 경우와 유사하게 입자 표면의 계면활성제 흡착층이 중첩됨으로써 안정화 요인이 될 수 있다.

77 D.J. Shaw, Introduction to colloid and surface chemistry, 4 ed., Butterworth(1992)

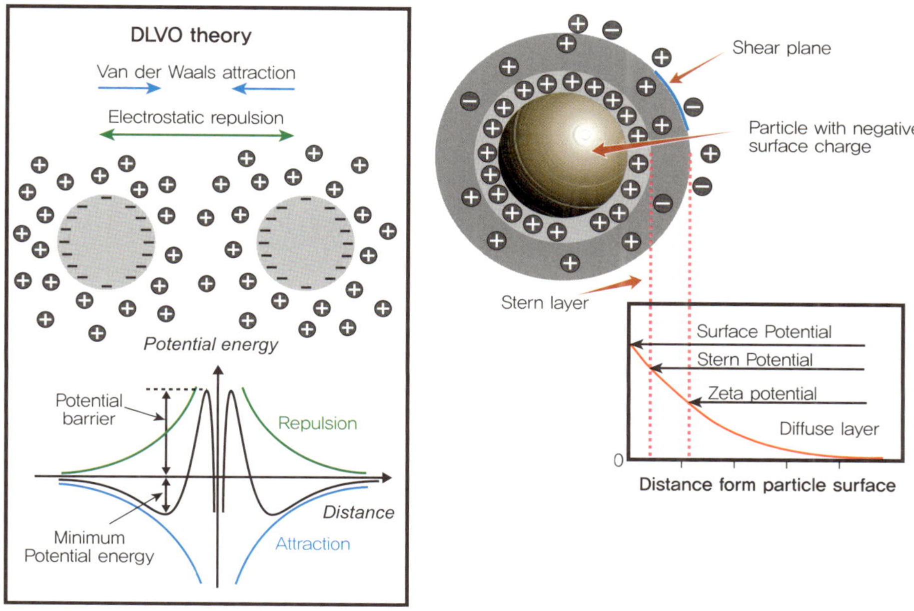

그림 2-102. DLVO 이론에 의한 입자 간의 포텐셜에너지와 입자 표면에서의 포텐셜

에멀션의 안정성을 평가하는 방법 중 하나는 입자 표면의 포텐셜에너지를 측정하는 것이다. 상기 그림에서와 같이 입자 표면 전기 이중층의 제타포텐셜(zeta potential) 값이 ± 30~40mV 이상이면 안정한 것으로 예측한다.

ⓒ 합일(coalescence)

합일은 에멀션 입자끼리 융합되어 합쳐지는 현상을 말한다. 합일이 진행되면 2상으로 분리되어, 열역학적으로 안정한 상태로 되는 것을 의미한다. 에멀션의 합일 현상은 유화 안정성의 치명적인 현상으로 계면활성제의 농도를 증가시켜 계면막을 단단하게 안정화시킴으로써 감소시킬 수 있다.

ⓓ 오스트발트 라이프닝(Ostwald ripening)

오스트발트 라이프닝은 작은 입자는 작아지고, 큰 입자는 점점 커져서 최후에는 작은 입자가 없어지는 현상이다. 입자가 작으면 용해도가 증가하여 작은 입자에서 큰 입자로 오일이 수상을 통해 확산된다.

이것은 액체의 용해도에 기인한 것으로 액체는 종종 무시할 수 없는 상호 용해성을 갖는다. 일반적으로 입자 분포(polydispersity)를 갖는 에멀션의 경우, 더 작은 입자는 큰 입자와 비교할 때 더 큰 용해도를 갖는다(곡률 효과).

입자의 안쪽과 바깥쪽의 압력 변화는 Laplace 압력식에 의하면 항상 양의 값을 갖는다.

$$\Delta P = P_{\text{inside}} - P_{\text{outside}} = \gamma\left(\frac{1}{R_1} + \frac{1}{R_2}\right)$$

γ = 표면장력, R = 입자 반경

작은 입자와 큰 입자의 Laplace 압력 차이(ΔP_L)와 오스트발트 라이프닝이 진행되면서 작은 입자는 더욱 작아지고 큰 입자가 더욱 커질 때 Ostwald ripening 압력 차이(ΔP_O)는 입자 크기와 관련이 있다. 작은 입자에서 큰 입자로 물질 이동에 대한 추진력, driving force = $\Delta(P_L - P_O)$이 zero이면 오스트발트 라이프닝에 의한 불안정화를 감소시킬 수 있다.

$$\Delta P_L \sim (1/d_{\text{small}} - 1/d_{\text{large}})$$
$$\Delta P_O \sim (1/d_{\text{small}}^3 - 1/d_{\text{large}}^3)$$

나노에멀션은 상대적으로 매크로에멀션보다 입자가 작으므로 상기 언급한 크리밍, 응집, 합일 현상보다는 오스트발트 라이프닝 현상이 더욱 중요하다. 오스트발트 라이프닝 현상을 감소시키기 위해서는 분산상인 오일의 극성이 작은 것이 유리하며, 분산상에 불용성 계면활성제를 첨가하는 방법이 있다.

⑨ 유변학(Rheology)

유변학은 유체(물질)의 변형이나 유동을 다루는 학문으로 콜로이드 분산계에 대한 성질(점성과 탄성)을 밝히는 데 있어 중요한 요소 중 하나이다[78].

유변학적 거동을 보이는 가장 특징적인 예로 뉴턴 유체(Newtonian fluid)는 점성은 있으나 탄성은 없으며, 반대로 후크 탄성체(Hookean elastic body)는 점성은 없고 탄성만 있다. 대부분의 물질들은 점성(viscosity)과 탄성(elasticity)을 가지고 있는 점탄성(viscoelastic) 특성을 보인다.

그림과 같이 유체가 오른쪽 방향으로 변형이 일어난다고 하면, 전단응력(shear stress)은 단위면적당 가

78 이서영 등, 잔탄검과 로커스트 빈검을 함유한 O/W 에멀션 크림에서 입자형 젤 형성이 유변학적 텍스처 특성에 미치는 영향, 폴리머, 40(3), 483-488(2016) / V.L.B. Isaac et al., Determination of the real influence of the addition of four thickening agents in creams using rheological measurements, Journal of Dispersion Science and Technology, 34, 532-538(2013)

해지는 힘, 전단변형률(shear strain)은 수직 상태(각도 0)에서의 F 방향으로 변형되는 변형률(간단하게는 tan θ), 전단속도(shear rate)는 시간에 따른 변형률로 정의된다.

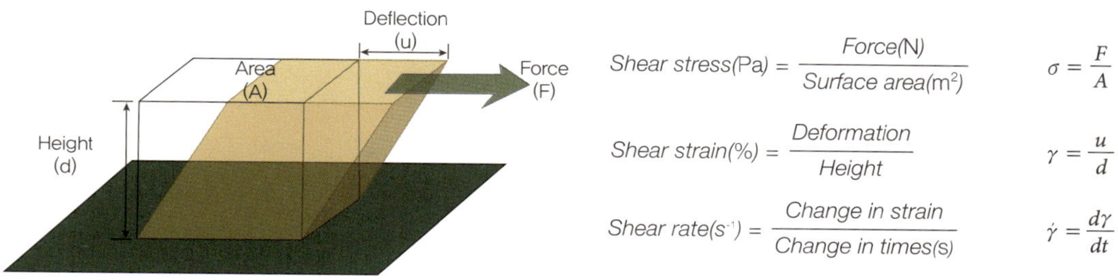

그림 2-103. 물질의 변형과 용어 정의

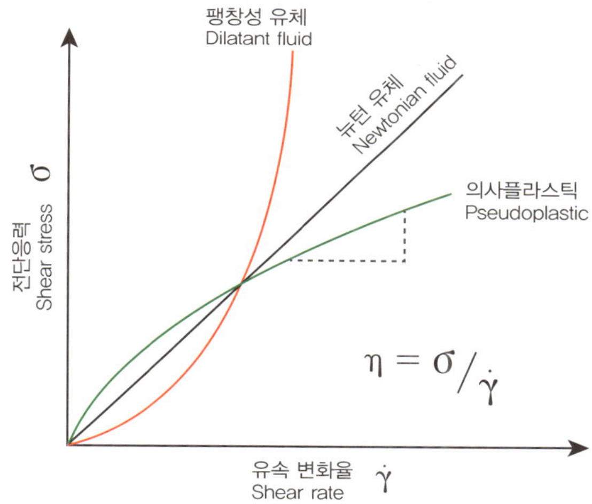

그림 2-104. 전단응력 vs. 전단변형률

유체의 점도는 외부에서 전단응력이 가해질 때 시간에 따른 변형률로서 정의될 수 있다(점도=전단응력/전단속도).

뉴턴 유체의 경우 전단응력이 가해지며 일정한 전단속도의 변형이 생기는 물체로 일정한 온도와 압력에서 일정한 전단응력을 주었을 때 점도는 전단속도에 따라 변하지 않고 일정하다. 즉, 전단응력이 멈추면 점도는 0이 된다.

응력이 일정하게 가해지면 시간에 따라 초기에는 점도 변화가 적지만 더 큰 응력에서 점도 변화가 크게 생기는 유체를 의소성(pseudoplastic) 유체라고 한다. 일반적인 로션이나 크림과 같은 콜로이드 분산계(유화)는 의소성 유체로서 외부에서 응력을 가하면 점점 점도가 낮아지는 특성을 나타낸다. 이를 딕소트로피(thixotrophy) 유동이라고도 하며 응력이 가해지면 시간에 따라 shear-thinning 현상을 보이며, 다일레이턴트(dilatant) 유동은 반대로 응력이 가해지면 시간에 따라 shear-thickening 현상을 보인다.

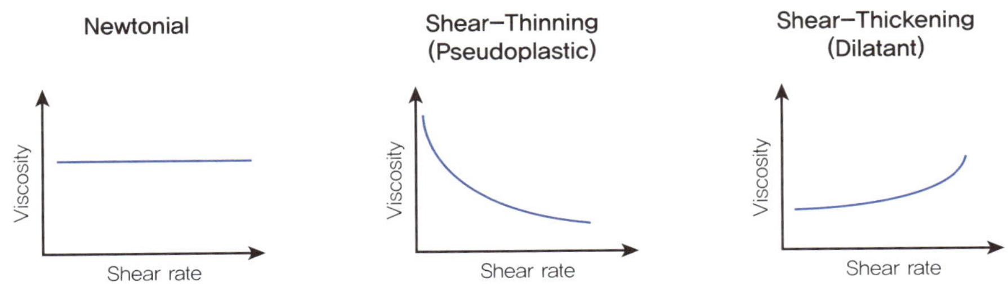

그림 2-105. 전단속도에 따른 여러 가지 유동 형태

화장품 에멀션의 이와 같은 유변학 거동으로 내용물이 용기에서는 흐름이 없이 있다가, 사용자가 내용물을 떠서 피부에 도포 즉, 응력을 가하면 shear-thinning 현상으로 피부에 매끈하게 도포된다[79].

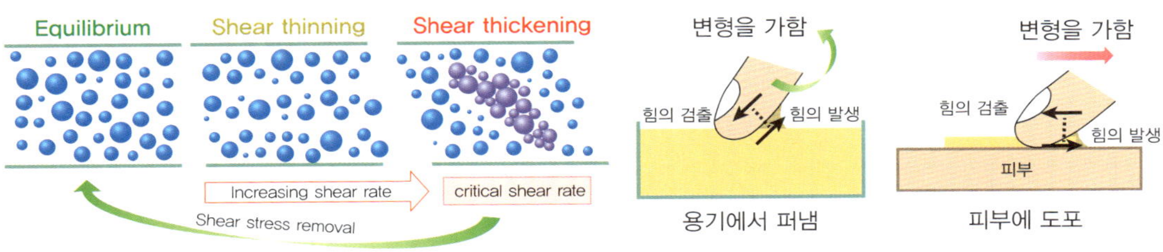

그림 2-106. 화장품 감촉의 유변학 측정

2017년 화장품산업에 대한 정부 계획[80]인 '화장품 공통 기반기술(제형 · 평가기술 · 원료소재) 개발로 품질 고도화' 목표에서 사용감 정량화에 유체의 유변학이 적용될 수 있다.

유체의 점탄성 측정은 parallel plate, cone andplate, cup and bobs와 같은 다양한 측정 방법으로 이루어진다[81].

79 Y. Nabata, 역학적인 화장품 감촉의 레올로지 계측, Fragrance Journal Korea, 4, 54-58(2018)
80 화장품산업 종합발전계획, 보건복지부(2017.12)
81 Rheometer measuring systems, Brochure, Malvern

그림에서와 같이 레오메터(Rheometer, Malvern사)로 진행할 수 있으며, 시료가 두 평판에 놓여지면 외부 응력에 따라 전단변형률과 전단속도의 측정이 이루어진다.

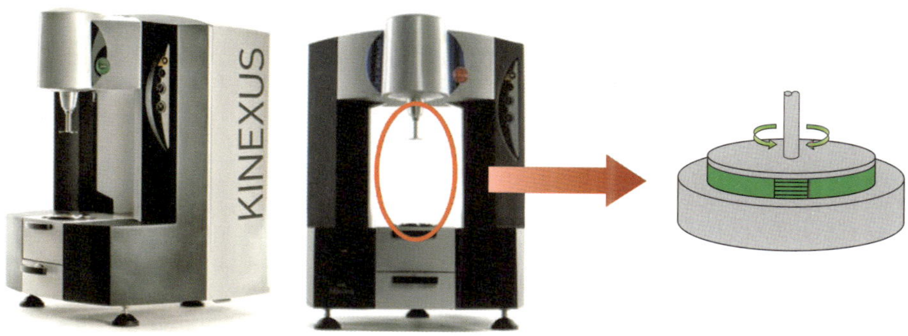

그림 2-107. 말번사 레오메터 사례

탄성은 가해진 응력이 제거되면 본래 형태로 되돌아가는 성질을 말한다. 후크 탄성체란 응력과 변형률 사이의 비례관계가 성립하는 물체로, 탄성률은 그 물체가 얼마나 고체 성질을 가지고 있는지, 아니면 액체 성질을 가지고 있는지의 척도로 정의된다(탄성률=전단응력/전단변형률).

물질의 탄성(modulus, G) 에너지는 저장되어 있다가 회복될 수 있는 저장탄성(storage modulus, G') 에너지와 영구히 잃어버리는 손실탄성(loss modulus, G'') 에너지로 나눌 수 있으며, $G^* = G''/G'$는 물체가 얼마나 단단한가(stiffness)를 나타낸다. 레오메터 측정 시 다음과 같은 경향을 나타낸다.

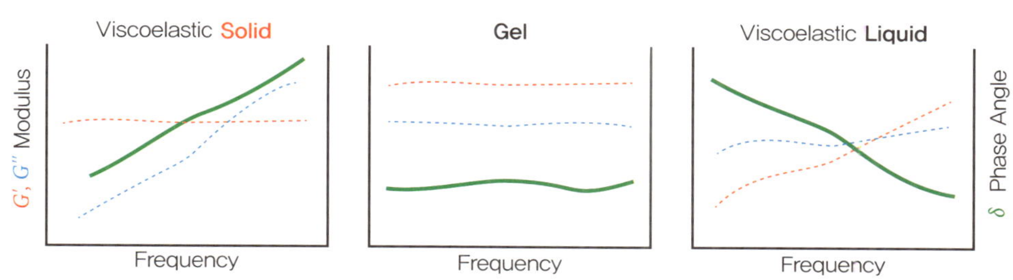

그림 2-108. 주파수(frequency)에 따른 물질의 거동

05 화장품 안정성

화장품은 제조로부터 소비자에게 전달까지의 각종 유통 경로와 실제 사용 기간을 고려한 품질 확보가 중요하다. 현재는 화장품법 시행규칙에 용기 또는 단상자에 사용기한(유통기한) 또는 제조일자와 개봉 후 사용 기간을 표기하도록 하고 있어, 소비자가 화장품을 구매하여 사용하는 데 안정성상의 문제가 없도록 관련 정보를 제시하고 있다.

화장품이 각종 기능을 발휘하기 위해서는 내용물의 화학적 · 물리적 변화가 일어나지 않도록 하여야 한다. 이들 현상은 사용성에 영향을 줄뿐만 아니라 화장품의 고유 가치인 이미지 손실을 가져올 수 있다.

구분	현상	영향
화학적 변화	변색, 탈색, 변취, 오염, 석출 등	→ 사용성, 이미지
물리적 변화	분리, 침전, 응집, 땀(발한), 발분, 겔화, 고화, 거침, 휘발, 균열 등	

1. 화장품 안정성

화장품 안정성시험은 화장품의 저장 방법 및 사용기한을 설정하기 위하여 경시 변화에 따른 품질의 안정성을 평가하는 시험이다.

식품의약품안전처 화장품 안정성시험 가이드라인[82]의 목적은 화장품을 제조된 날부터 적절한 보관조건에서 성상 · 품질의 변화 없이 최적의 품질로 이를 사용할 수 있는 최소한의 기한과 저장방법을 설정하기 위한 기준을 정하는 데 있으며, 나아가 이를 통하여 시중 유통 중에 있는 화장품의 안정성을 확보하여 안전하고 우수한 제품을 공급하는데 도움을 주고자 하는데 있다.

안정성시험의 종류는 장기보존시험, 가속시험, 가혹시험 및 개봉 후 안정성시험으로 구분한다.

(1) 장기보존시험

화장품의 저장 조건에서 사용기한을 설정하기 위하여 장기간에 걸쳐 물리 · 화학적, 미생물학적 안정성 및 용기 적합성을 확인하는 시험을 말한다.

82 식품의약품안전처 화장품 안정성시험 가이드라인(2011.06)

항목	조건
로트 선정	3개 로트, 시중에 유통할 제품과 동일한 처방, 제형 및 포장용기 사용
보존 조건	온도/습도 : 25±2℃/60±5% 또는 30±2℃/66±5%, 5±3℃
시험 기간	6개월 이상 원칙, 화장품 특성에 따라 따로 정할 수 있음
측정 시기	시험 개시 때와 1년간은 3개월마다, 2년까지는 6개월마다, 2년 이후부터는 1년에 1회 시험
시험 항목	제품 유형 및 제형에 따라 적절한 안정성시험 항목을 설정 ① 일반시험 균등성, 향취 및 색상, 사용감, 액상, 유화형, 내온성 시험 ② 물리·화학적 시험 성상, 향, 사용감, 점도, 질량 변화, 분리도, 유화 상태, 경도 및 pH 등 제제의 물리·화학적 성질을 평가 • 물리적 시험 : 비중, 융점, 경도, pH, 유화 상태, 점도 등 • 화학적 시험 : 시험물 가용성 성분, 에테르 불용 및 에탄올 가용성 성분, 에테르 및 에탄올 가용성 불검화물, 에테르 및 에탄올 가용성 검화물, 에테르 가용 및 에탄올 불용성 불검화물, 에테르 가용 및 에탄올 불용성 검화물, 증발잔류물, 에탄올 등 ③ 미생물학적 시험 정상적으로 제품 사용 시 미생물 증식을 억제하는 능력이 있음을 증명하는 미생물학적 시험 및 필요 시 기타 특이적 시험을 통해 미생물에 대한 안정성을 평가 ④ 용기적합성 시험 제품과 용기 사이의 상호작용(용기의 제품 흡수, 부식, 화학적 반응 등)에 대한 적합성을 평가

(2) 가속시험

장기보존시험의 저장 조건을 벗어난 단기간의 가속 조건이 물리·화학적, 미생물학적 안정성 및 용기적합성에 미치는 영향을 평가하기 위한 시험을 말한다.

항목	조건
로트 선정	장기보존시험 기준
보존 조건	온도/습도 : (실온보관 화장품) 40±2℃/75±5% (냉장보관 화장품) 25±2℃/60±5%
시험 기간	6개월 이상 원칙, 화장품 특성에 따라 따로 정할 수 있음
측정 시기	시험 개시 때를 포함하여 최소 3번 측정
시험 항목	장기보존시험 기준

(3) 가혹시험

가혹 조건에서 화장품의 분해 과정 및 분해산물 등을 확인하기 위한 시험을 말한다. 일반적으로 개별 화장품의 취약성, 예상되는 운반, 보관, 진열 및 사용 과정에서 뜻하지 않게 일어날 가능성이 있는 가혹한 조건에서 품질 변화를 검토하기 위해 이와 같은 시험을 수행한다.

항목	조건
로트 선정	검체의 특성 및 시험 조건에 따라 적절히 설정
보존 조건	광선, 온도, 습도 3가지 조건을 검체의 특성을 고려하여 결정 온도 순환(-15℃ ~ 45℃), 냉동-해동 또는 저온-고온의 가혹 조건을 고려하여 결정
시험 기간	검체의 특성 및 시험 조건에 따라 적절히 설정
시험 항목	보존기간 중 제품의 안전성이나 기능성에 영향을 확인할 수 있는 품질관리상 중요한 항목 및 분해산물의 생성 유무를 확인

① 온도 편차 및 극한 조건

운반 및 보관 과정에서 극한적인 온도 및 압력 조건에 제품이 노출될 수 있으므로 이런 극한 조건으로 동결-해동 시험을 고려해야 하는 제품의 경우 수행하며 일정한 온도 조건에서의 보관보다는 온도 사이클링(cycling) 또는 '동결-해동(freeze-thaw)' 시험을 통해 문제점을 보다 신속하게 파악할 수 있다.

동결-해동 시험 시 현탁(결정 형성 또는 흐릿해지는 경향) 발생 여부, 로션과 크림의 안정성 결여, 포장 문제(예 표시 · 기재 사항 분실이나 구겨짐, 파손 또는 찌그러짐), 알루미늄 튜브 내부 래커의 부식 여부 등을 관찰한다. 시험 예로는 저온 시험과 동결-해동 시험, 고온 시험이 있다.

② 기계·물리적 시험

본 시험에서 진동 시험(vibration testing)은 분말 또는 과립 제품의 혼합 상태가 깨지거나(de-mixing) 또는 분리 발생 여부를 판단하기 위해 수행한다. 기계 · 물리적 충격시험, 진동시험을 통한 분말제품의 분리도 시험 등, 유통, 보관, 사용 조건에서 제품 특성상 필요한 시험을 말한다. 기계적 충격 시험(mechanical shock testing)은 운반 과정에서 화장품 또는 포장이 손상될 가능성을 조사하는 데 사용한다.

③ 광안정성

제품이 빛에 노출될 수 있는 상태로 포장된 화장품은 광안정성 시험을 실시한다. 이때의 시험 조건은 화장품이 빛에 노출될 수 있는 조건을 반영한다.

(4) 개봉 후 안정성시험

화장품 사용 시에 일어날 수 있는 오염 등을 고려한 사용기한을 설정하기 위하여 장기간에 걸쳐 물리 · 화학적, 미생물학적 안정성 및 용기 적합성을 확인하는 시험을 말한다.

항목	조건
로트 선정	장기보존시험 기준
보존 조건	제품의 사용 조건을 고려하여, 적절한 온도, 시험 기간 및 측정 시기를 설정하여 시험 (예 계절별로 각각의 연평균 온도, 습도 등의 조건을 설정)
시험 기간	6개월 이상 원칙, 화장품 특성에 따라 따로 정할 수 있음
측정 시기	시험 개시 때와 1년간은 3개월마다, 2년까지는 6개월마다, 2년 이후부터는 1년에 1회 시험
시험 항목	개봉 전 시험항목과 미생물 한도시험, 살균보존제, 유효성 성분시험 수행 다만, 개봉할 수 없는 용기로 되어 있는 제품(스프레이 등), 일회용 제품 등은 개봉 후 안정성시험을 수행할 필요 없음

2. 안정성 평가표

화장품법 개정(법률 제11014호, 2011.08.04 공포)에 따라 화장품 포장의 필수 기재사항이 '제조연월일'에서 '사용기한 또는 개봉 후 사용기간'으로 변경되어 각 화장품 제조업체에서 개봉 전 및 후 사용기한 설정에 따른 기준 마련이 시급하였으며, 이후 대한화장품협회에서 가이드라인을 제시하였다.

표 2-40. 기초화장품 사용기한 설정 근거

관찰 및 측정항목		근거[1]	화장수	로션	에센스	크림	팩	클렌징폼	설정 사유	시험방법
성상	색상의 변화	1, 2, 3, 4	○	○	○	○	○	○	색상의 변화는 화장품이 가지는 아름다운 외관, 이미지가 손실되기 때문에 측정	색차계
	변취	1, 2, 3, 4	○	○	○	○	○	○	변취는 유해 물질 생성의 증거가 되기도 하며 화장품 사용감에 영향을 미치기 때문에 측정	관능시험
	이물혼합	1, 2								
	부유물	1, 2								
	침전물	1, 2, 3								
	투명도	1, 2								
	기포	1, 2		○	○	○	○		스킨제품의 유화 상태 변화 관찰	육안관찰
	빙결	1, 2, 3	○	○					스킨제품의 성상 변화 관찰	육안관찰
	응고	1, 2, 3		○	○	○	○	○	스킨제품의 성상 변화 관찰	육안관찰
	곰팡이	1, 2	○	○	○	○	○		곰팡이에 의한 성상 변화 관찰	육안관찰
	분리	1, 2, 3, 4		○	○	○			스킨제품의 유화 상태 변화 관찰	육안관찰
	gel화	1, 2, 3		○	○	○	○	○	스킨제품의 유화 상태 변화 관찰	육안관찰
	탁도	1, 2	○						스킨 제품의 부유물이나 침전물 발생 유무 확인	Turbidity meter
물리적 시험	원심분리	1, 2, 3		○	○	○			유화 안정도 확인을 위한 가속시험	원심분리기
	경도	1, 2								
	점도	1, 2, 3, 4		○	○	○		○	점도의 경시변화에서 유화제의 겔화나 응집 상태를 추측할 수 있기 때문에 측정	점도계
	현미경 관찰	1, 2							유화 입자의 경시변화에 따른 입자 크기 측정	현미경
	입자도	1, 2		○	○	○	○	○	유화 입자의 경시변화에 따른 입자 크기 및 분포 측정	Particle size analyzer
	전도도	1, 2	○	○	○	○	○	○	W/O, O/W 타입 특성의 변화 확인	Conductivity merter
	연화점	1, 2								
이화학적 시험	pH	1, 2, 4	○	○	○	○		○	제품이 피부 이상을 발생시키지 않는 pH의 범위 내에 존재하는지 여부 측정	pH 미터
	수분량	1, 2							제품에 함유되어 있는 수분 함량의 변화 측정	수분측정기
	건조감량	4							수분 및 휘발성분(에탄올, 이소프로필알코올, 다가알코올의 프로필렌글리콜 및 1,3-부틸렌글리콜, 저분자량의 환상/쇄상 실리콘류, 저비점 탄화수소 등)의 총함량 변화 측정	건조감량
미생물시험		1, 4	○	○	○	○	○	○	제품 내에서 온도 변화와 시간 경과에 따른 미생물의 증식 여부 평가	미생물 배양시험

1) 근거자료 : 1. 21세기 화장품학, 고영수, 화장품신문, p.119-127
2. 新化粧品學, 光井武夫編, 南山堂, p.201-208
3. 香粧品科學, 田村健夫·廣田傳, Fragrance Journal, p.589-608.
4. Handbook of cosmetic science and technology, J. Knowlton and S. Pearce, Elsevier advanced technology, p.435-457.

표 2-41. 개봉 전·후 크림의 사용기한 설정을 위한 시험성적표

개봉 전 사용기한 시험 성적						
제품유형 : 크림		제품명 :			제조년월일 :	
관찰 및 측정방법		시험방법	24개월	30개월	36개월	비고
성상	색상의 변화	색차계				
	변취	관능시험				
	기포	육안관찰				
	응고	육안관찰				
	곰팡이	육안관찰				
	분리	육안관찰				
	gel화	육안관찰				
물리적시험	원심분리	원심분리기				
	점도	점도계				
	입자도	Particle size analyzer				
	전도도	Conductivity merter				
이화학적시험	pH	pH 미터				
미생물시험		미생물 배양시험				

개봉 후 사용기한 시험 성적							
제품유형 : 크림		제품명 :				제조년월일 :	
관찰 및 측정방법		시험방법		초기	2주	4주	비고
성상	변색	관능평가	○				
		색차계	△				
	변취	관능평가	○				
	부유물/침전물/석출물	탁도	△				
		관능평가	○				
	분리	관능평가	○				
		전기전도도	△				
	묽어짐	점도계	○				
		사용감	△				
이화학적시험	pH	pH 미터	○				
미생물시험		방부력	○				
		미생물오염도	○				

표 2-42. 색조화장품 사용기한 설정 근거

관찰 및 측정항목		근거[1)]	Foundation	Powder	Eye shadow or Blusher	Lip stick	설정사유	시험방법
성상	색상의 변화	1, 2, 3, 4	○	○	○	○	색상의 변화는 화장품이 가지는 아름다운 외관, 이미지가 손실되기 때문에 측정	색차계
	변취	1, 2, 3, 4	○	○	○	○	변취는 유해 물질 생성의 증거가 되기도 하며 화장품 사용감에 영향을 미치기 때문에 측정	관능시험
	이물혼합	1, 2						
	부유물	1, 2						
	침전물	1, 2, 3						
	투명도	1, 2						
	발한	1, 2, 3				○	립스틱의 외관 변화 관찰	육안관찰
	발분	1, 2, 3				○	립스틱의 외관 변화 관찰	육안관찰
	기포	1, 2	○				파운데이션의 유화 상태 변화 관찰	육안관찰
	빙결	1, 2, 3	○				파운데이션의 성상 변화 관찰	육안관찰
	응고	1, 2, 3	○				파운데이션의 성상 변화 관찰	육안관찰
	곰팡이	1, 2	○	○	○		곰팡이에 의한 성상 변화 관찰	육안관찰
	분리	1, 2, 3, 4	○				파운데이션의 유화 상태 변화 관찰	육안관찰
	균열	1, 2			○		성형파우더 및 립스틱의 균열 관찰	육안관찰
	gel화	1, 2, 3	○				파운데이션의 유화 상태 변화 관찰	육안관찰
	광택	1, 2						
	함몰	1, 2						
	탁도	1, 2					립스틱의 굳기 변화 측정	경도계
물리적시험	경도	1, 2					점도의 경시변화에서 유화제의 겔화나 응집 상태를 추측할 수 있기 때문에 측정	점도계
	점도	1, 2, 3, 4	○					
	입자도	1, 2						
	전도도	1, 2						
	연화점	1, 2						
이화학적 시험	pH	1 ,2, 4	○	○	○	○	제품이 피부 이상을 발생시키지 않는 pH의 범위 내에 존재하는지 여부의 측정	pH 미터
	수분량	1, 2					제품에 함유되어 있는 수분 함량의 변화 측정	수분측정기
	건조감량	4					수분 및 휘발성분(에탄올, 이소프로필알코올, 다가알코올의 프로필렌글리콜 및 1,3-부틸렌글리콜, 저분자량의 환상/쇄상 실리콘류, 저비점 탄화수소 등)의 총함량 변화 측정	건조감량
미생물시험		1, 4	○	○	○	○	제품 내에서 온도 변화와 시간 경과에 따른 미생물의 증식 여부 평가	미생물 배양시험

1) 근거자료 : 1. 21세기 화장품학, 고영수, 화장품신문, p.119-127
2. 新化粧品學, 光井武夫編, 南山堂, p.201-208
3. 香粧品科學, 田村健夫·廣田傳, Fragrance Journal, p.589-608.
4. Handbook of cosmetic science and technology, J. Knowlton and S. Pearce, Elsevier advanced technology, p.435-457.

표 2-43. 개봉 전·후 립스틱의 사용기한 설정을 위한 시험성적표

개봉 전 사용기한 시험 성적						
제품유형 : 립스틱		제품명 :			제조년월일 :	
관찰 및 측정방법		시험방법	24개월	30개월	36개월	비고
성상	색상의 변화	색차계				
	변취	관능시험				
	발한	육안관찰				
	발분	육안관찰				
이화학적시험	pH	pH 미터				
미생물시험		미생물 배양시험				

개봉 후 사용기한 시험 성적							
제품유형 : 립스틱		제품명 :				제조년월일 :	
관찰 및 측정방법		시험방법		초기	2주	4주	비고
성상	변색	관능평가	○				
		색차계	△				
	변취	관능평가	○				
	부유물/침전물/석출물	관능평가	○				
	묽어짐	사용감	△				
이화학적시험	pH	pH미터	△				
미생물시험		방부력	△				
		미생물오염도	○				
미용도구의 변형			△				

3. 안정성 평가항목

안정성 평가의 일반시험 항목 대부분 관능평가로 이루어진다. 균등성, 향취 및 색상, 사용감 등은 5점법이나 OX 등 표준화된 척도에 따라 안정성의 범위를 결정한다.

(1) 물리적 시험 항목

① 비중 : 액체류는 비중계를 이용하지만 로션이나 크림과 같이 제형은 밀도계(다양한 제형의 밀도 측정)를 이용하여 측정할 수 있다. 보통 큰 용기에 물과 비교하여 무게를 측정하여 비중을 측정하기도 한다.

② 경도 : 흐름이 있는 제품은 점도(viscosity), 흐름성이 없는 제품은 경도(hardness)를 측정한다. 경도는 레오미터(rheometer)를 이용하여 측정하며, 일반적으로 직경 1cm의 둥근 원기둥 probe가 내용물에 1cm 잠길 때 걸리는 하중(g)으로 나타낸다.

㉠ **pH** : 유리전극 pH 측정기를 이용한다. 일반적인 pH 범위는 3.0~9.0이어야 한다.

㉡ **점도** : 흐름이 있는 제품은 점도를 측정한다(4. 화장품 화학 참조). 점도는 대부분 Brookfield 점도계(viscomter)를 이용하여 측정한다. 점도의 크기에 따라 spindle이 선정되어야 하며, 주어진 spindle의 회전 속도(rpm)와 시간(min)에서 점도를 측정한다. 유사한 제품의 점도를 상호 비교하는 경우는 온도를 포함하여 측정 조건이 동일하여야 한다[83].

㉢ **유화 입자** : 로션, 크림과 같은 에멀션(유화제품)의 경우 유화 입자를 관찰하는 것은 필수다. 유화 입자는 광학현미경을 통해 관찰한다(화장품 화학, 4.4. 가용화와 유화). 카메라가 부착되어 있으면 시간에 따른 입자 크기를 비교할 수 있어 좋다. 에멀션은 열역학적으로 안정하지 않으므로, 이의 결과로 나타나는 현상 중 유화 입자의 크기가 증가한다는 것이다. 따라서 유화 입자 관찰은 초기 입자의 크기는 물론 시간에 따른 입자 크기를 비교하여 안정도를 예측하는 데 사용된다. 또한 실험실에서 최종 결정된 좋은 제품을 현장에서 대량생산하는 경우, 기본적으로 유화시간에 따른 입자 크기로 판단한다.

(2) 화학적 시험 항목

화장품 시험법[84]을 참고할 수 있고, 미생물학적 시험은 화장품 미생물한도 시험법 가이드라인(화장품 원료, 3.11. 방부제)을 참고하면 좋다.

표 2-44. 화장품 용기 재질 및 형태

재료	세부재료
유리	투명유리, 착색유리, 관병, 옥병, 아라바스타, 폴리, 크리스탈 유리 등
금속	알루미늄, 스테인리스, 황동, 단동, 인청동, 알루미늄합금, 아연합금, 주석, 주석합금 등
플라스틱	폴리에틸렌(PE), 폴리프로필렌(PP), 폴리에틸렌텔레프탈레이트(PET), 폴리염화비닐(PVC), 아크로니트릴스틸렌 수지(AS), 아크로니트릴 브타티엔수지(ABS), 폴리스틸렌(PS), 폴리메틸펜텐(TPX), 나이론, 에틸렌비닐알코올수지(EVOH), 폴리부틸렌텔레프탈레이트(PBT), 폴리카보네이트(PC), 폴리아크로니트릴수지, 우레아수지, 폴리아세탈수지(POM), 아이오노마수지, 아릴수지, 아크로니트릴부타디엔 고무(NBR), 폴리우에탄, 폴리비닐알코올(PVA), 에틸렌비닐아세테이트(EVAC), 그 외 엘라스토머 소재 등

형태	제품유형	형태	제품유형
세구병	화장수, 유액, 에나멜, 향수 등	파우더 용기	루스파우더 등
광구병	크림, 파운데이션 등	펜실용기	아이라이너, 아이브로우, 립펜슬 등
반복 꺼냄 용기	베니, 스틱파운데이션, 스틱아이섀도 등	디스펜서식 용기	샴푸, 린스, 유액, 화장수 등
튜브	크림, 파운데이션 등	아트마이저식 용기	향수, 오데코롱, 헤어미스트 등
콤팩트 용기	고형파운데이션, 아이섀도, 브로셔 등	헤어졸 용기	헤어스프레이, 무스, 파우더, 스프레이 등
세신원통상 용기	마스카라, 아이라이너 등	파우치 팩	입욕제 등

83 연제영 등, 유화제의 HLB에 따른 O/W 및 W/S 에멀션의 유화 안정성에 관한 연구, J. Soc. Cosmet. Scientists Korea, 40(3), 227-236(2014)
84 화장품 시험법, 식품의약품안전처(2016.11)

표 2-43. 화장품 용기 시험 항목

- 시험항목
  - 성능평가 : 사용의 편리성, 미려성, 포장작업의 용이성(경제성 관련)
  - 안전성 평가
    - 강도시험(오염 방지 등)
    - 화학시험
      - 재질 중에 포함되어 있는 물질의 종류량 체크
      - 재질 중에 포함되어 있는 용출 정도 체크
    - 생물시험
      - 원료의 독성시험
      - 용출물의 독성시험
    - 미생물시험 – 오염 정도의 체크
    - 오염시험 – 잔류물, 소재의 열화도 체크(반복 사용되는 용기)

용기 적합성 시험은 내용물 및 용기의 두 가지 측면이 있다. 내용물 측면에서는 내용물을 정해진 포장용기에 넣은 후, 상기 기술된 안정성시험을 진행하여 기준에 따라 내용물의 안정도를 평가하면 된다. 용기 측면에서는 내용물을 정해진 포장용기에 넣은 후, 시간에 따른 용기의 변화 상태를 시험(예 누액시험, 용출시험, 흡수시험 등)한다. 또한 용기 자체의 품질관리를 위한 시험이 따로 있다.

4. 안정성 평가

상기 기술된 최종 제품 또는 유통 제품에 대한 안정성 평가 외에 화장품 처방 개발자는 개발 시 수시로 안정성 평가를 해야 한다. 그러나 다양한 제품군, 많은 제품을 실험하다 보면 안정성 평가를 제때에 하지 못하는 경우가 생기며, 안정성 관찰 및 확보가 미흡한 제품을 시간에 쫓겨 그대로 현장에서 생산하는 경우가 발생하기도 한다. 다행히 문제가 발생하지 않으면 이상이 없으나, 그렇지 않은 경우 회사 경영상 손해로 결국 담당자가 회사를 떠나기도 한다.

안정성을 잘 관찰하는 것도 중요하지만, 안정한 제품을 만드는 것이 더욱 중요하다. 안정한 제품을 만드는 방법이야 여러 가지가 있겠지만, 처방에 대한 이해와 처방을 구성하는 원료들에 대한 많은 정보를 알아야 한다.

또한 각 제품마다 안정도를 관찰하는 표를 작성하여 수행하지만, 어떤 제품에서는 어떤 안정도 항목이 중요하고, 문제가 발생하지 않은 정도의 기준이 어느 정도인가 알아야 한다.

06 화장품 안전성

화장품의 품질특성/요건은 안전성, 사용성, 안정성 및 유효성이다(화장품 개론 참고). 이 중에서도 안전성은 아주 중요한 요인이다. 화장품은 의약품과는 달리 피부를 상대로 매일 사용하며, 장기간에 걸쳐 사용하는 물품으로 절대적으로 안전성이 확보되어야 한다(피부 부작용이 없어야 한다).

표 2-45. 화장품과 의약품의 차이

구분	화장품	의약품	의약외품
사용 목적	미용, 세정	진단, 예방, 치료	위생 상태 유지, 청결
효능	제한적	제한이 없음	효능, 효과의 범위가 일정
사용기간	장기간, 지속적	일정 기간	장기간, 지속적
부작용	없어야 함	있을 수 있음	없어야 함

식약처 규정[85]에 의하면 화장품에 사용할 수 없는 원료(별표 1)와 사용상의 제한이 필요한 원료(별표 2)에 대한 기준이 규정되어 있다. 별표 1의 성분은 이미 화장품 원료로 사용할 수 없도록 대한화장품협회 성분사전에 등록되어 있지 않으며, 원료에 첨가제나 불순물로 함유되지 않도록 하여야 한다고 규정되어 있다. 별표 2의 성분에는

① 살균 · 보존제 성분(일명 방부제 성분)은 각 원료마다 사용한도가 규정되어 있으며 대부분 부작용을 줄 수 있는 원료이다. 사용한도가 규정되어 있지만 사용하지 못하는 원료가 아님에도 몇몇 원료의 경우는 사용하면 안 되는 원료로 취급되기도 한다. 최근에는 방부제로 분류되어 있지 않은 방부력이 있는 원료를 사용하기도 한다. 이런 이유에서 천연방부제로 기존 합성된 방부제가 아닌 원료의 개발에 많은 관심을 보이고 있으며, 일부 상업화되어 사용되고 있다[86].

② 자외선 차단 성분도 각 원료마다 사용한도가 규정되어 있으며, 살균 · 보존제 성분과 마찬가지로 일부 몇몇 원료의 경우는 피부 부작용 우려(화장품 원료, 3.8. 자외선차단제)로 사용하면 안 되는 원료로 취급되고 있다. 또한 사용 가능한 원료가 변경될 수 있으므로 관심 있게 보아야 한다.

85 화장품 안전기준 등에 관한 규정, 식품의약품안전처 고시 제2017-41호(2017.05.23)

86 김미진 등, 천연방부제로서 항균오일의 항균력 비교, J. Soc. Cosmet. Sci. Korea, 32(2), 99-103(2006) / 김소희 등, 화장품 성분들의 세균에 대한 항균 시너지 효과 연구, J. Soc. Cosmet. Sci. Korea, 44(1), 1-7(2018) / 박성민 등, 다가알코올로부터 추출된 황금, 아카시아, 한라봉 추출물의 천연 방부시스템 연구, Korean Society for Biotechnology and Bioengineering Journal, 26, 533-537(2011)

③ 기타로 일부 색소, 향료 등 원료들이 사용한도가 규정되어 있다. 또한 유통화장품의 안전관리 기준이 규정되어 있다. 인위적으로 첨가하지 않았으나 제조/보관 과정 중 포장재로부터 이행되는 등 비의도적으로 유래된 사실이 객관적인 자료로 확인되고 기술적으로 완전한 제거가 불가능한 경우 해당 물질의 검출 허용 한도는 다음과 같다. 이외에도 미생물한도가 규정되어 있다.

표 2-46. 관리대상 물질의 검출 한도

관리대상 물질	법적 기준(한국)	법적 기준(중국)	비고
납	20ppm 이하	10ppm 이하	점토를 원료로 사용한 분말제품, 50 ppm 이하
비소	10ppm 이하	2ppm 이하	
수은	1ppm 이하	1ppm 이하	
안티몬	10ppm 이하		
카드뮴	5ppm 이하	5ppm 이하	
1, 4-다이옥산	100ppm 이하	30ppm 이하	
석면	불검출	동일	
메탄올	0.2%(v/v) 이하	0.2%(v/v) 이하	물휴지, 0.002%(v/v) 이하
포름알데히드	2000ppm 이하		물휴지, 20 ppm 이하
프탈레이트류	100ppm 이하		디뷰틸프탈레이트, 부틸벤질프탈레이트, 디에칠헥실프탈레이트

일반적으로 피부 부작용을 유발할 가능성이 높은 화장품 원료는 상기 기술된 일부 살균·보존제(일명 방부제), 자외선차단제, 색소, 향료 외에도 일부 계면활성제, 활성이 높은 원료들이다.

2013년 개정된 화장품 안전성 정보관리 규정[87]의 목적은 화장품의 취급·사용 시 인지되는 안전성 관련 정보를 체계적이고 효율적으로 수집·검토·평가하여 적절한 안전대책을 강구함으로써 국민 보건상의 위해를 방지함에 있다. 이 고시에는 안전성(부작용)과 관련하여 유해사례(adverse event/adverse experience, AE), 중대한 유해사례(serious AE), 실마리 정보(signal)에 대한 용어가 정의되어 있다. 이 중에서 실마리 정보는 유해사례와 화장품 간의 인과관계 가능성이 있다고 보고된 정보로서 그 인과관계가 알려지지 아니하거나 입증 자료가 불충분한 것을 말한다.

소비자안전센터의 화장품 부작용 모니터링[88]에 의하면 화장품은 알레르기성 접촉피부염과 광과민성 접촉피부염을 유발할 수 있는 가장 중요한 원인물질로 알려져 있다. 화장품 사용자 중 2% 미만에서 부작용을 호소하는 것으로 보고되었고, 이 중 알레르기성 접촉피부염이 10% 미만으로 보고하고 있다.

87 화장품 안전성 정보관리 규정 식품의약품안전처고시 제2017-115호(2017.12.29)

88 화장품 부작용 모니터링, 소비자안전센터(2010.12)

또한 부작용에 영향을 미치는 요인으로는 피부에 접촉되는 강도(씻어내는 제품의 경우 그 정도가 낮음), 적용되는 부위(눈 주위의 경우 피부의 다른 부위보다 더 민감하다고 알려져 있음), 제품의 pH(알칼리 제품의 경우 피부 부작용의 빈도가 높음), 휘발성 물질(에탄올, 향, 분무제 등) 등이 있다.

화장품의 부작용을 볼 때, 화장품의 관점과 고객의 관점으로 구분할 필요가 있다. 최근 맞춤형화장품(화장품법, 2020.03.14 시행)과는 달리 1종의 화장품으로 다수의 고객이 사용하는 제품이라면 더욱 그렇다. 피부가 민감한 고객의 경우는 화장품 선택 시 좀 더 주의를 기울여야만 한다.

화장품의 부작용은 치명적이지 않다면 유통에 따라 일정 비율은 이해하고 넘어가기도 한다. 하지만 일부 제품에서의 보관상 문제에 의한 안정성, 일부 고객에서만 나타나는 부작용에 의한 안전성 문제가 아닌 대다수 제품에서 나타나는 치명적인 결함이 발생하면 업(業)의 폐쇄까지도 고민해야 하는 상황이 발생할 수도 있다.

화장품의 부작용은 농도에 의존하는 자극(irritation)과 농도와 무관한 알레르기(allergy)로 구분될 수 있다. 특정 원료에 대한 알레르기성 부작용은 화장품 공급자와 고객 모두가 노력해야 하며, 자극성 부작용은 원료 공급자, 화장품 공급자 등 개발자들이 부단히 노력을 하여야 한다.

표 2-47. 화장품 부작용

종류	현상	요인	성분
알레르기성 접촉피부염	가려움, 홍반, 좁쌀, 부음	• 특정성분에 대한 알레르기 반응 - 알레르겐, 항원	• 파라벤, 다이아졸리디닐우레아 • 신나믹화합물, 자외선차단제 • 라놀린, 프로필렌글리콜 • 레티놀, 알부틴
자극성 접촉피부염	따가움	• 비특이적인 자극물질 - 일시적으로 따가움을 느낌 - 피부 컨디션이 나쁘면 따가움, 화끈거림 반복 • 건조한 피부 • 건조한 계절 및 환경 • 먼지, 공해, 자외선이 강한 환경	• 벤조익애씨드, 브로노폴 • 신나믹애씨드 화합물 • 락틱에씨드, 프로필렌글리콜 • 비이온성 계면활성제, 소듐라우릴설페이트 • 4급 암모늄화합물, 우레아 • 알파하이드록시애씨드, 살리실릭애씨드 • 무리한 각질제거, 무리한 딥글렌징
기타	가려움, 홍반 여드름, 뾰루지	• 광알레르기성 피부염 • 화장품 변경	• 자외선차단제, 살균제, 향료 등

일반 화장품에 사용하는 원료 또는 신 원료라 하더라도 화장품 안전기준 등에 관한 규정(식약처 고시 제2017-114호)에서 사용할 수 없는 원료, 사용상의 제한이 필요한 원료가 아니면 자유롭게 사용할 수 있다. 그러나 기능성화장품은 일반 화장품보다는 좀 더 기능이 요구되는 화장품으로 유효성 외에도 안전성에

관한 자료를 제출하도록 하고 있다[89].

① 단회투여독성시험자료

② 1차피부자극시험자료

③ 안점막자극 또는 기타점막자극시험자료

④ 피부감작성시험자료

⑤ 광독성 및 광감작성시험자료(자외선에서 흡수가 없음을 입증하는 흡광도시험자료를 제출하는 경우에는 면제함)

⑥ 인체첩포시험자료

⑦ 인체누적첩포시험자료(인체적용시험자료에서 피부이상반응 발생 등 안전성 문제가 우려된다고 판단되는 경우에 한함)

상기 안전성을 입증하는 시험에는 인체 외에 동물시험이 포함되어 있다. 국내에서는 2017년 동물시험을 금지하는 화장품법의 시행(제15조의2, 동물실험을 실시한 화장품 등의 유통판매 금지)으로 동물대체시험법에 대한 관심이 더욱 높아졌으며, 2017년부터 동물대체시험법 가이드라인[90]이 발표되고 있다.

화장품의 피부에 대한 안전성을 높이기 위해 기능성화장품에 효능을 주는 원료가 아니더라도, 신 원료를 처방한 화장품 또는 신 처방의 화장품의 경우도 개발자에 따라서는 안전성을 확인하는 시험을 진행하고 있다. 좀 더 일반적이고 낮은 비용으로 인체첩포시험(patch test)을 실시하며, 이들 자료를 기초 자료로 활용하고 있다.

선진 기업에서는 오래전부터 인공피부를 개발하여 동물시험을 대체할 수 있는 연구들을 진행해왔다. 대표적으로 로레알이 실제 사람의 피부에 가까운 인공피부인 에피스킨(Episkin)을 개발하는 데 성공했다[91]. 로레알 측은 에피스킨이 피부과학에 대한 지식 배양은 물론 지금까지 화장품 성분 및 원료들의 효능을 시험하기 위해 사용되어 왔던 동물들을 대체할 수 있는 획기적인 전기를 마련한 것으로 발표하였다.

국내에서도 인공피부가 바이오솔루션[http://www.keraskin.co.kr/]에 의해 개발되었으며, 이를 이용하여 안전성 및 유효성 평가를 진행할 수 있는 것으로 발표하였다. 지난 2013년 저자가 참여한 국책과제[92]에 인공피부를 이용한 안전성 평가 사례 등 다양한 연구[93]가 보고되었다.

89 기능성화장품 심사에 관한 규정, 식품의약품안전처고시 제2017-42호(2017.05.23)

90 한국동물대체시험법검증센터, 식품의약품안전처

91 로레알 인공피부 에피스킨 개발, 화장품신문(2000.07.02)

92 지역특화산업육성(R&D) 기술개발사업에 의한 "적하수오 유래 주름 개선제 및 기능성화장품 개발"(수행기간 : 2013.06.~2015.05.)

93 이동혁 등, 콜라겐과 무세포진피를 이용한 혼합형 인공피부 개발 및 쥐 모델에서 창상치료 적용, Korean Society for Biotechnology and Bioengineering Journal, 29(1), 42-49(2014)

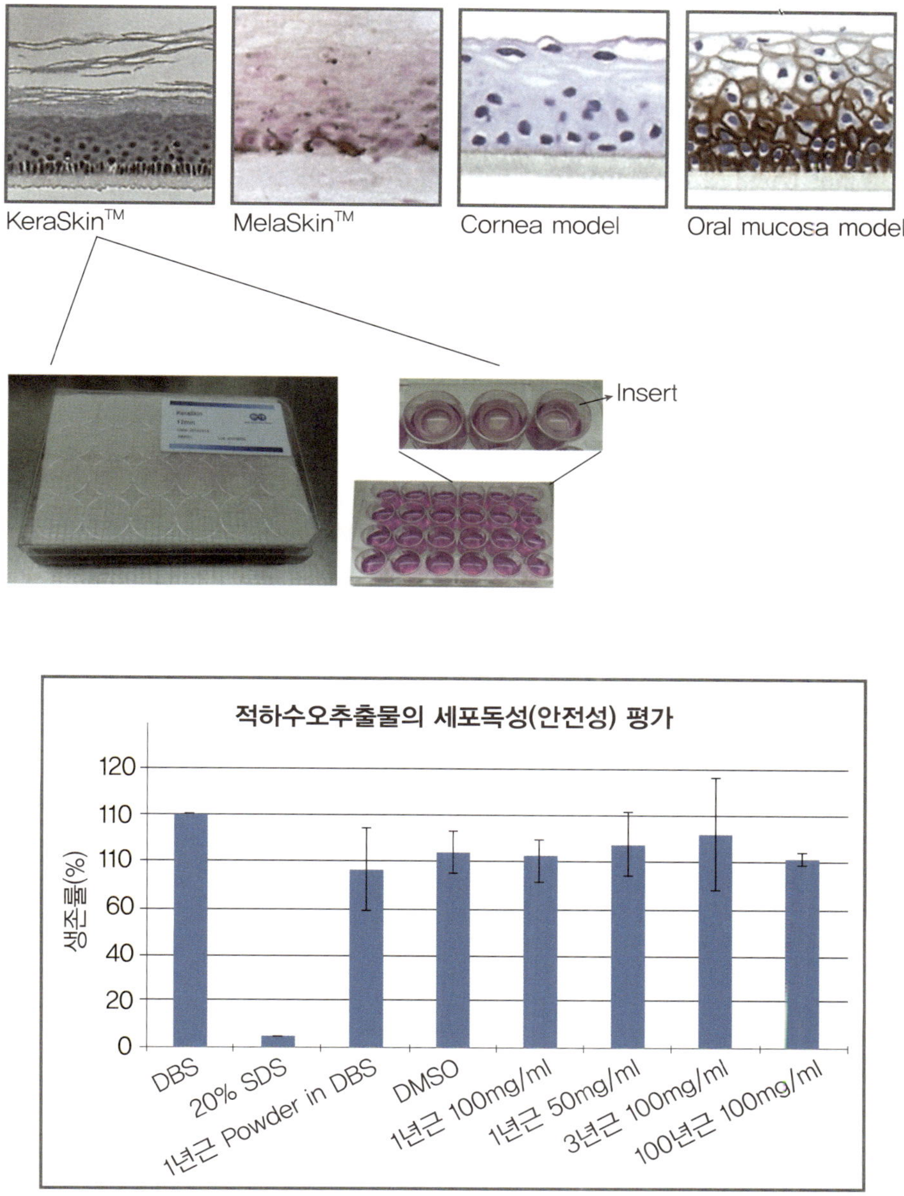

그림 2-109. 인공피부 및 인공피부를 이용한 신규 원료의 안전성 평가 사례

07 화장품 유효성

화장품의 품질특성/요건은 안전성, 사용성, 안정성 및 유효성이다(화장품 개론 참고). 국내에서도 1980년대에 들어 바이오화장품이 출시되면서 안전성과 함께 유효성이 중시되기 시작하였다. 이후 리포좀(나노) 화장품, 한방화장품이 유행하였고, 특히 2000년 화장품법 제정과 함께 기능성화장품이 법제화되면서 유효성(효능 · 효과)은 유행이 아니라 지속적인 관심 대상이 되었다.

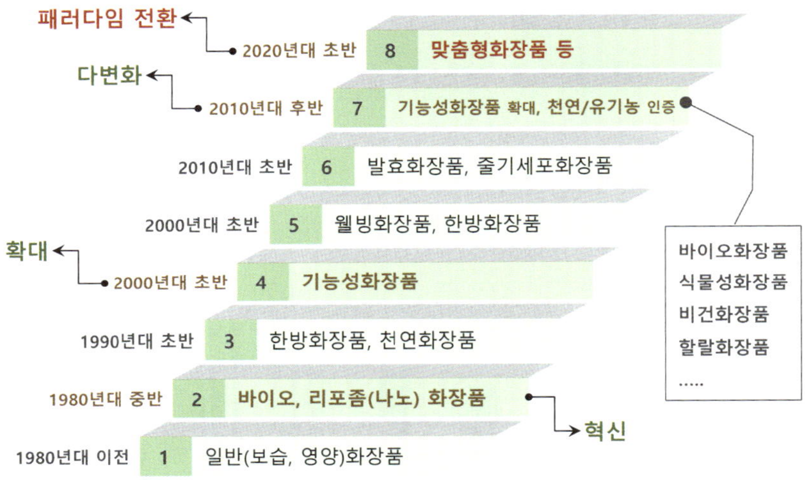

그림 2-110. 화장품산업 변천

지난 2011년에 화장품 표시 · 광고 관리 가이드라인이 제정되고, 2015년에 시행되기 전에는 화장품의 유형별 효능 · 효과가 제시되어 있어, 이 한도 내에서만 화장품의 유효성에 대해 표시를 할 수 있었다. 그러나 화장품 판매업자 측면에서는 더욱 강한 유효성의 표현을 하고자 하였으며, 현재도 표현 가능한 범위를 벗어나는 표기를 함으로써 식약처에 의해 제재를 받고 있다.

표 2-48. 화장품 유형별 분류(화장품법 시행규칙)

유형분류명	소분류명
영·유아용 제품류	영·유아용 샴푸, 영·유아용 린스, 영·유아용 로션, 영·유아용 크림, 영·유아용 오일, 영·유아인체 세정용 제품, 영·유아 목욕용 제품
목욕용 제품류	목욕용 오일·정제·캡슐, 목욕용 소금류, 버블 배스, 그 밖의 목욕용 제품류
인체 세정용 제품류	폼 클렌저, 바디 클렌저, 액체 비누, 외음부 세정제, 물휴지, 그 밖의 인체 세정용 제품류
눈 화장용 제품류	아이브로우 펜슬, 아이라이너, 아이섀도, 마스카라, 아이메이크업 리무버, 그 밖의 눈 화장용 제품류
방향용 제품류	향수, 분말향, 향낭, 코롱, 그 밖의 방향용 제품류
두발 염색용 제품류	헤어 틴트, 헤어 컬러스프레이, 그 밖의 두발 염색용 제품류
색조 화장용 제품류	볼연지, 페이스 파우더, 페이스 케이크, 리퀴드·크림·케이크 파운데이션, 메이크업 베이스, 메이크업 픽서티브, 립스틱, 립라이너, 립글로스, 립밤, 바디페인팅, 페이스페인팅, 분장용 제품, 그 밖의 색조 화장용 제품류
두발용 제품류	헤어 컨디셔너, 헤어 토닉, 헤어 그루밍 에이드, 헤어 크림·로션, 헤어 오일, 포마드, 헤어 스프레이·무스·왁스·젤, 샴푸, 린스, 퍼머넌트 웨이브, 헤어 스트레이트너, 그 밖의 두발용 제품류
손·발톱용 제품류	베이스코트, 언더코트, 네일폴리시, 네일에나멜, 탑코트, 네일 크림·로션·에센스, 네일폴리시·네일에나멜 리무버, 그 밖의 손·발톱용 제품류
면도용 제품류	애프터셰이브 로션, 남성용 탤컴, 프리셰이브 로션, 셰이빙 크림, 셰이빙 폼, 그 밖의 면도용 제품류
기초화장용 제품류	수렴·유연·영양 화장수, 마사지 크림, 에센스, 오일, 파우더, 바디 제품, 팩, 마스크, 눈 주위 제품, 로션, 크림, 손·발의 피부연화 제품, 클렌징 워터, 클렌징 오일, 클렌징 로션, 클렌징 크림 등 메이크업 리무버, 그 밖의 기초화장용 제품류
체취 방지용 제품류	데오도런트, 그 밖의 체취 방지용 제품류

화장품 표시 · 광고 관리 가이드라인에 의한 화장품 표시 · 광고의 표현 범위 및 기준은 다음과 같다.

표 2-49. 화장품법 13조 제1항 제1호 관련

구분	금지표현
질병을 진단·치료·경감·처치 또는 예방, 의학적 효능·효과 관련	• 아토피 • 모낭충 • 심신피로 회복 • 건선 • 노인소양증 • 살균·소독 • 항염·진통 • 해독 • 이뇨 • 항암 • 항진균·항바이러스 • 근육 이완 • 통증 경감 • 면역 강화, 항알레르기 • 찰과상, 화상 치료·회복 • 관절, 림프선 등 피부 이외 신체 특정 부위에 사용하여 의학적 효능·효과 표방 • 여드름 • 기미, 주근깨(과색소침착증) • 항균

구분	금지표현
피부 관련 표현	• 임신선, 튼살 • 기저귀 발진 • 피부 독소를 제거한다(디톡스, detox). • 피부의 손상을 회복 또는 복구한다. • 상처로 인한 반흔을 제거 또는 완화한다. • ○○○의 흔적을 없애준다. 〈예시〉 • 여드름, 흉터의 흔적을 제거한다. • 홍조, 홍반을 개선, 제거한다.('메이크업을 통해 홍조, 홍반을 가려준다'는 제외) • 가려움을 완화한다(피부건조에 기인한 가려움 완화는 제외). • 뾰루지를 개선한다. • 피부노화 • 셀룰라이트 • 부기·다크서클 • 피부구성 물질(예 효소, 콜라겐 등)을 증가, 감소 또는 활성화시킨다.
모발 관련 표현	• 발모 • 탈모 방지, 양모 • 모발의 손상을 회복 또는 복구한다. • 제모에 사용한다. • 빠지는 모발을 감소시킨다. • 모발 등의 성장을 촉진 또는 억제한다. • 모발의 두께를 증가시킨다. • 속눈썹, 눈썹이 자란다.
생리활성 관련	• 혈액순환 • 호르몬 분비 촉진 등 내분비 작용 • 질 내 산도 유지, 질염 예방 • 피부재생, 세포재생 • 유익균의 균형 보호 • 땀 발생을 억제한다. • 세포 성장을 촉진한다. • 세포 활력(증가), 세포 또는 유전자(DNA) 활성화
신체 개선 표현	• 다이어트, 체중 감량 • 얼굴 윤곽 개선, V라인 • 피하지방 분해 • 체형 변화 • 몸매 개선, 신체 일부를 날씬하게 한다. • 가슴에 탄력을 주거나 확대시킨다. • 얼굴 크기가 작아진다.
원료 관련 표현	• 원료 관련 설명 시 의약품 오인 우려 표현 사용
기타	• 메디신(medicine), 드러그(drug), 코스메슈티컬(cosmeceutical) 등을 사용한 의약품 오인 우려 표현

표 2-50. 화장품법 13조 제1항 제2호, 제3호 관련

구분	금지표현
기능성 관련 표현	• 기능성 화장품 심사(보고)하지 아니한 제품에 미백, 화이트닝(whitening), 주름(링클, wrinkle) 개선, 자외선(UV) 차단 관련 표현 • 기능성화장품 심사(보고) 결과와 다른 내용의 표시·광고 또는 기능성화장품 안전성·유효성에 관한 심사를 받은 범위를 벗어나는 표시·광고
원료 관련 표현	• 기능성화장품으로 심사(보고)하지 아니한 제품에 '식약처 미백 고시성분 OO 함유' 등의 표현 • 기능성 효능·효과 성분이 아닌 다른 성분으로 기능성을 표방하는 표현 • 원료 관련 설명 시 기능성 오인 우려 표현 사용(주름 개선 효과가 있는 OO 원료)
유기농화장품 관련	• 식품의약품안전처장이 정한 유기농화장품 기준에 적합하지 않은 제품에 '유기농(organic)' 관련 표현

표 2-51. 화장품법 13조 제1항 제4호 관련

구분	금지표현
특정인 또는 기관의 지정, 공인 관련	• OO 아토피 협회 인증 화장품 • OO 의료기관의 첨단기술의 정수가 탄생시킨 화장품 • OO 대학교 출신 의사가 공동개발한 화장품 • OO 의사가 개발한 화장품 • OO 병원에서 추천하는 안전한 화장품
화장품의 범위를 벗어나는 광고	• 체내 노폐물 제거(피부·모공 노폐물 제거 관련 표현 제외) • 배합금지 원료를 사용하지 않았다는 표현(무첨가, free 포함) 〈예시〉 • 無(무) 스테로이드, 無(무) 벤조피렌 등 • 부작용이 전혀 없다. • 먹을 수 있다. • 일시적 악화(명현현상)가 있을 수 있다. • 필러(filler), 지방 볼륨 생성 • 보톡스 • 레이저, 카복시 등 시술 관련 표현
줄기세포 관련 표현	• 특정인의 '인체 세포·조직 배양액' 기원 표현 • 줄기세포가 들어 있는 것으로 오인할 수 있는 표현(다만, 식물줄기세포 함유 화장품의 경우에는 제외) 〈예시〉 줄기세포 화장품, stem cell, ○억 세포 등
저속하거나 혐오감을 줄 수 있는 표현	• 성생활에 도움을 줄 수 있음을 암시하는 표현 - 여성크림, 성 윤활작용 - 쾌감을 증대시킨다. - 질 보습, 질 수축 작용 • 저속하거나 혐오감을 주는 표시 및 광고 - 성기 사진 등의 여과 없는 게시 - 남녀의 성행위를 묘사하는 표시 또는 광고
그 밖의 기타 표현	• 동 제품은 식품의약품안전처 허가, 인증을 받은 제품임

또한 화장품 표시 · 광고 주요 실증 대상은 다음과 같다.

표 2-52. 화장품 표시·광고 주요 실증 대상

구분	실증 대상	비고
1.「화장품 표시·광고 실증에 관한 규정」(식약처 고시) 별표에 따른 표현	• 여드름성 피부에 사용 적합 • 항균(인체 세정용 제품에 한함) • 일시적 셀룰라이트 감소 • 부기 완화 • 다크서클 완화 • 피부 혈행 개선	• 인체적용시험 자료로 입증
	• 피부노화 완화, 안티에이징, 피부노화 징후 감소	• 인체적용시험 자료 또는 인체 외 시험자료로 입증
	• 콜라겐 증가, 감소 또는 활성화 • 효소 증가, 감소 또는 활성화	• 기능성화장품에서 해당 기능을 실증한 자료로 입증
	• 기미, 주근깨 완화에 도움	• 미백 기능성화장품 심사(보고) 자료로 입증
2. 효능·효과·품질에 관한 내용	• 화장품의 효능·효과에 관한 내용 〈예시〉 수분감 30% 개선효과, 피부결 20% 개선, 2주 경과 후 피부톤 개선	• 인체적용시험 자료 또는 인체 외 시험자료로 입증
	• 시험·검사와 관련된 표현 〈예시〉 피부과 테스트 완료, ○○시험검사기관의 ○○ 효과 입증	
	• 제품에 특정성분이 들어 있지 않다는 '무(無) ○○' 표현	• 시험분석자료로 입증 – 단, 특정성분이 타 물질로의 변환 가능성이 없으면서 시험으로 해당 성분 함유 여부에 대한 입증이 불가능한 특별한 사정이 있는 경우에는 예외적으로 제조관리기록서나 원료시험성적서 등 활용
	• 타 제품과 비교하는 내용의 표시·광고 〈예시〉 "○○보다 지속력이 5배 높음"	• 인체적용시험 자료 또는 인체 외 시험자료로 입증

2017년 5월 기능성화장품 범위 확대가 시행되었다(화장품 개론, 3. 기능성화장품 확대). 기존 미백, 주름 개선, 자외선 차단 관련 기능성화장품에 예전 의약외품에서 전환된 염모제, 탈염 · 탈색제, 제모제, 탈모방지제, 여드름성 피부 완화에 도움을 주는 제제와 신규로 도입된 아토피성 피부로 인한 건조함 등을 완화하는 데 도움을 주는 화장품, 튼살로 인한 붉은 선을 엷게 하는 데 도움을 주는 화장품이 포함되었다. 고시된 성분을 사용한 경우는 기능성화장품 범위 내에서 표시 · 광고를 할 수 있지만, 그렇지 않은 경우는 상기 화

장품 표시 · 광고 주요 실증 대상으로 생각하면 된다.

화장품의 안전성과 유효성을 평가하는 기관들이 다수 활동하고 있다. 이들 기관에서는 화장품에 대한 유효성을 입증하는 인체시험은 물론 원료에 대한 효능을 입증하고자 하는 많은 시험들이 수행되고 있으며, 특히 기능성이 있는 원료를 자체적으로 개발하기 위해서는 다양한 시험관 내 시험(in vitro test)을 습득해야 한다.

① 윤 등[94]은 '맞춤형화장품 소재 개발을 위한 제주 식물 탐색'에서 콜라겐 생성효과와 하이알루로닉애씨드 생성효과를 측정

② 김 등[95]은 '질려자 추출물의 피부 볼륨 증진 및 주름 개선 효과'에서 3T3-L1 지방전구세포의 배양 및 분화 유도, 중성지방 측정, 섬유아세포에서의 콜라겐 합성효과 및 섬유아세포에서의 엘라스틴 합성효과를 측정

③ 김 등[96]은 '연교를 함유한 처방단 추출물의 항노화 효과'에서 자유라디칼 소거효과, 활성산소 소거효과, Tyrosinase 활성 저해효과, 최종당화산물 생성 저해효과, 콜라겐 합성효과, , MMP-1 생성 억제효과 및 멜라닌 생성 억제효과를 측정

④ Park 등[97]은 'Protective effect of Cornus walteri Wangerin leaf against UVB irradiation induced photoaging in human reconstituted skin'에서 엘라스테이즈 활성 억제효과, MMP-1 생성 억제효과 및 프로-염증성 매개체인 사이토카인(IL-6, IL-8) 생성 억제효과를 측정

⑤ 이 등[98]은 '발모효과를 가지는 한방복합처방단'에서 모유두세포(human follicle dermal papilla cell), 케라티노사이트(HaCaT cell) 및 NIH3T3 세포의 증식효과와 멜라닌 합성효과를 측정하였다.

94 윤경섭 등, 맞춤형화장품 소재 개발을 위한 제주 식물 탐색, Journal of Oil & Applied Science, 35(4), 1487-1495(2018)

95 김미진 등, 질려자 추출물의 피부 볼륨 증진 및 주름 개선 효과, Korean Society for Biotechnology and Bioengineering Journal, 31(3), 1-8(2016)

96 김미진 등, 연교를 함유한 처방단 추출물의 항노화 효과', J. Soc. Cosmet. Sci. Korea, 41(1), 85-96(2015)

97 Park et al., Protective effect of Cornus walteri Wangerin leaf against UVB irradiation induced photoaging in human reconstituted skin, Journal of Ethnopharmacology, 193, 445-449(2016)

98 이준영 등, 발모효과를 가지는 한방복합처방단, J. Soc. Cosmet. Scientists Korea, 38(4), 277-287(2012)

□Anti-Wrinkle Effect(주름 개선효과)
* Collagen Synthesis Assay
* Collagenase Inhibition Assay
* Cell Proliferation Assay
* Elastin Synthesis Assay
* Elastase Inhibition Assay

□Whitening Effect(미백효과)
*Tyrosinase Inhibition Assay
*DOPA Oxidation Inhibition Assay
*Melanogenesis Inhibition Assay

□SPF(자외선 차단지수)

□Anti-Oxidation Effect(항산화효과)
* DPPH Assay
* SOD-like Assay

□The Others
* Anti-Inflammation Test(항염효과)
* Anti-Microbial Test(항균효과)
* Pore Reduce Test(모공수축효과)

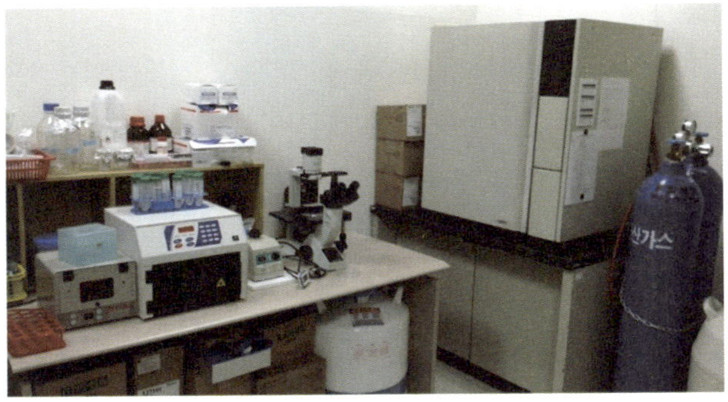

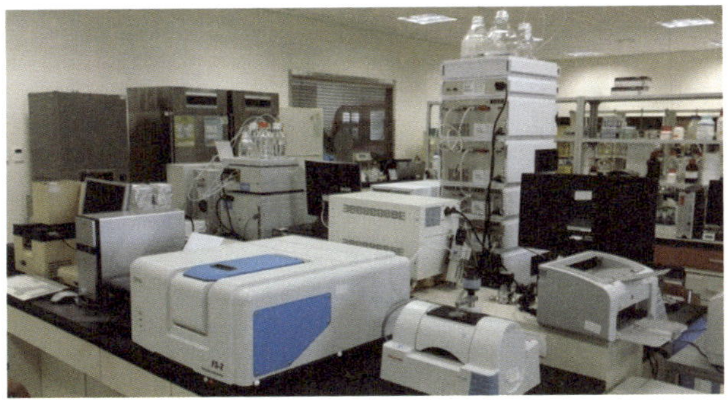

그림 2-111. 화장품산업에서 유효성을 입증하는 평가 기술(in vitro test)

▲ ① 주름, 색소, 피지, 모공 및 피부톤 평가

□Equipment & Human Test
* 보습 : Corneometer ②
* TEWL : Tewameter ③
* 탄력 : Cutometer ④
* 주름 : Visiometer ⑤
* 미백 : Mexameter ⑥
* 유분 : Sebumeter ⑦

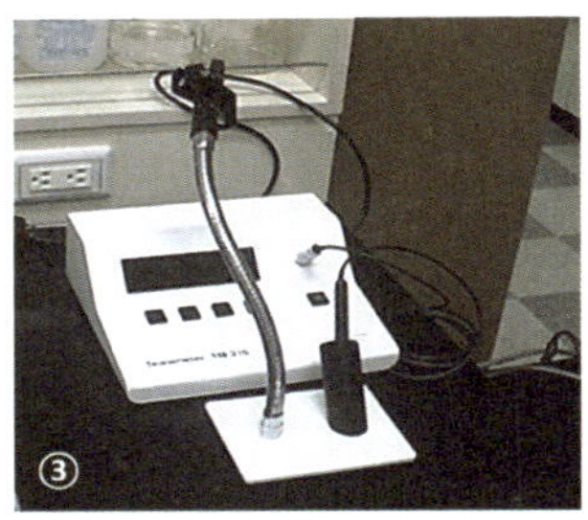

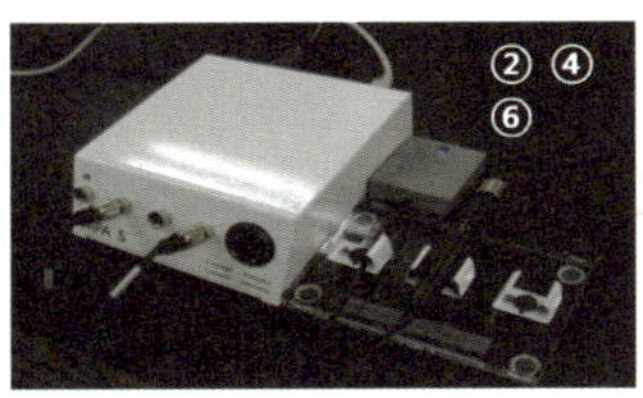

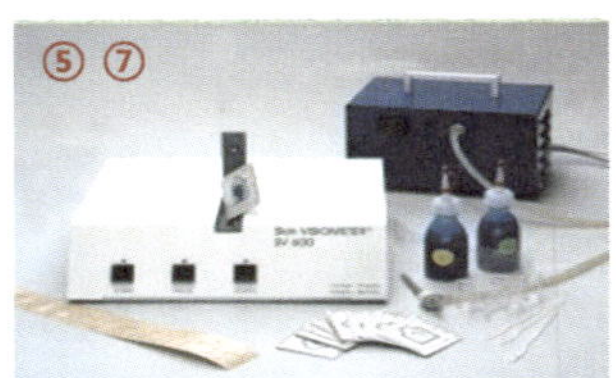

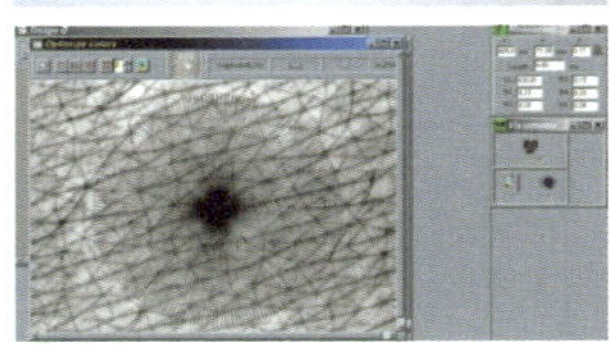

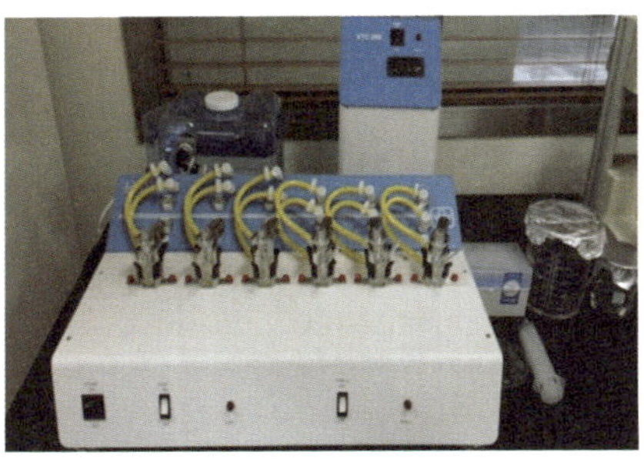

◀ ⑧ 활성성분의 피부투과 평가

그림 2-112. 화장품산업에서 유효성을 입증하는 평가 기술(in(ex) vivo test)

화장품은 기본적으로 피부에 사용하는 제품이다. 피부의 기능 중에는 흡수기능이 있지만, 분자량이 500Dalton 이하가 되어야 한다는 500Dalton rule(화장품 과학, 3.8. 자외선차단제)이 있다고 소개한 바 있다.

아래 표 2-52에 기능성화장품이 제시되어 있고, 각 화장품에 사용할 수 있는 고시성븐(주름 개선 4종, 미백 관련 9종, 자외선 차단 관련 28종)[99]과 고시 외 성분이 소개되어 있다. 특히 주름 개선과 미백 관련 성분들은 피부 표피의 기저층과 진피층까지 침투되어야 효과를 보일 것으로 생각되나, 피부 내로 용이하게 흡수될 것으로 기대하는 사람은 거의 없다.

표 2-53. 기능성화장품 고시 및 고시 외 성분

구분	고시 성분	고시 외 성분
주름 개선 성분 (고시 성분 4종)	• 레티놀 • 레티닐팔미테이트 • 아데노신 • 폴리에톡시레이티드 레틴아마이드	빈랑자 추출물, 홍삼 추출물 연교 추출물, 잇꽃씨 추출물, 황기 추출물 Tocopheryl Acetate, Kinetin, Carnitine, EGF, Ursolic Acid 7-Dihydrocholesterol, Co-enzyme Q10, Indolacetic Acid, Fructose-1,6-diphosphate, Palmitoylpentapeptide-3, 등
미백 성분 (고시 성분 9종)	• 나이아신아마이드 • 닥나무 추출물 • 마그네슘아스코빌 포스페이트 • 알부틴 • 에칠아스코빌에텔 • 유용성 감초 추출물 • 아스코빌글루코사이드 • 알파-비사보롤 • 아스코빌테트라 이소팔미테이트	마황 추출물, 백출 추출물, 종대황 추출물, 상지 추출물, 속수자 추출물, 연교 추출물, 오갈피나무 줄기 추출물(Acanthopanax Sessiliflorum Stem Extract), 옥수수겨추출물(Zea Mays(Corn) Bran Extract) Rucinol, Kojic Acid, Whitegen, Melasolv 3,4,5-Trimethoxycinnamic acid, Vitamin C, 등
자외선 차단 성분	28종	신규소재 없음

기능성을 증명하고자 하는 신 원료를 개발하는 경우, 그림과 같이 시험관 내 시험(in vitro test)을 통해 검증 후 인체시험을 진행하게 되는데, 그 중간에 피부투과 장치(diffusion cell)를 통한 생체 내 피부흡수시험[100]을 진행할 수 있다.

99 기능성화장품 심사에 관한 규정, 식품의약품안전처고시 제2017-42호(2017.05.23)
100 생체외 피부흡수시험 가이드라인, 식품의약품안전처(2009.12)

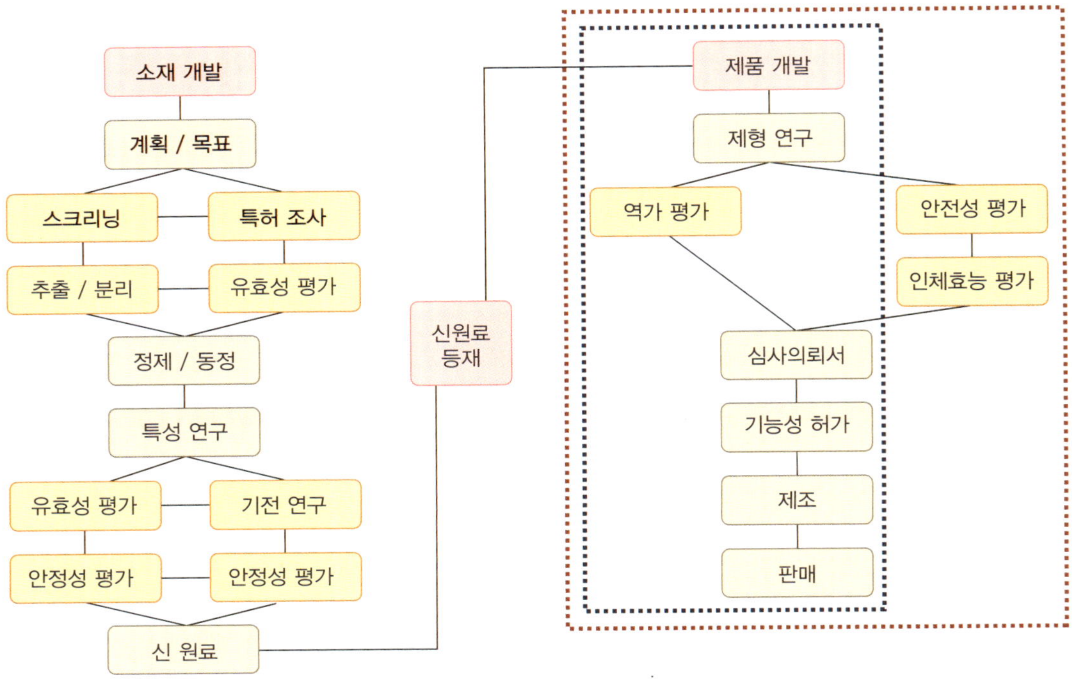

그림 2-113. 기능성화장품 및 신 원료를 개발하기 위한 절차

일반적으로 Keshary-Chien 유형의 Franz diffusion cell system(경피흡수시스템)을 통해 활성성분의 피부흡수를 모사하는 시험을 진행한다[101]. Franz diffusion cell system은 인공피부 또는 동물피부의 한쪽 면에 시료를 도포하거나 붙인 후, 다른 쪽에는 피부 내 체액의 성분으로 구성되거나 특정 시험법에 따라 제조된 용액을 접촉시킴으로써 특정 성분의 피부 투과도를 측정하는 시험법이다. 이 방법은 인체시험 결과와 다소 차이가 있을 수 있지만, 인체 피부 또는 다른 종의 피부 사용 가능, 시험 물질에 대하여 반복 측정 가능, 시험 물질의 범위가 넓음, 물질의 조성에 따른 피부 흡수와 투과 비교 가능, 인체 내 피부 흡수에 의한 위험성 평가 등의 유용한 모델로 사용 가능하다는 장점이 있다.

101 임명선 등, 피부 흡수 증진을 위한 마디풀 추출물 함유 나노에멀션 제조에 관한 연구, Appl. Chem. Eng., 23(2), 222-227(2012)

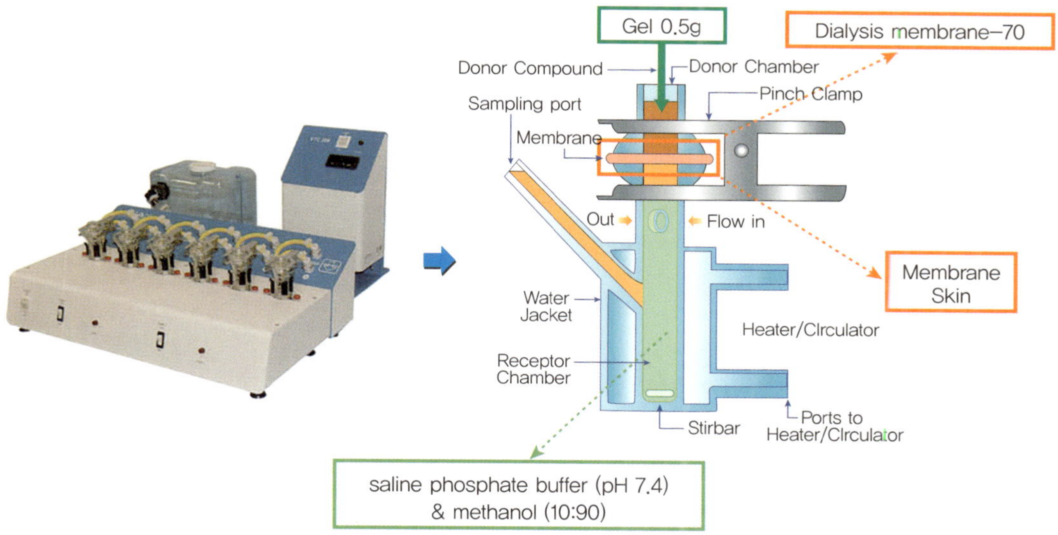

그림 2-114. Franz diffusion cell system

화장품의 유용성 연구는 다음과 같이 분류된다.

① 생리학적 유효성 : 거칢, 미백, 탈모 방지 등 피부 · 모발의 생리학적 연구

② 물리화학적 유효성 : 자외선 차단, 메이크업, 유동학을 응용한 사용성 연구

③ 심리학적 유효성 : 아로마콜로지, 메이크업의 색채, 풍요, 자신감

화장품 특성상 생리학적 유효성과 물리화학적 유효성 외에도 심리학적 유효성 연구가 점점 중요해지고 있으며, 매력을 보여줄 수 있는 효용, 화장할 때의 기분과 감정 효능(예 자신감이 생긴다, 적극적이 된다, 살아가는 느낌이 우아하게 된다) 등은 심리학적 유효성의 좋은 사례들이다.

최근 화장품산업에서 감성이라는 용어가 자주 등장하고 있다. 2018년 산업전망(화장품/유통)[102]에서 하이테크 시대에 더욱 중요해지는 하이터치(감성화장품)에 대해 기술하였다.

102 2018년 산업전망, 화장품/유통, 메리츠금융증권(2017.11.27)

새로운 차원의 감성화장품 개발 동향

화장품의 감성평가
사용감의 정량적 평가를 위한 과학적 심리학 연구와 신경과학의 융합
음성패턴과 얼굴표정분석을 통한 화장품에 대한 선호도 결정
화장품에서 복지와 감성을 평가하기 위한 글로벌 접근 방식
화장품의 감성적 인지 요소 및 사용감과 제품의 물리적 물성과의 상관관계
사용감을 정량화하기 위한 심도 깊은 연구, 기기적인 방법(유변학, 사용감 분석 등)과 감각적인 접근, 즉 대상품의 분석을 포함하는 방법(소비자선호도 평가)의 상관관계
아이트래킹 기법을 활용한 모발 광택 평가
다양한 software와 다양한 통계적 기법을 활용한 관능평가
소비자의 제품 선호도 평가 기법 적용
광학적 시뮬레이션 기술을 활용
선호하는 제품을 선택하기 위한 Hedonext 소비자 시험
클렌징 오일 시스템의 평가
방향 제품의 감성평가
향지속성 평가
친환경 및 안정성 향상 향수
화장품 인지의 이해 증진을 위한 감성 측정, 향에 의해 유도되는 감성 응용

자료 : 글로벌코스메틱연구개발사업단, 메리츠종금증권 리서치센터

또한 제4차 산업혁명과 화장품산업의 미래편에서 글로벌 화장품 R&D 시장은 안티에이징을 위한 융복합 기술의 집합체로 거듭나고 있으며, 여기에 감성적인 요소가 중요한 화장품산업의 특성상, 과학적 심리학 연구와 신경과학의 융합으로 개인맞춤형과 뉴로코스메틱스까지 확장될 것으로 전망하였다.

08 화장품 개발 및 생산 절차

현재까지 '화장품 개론'과 '화장품 과학' 편에서 다양한 지식을 공부, 습득하였다. 이러한 세부 지식과 기술들을 이용하여 화장품의 개발 절차와 간략한 품질관리 및 생산 절차에 대해 기술하고자 한다.

화장품산업은 화학은 물론 다양한 학문이 접목되어야 한다. 특히 화장품 개발 및 생산은 기관의 역할, 규모와 수준에 따라 절차와 강도가 다르다. 한 기관에서 전체를 진행하는 경우도 있지만, 국내 화장품 업계에서도 1980년 중반부터 시작된 OEM(Original Equipment Manufacturer, 주문자 상표부착 생산)과 이후 ODM(Original Design Manufacturing, 주문자 개발 생산)이 도입되면서 자기가 잘할 수 있는 것만 부분적으로 수행하는 것이 일반화되었다.

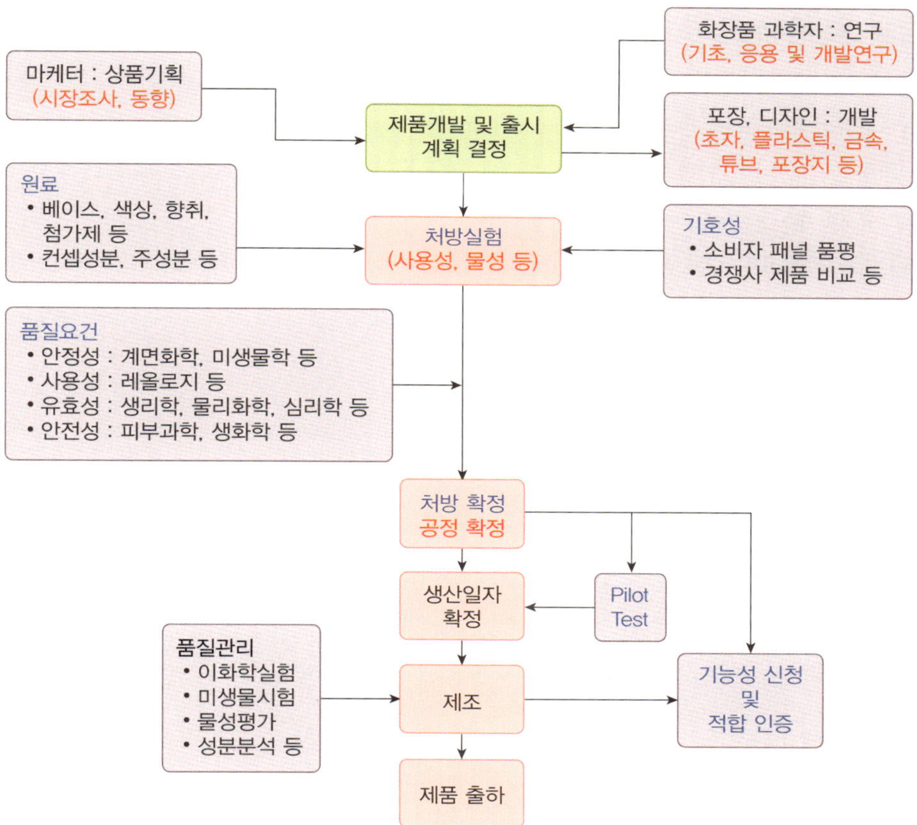

그림 2-115. 화장품 개발 절차

화장품 과학자들에 의한 연구와 상품 기획에서부터 일련의 과정을 거쳐 최종 제품을 출하하는 과정은 상기 그림과 같이, 제품 개발 및 출시 계획의 결정, 처방 실험과 확정, 생산, 제조 및 품질관리, 출하로 구분할 수 있다. 또한 자체 브랜드를 개발 및 판매하고 있는 브랜드사와 타사 제품을 생산 및 개발 대행해 주는 OEM/ODM사의 화장품 개발 절차는 다소 다를 수 있다.

1. 화장품 처방 개발

상품 기획에 의해 내가 어떤 제품을 개발할 것인가를 결정하는 초기 단계에서 개발하고자 하는 제품과 유사한 타깃 제품을 선정하여 물성 등을 평가하며, 이때 타사의 전성분도 참고할 수 있다. 이 단계는 아이디어 발굴 및 선정, 콘셉트(concept)를 결정하는 매우 중요한 단계로서, 시장조사, 유통/경쟁사 분석, 판매가격 조사, 고객의 요구 파악, 요구되는 품질 수준, 차별화 도출 등이 포함된다.

보유하고 있지 않은 원료들의 입수 및 처방실험을 진행한다. 처방실험을 진행하면서 2장에서 공부한 화장품 원료에 대한 정보와 화장품 화학에 대한 지식의 활용, 안정성 및 안전성 평가, 필요 시 유효성 평가가 진행되며, 동시에 미생물 방부력시험(challenge test)을 통한 방부 처방 결정, 내부 또는 외부기관을 통해 요구되는 품질 수준의 사용감 평가(품평) 등이 진행된다.

실험실 처방이 결정되면, 파이로트 실험(pilot test, scale-up test)을 진행하여 실험실에서 결정한 표준품과 한도 내 품질이 유사한가 검사하여 생산(양산)에 대한 공정을 확인한다. 이를 통해 제조 지시 및 공정기록서(제품의 규격과 제조 공정 등)를 작성한다.

동시에 제조에 필요한 원료의 입수 및 품질관리(설정한 안정성 평가항목, 미생물시험, 필요 시 성분분석 등)를 통한 원료시험성적서 작성, 부자재(용기, 단상자, 설명서 등)의 입수 및 설정한 품질관리 진행(화장품의 안정성)을 통한 부자재시험성적서를 작성한다.

신 제형 개발

Target 제품

1. 물성 평가
   - 성상 관찰, 제형 점검, 사용감 평가
   - pH 및 휘발분 측정(유화제품의 경우 유분감 평가)
   - 입자 측정
2. 전성분 점검
   - 보유 원료 확인, 화장품성분사전 및 ICID 참고

3. 원료 입수
   - 신규 원료(견본) 입수, 신규 개발 원료 적용
4. 처방 실험
   - 사용감, 안정성, 안전성 평가, 필요 시 유효성 평가
   - 미생물 실험을 통한 방부 처방 결정
   - 1~3차 내부 및 외부 사용감 평가를 통한 처방 선정

5. Pilot 실험
   - Scale-up Test를 통한 제조
   - 표준품(실험품)과 비교하여 공정 확인 및 확립

그림 2-116. 타겟 제품 선정 및 처방 개발 단계

신 제형 개발

Target 제품

제품 생산

1. 원자재(원료) 입고 확인
   - 품질관리부에서 품질관리 완료
2. 부자재 입고 확인
   - 품질관리부에서 품질관리 완료

3. 원료 칭량
   원료 칭량시스템을 이용하여 칭량
4. 내용물 제조
   - 반제품 상태에서 표준품과 비교하여 물성 평가
   - 미생물 검사
   - 필요 시 기능성 검사

5. 내용물 충전
   - 완제품 상태에서 품질검사
6. 상품 출하

그림 2-117. 제조, 품질관리, 포장 및 출하 단계

2. 화장품 제조 및 출하

원료 및 부자재의 입고 확인, 제조설비의 점검 등이 확인되면 결정된 처방의 공정으로 내용물을 제조한다. 이 때 제조된 내용물도 파이로트 실험 때와 마찬가지로 결정한 제품의 규격에 합당한지 표준품과 한도 설정을 비교하여 반제품에 대한 품질관리를 진행한다. 모두 이상이 없으면 제품의 포장 및 출하를 결정한다.

이와 같은 일련의 제품 제조 및 출하에 대해 정부에서는 CGMP(Cosmetic Good Manufacturing Practice)[103]를 도입하여 관리하고 있다. CGMP에는 인적자원과 제조에 대한 기준이 있으며, 제조에는 시설기준, 원자재의 관리, 제조관리(제품표준서, 제조관리기준서, 품질관리기준서 및 제조위생관리기준서 작성 및 보관), 품질관리, 판독 및 감독 기준이 적시되어 있다.

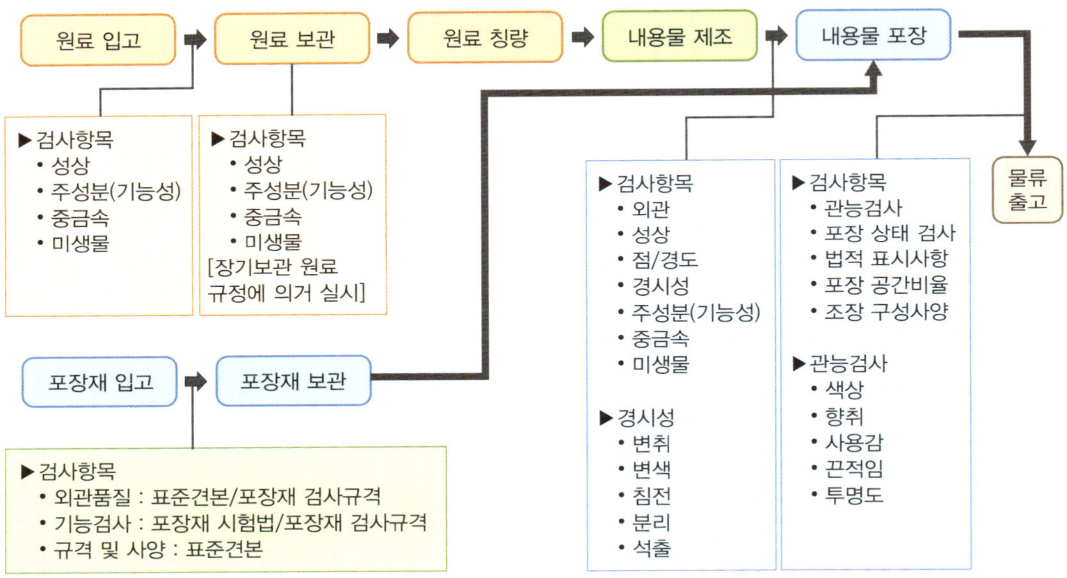

그림 2-118. 아모레퍼시픽의 품질관리 과정(2004년 기준)

103 우수화장품 제조 및 품질관리기준, 식품의약품안전처고시 제2014-104호(2014.03.21)

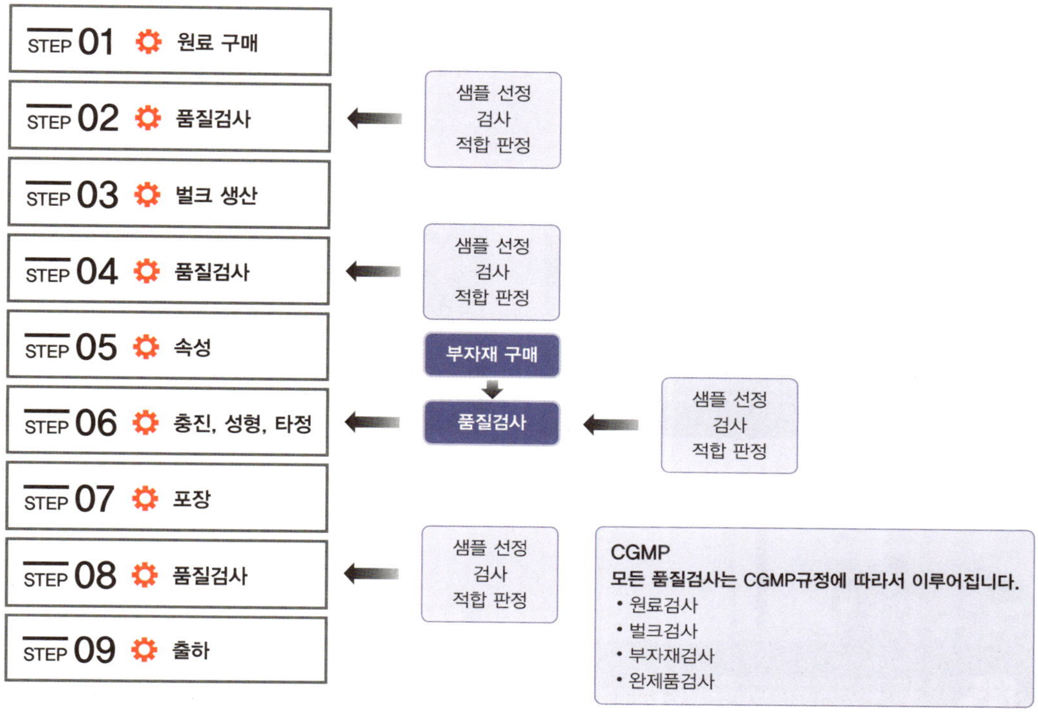

그림 2-119. 코스맥스(홈페이지)의 품질관리 과정

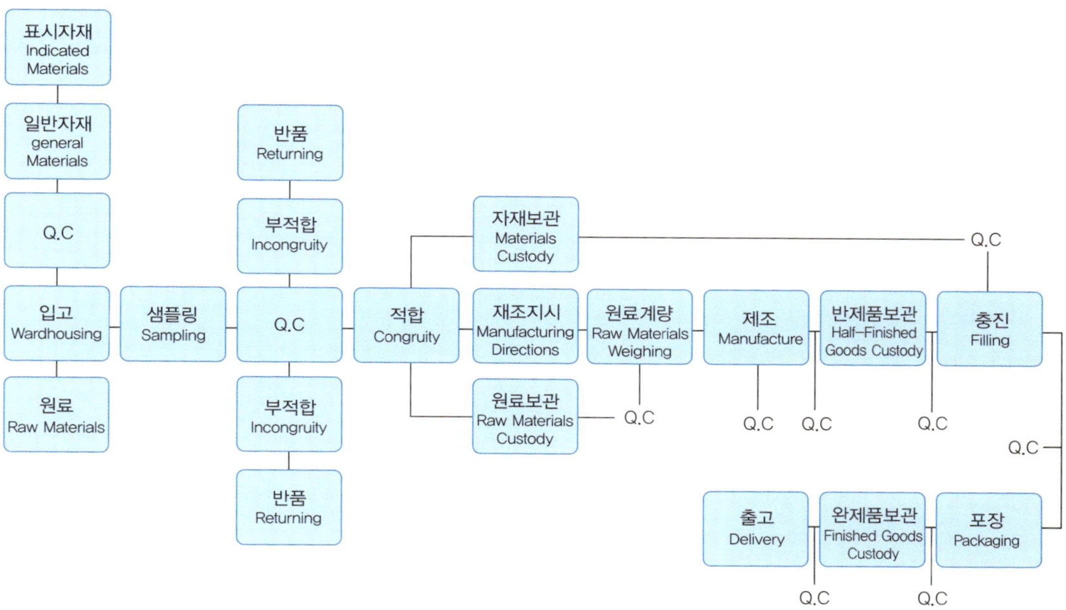

그림 2-120. 한국콜마(홈페이지)의 품질관리 과정

3. 원부자재 입고에서 상품출하까지[104]

(1) 원부자재 입고 및 품질관리

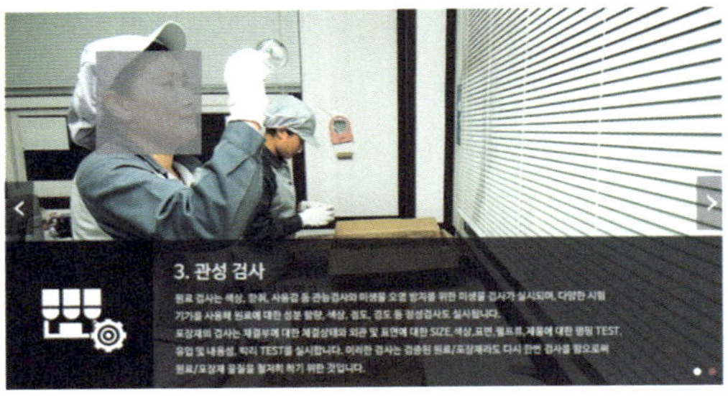

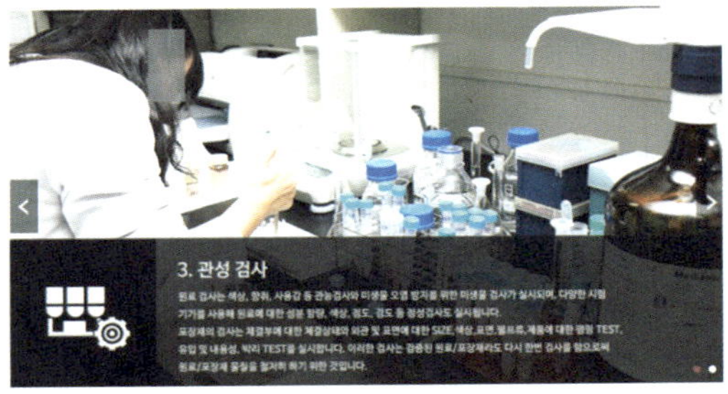

① 원료/포장재 입고

신선하고 뛰어난 물질의 원료를 사용하기 위하여 재고를 최소화하고 있으며, 일/주/월별 원료 재고 관리를 통하여 유통기한이 경과한 원료는 폐기한다. 포장재 또한 정해진 시간과 양에 따른 공급을 통하여 과잉 공급에 따른 품질 저하를 방지하고 적기 공급에 따른 신선도를 유지한다.

② 원료/부자재 입고

신선하고 뛰어난 물질의 원료를 사용하기 위하여 재고를 최소화하고 있으며, 일/주/월별 원료 재고 관리를 통하여 내부 유통기한이 경과한 원료는 폐기한다.

③ 관성 검사

원료 검사는 색상, 향취, 사용감 등 관능검사와 미생물 오염 방지를 위한 미생물 검사가 실시되며, 다양한 시험 기기를 사용해 원료에 대한 성분 함량, 색상, 점도, 경도 등 정성검사도 실시된다.

포장재의 검사는 채결부에 대한 채결 상태와 외관 및 표면에 대한 SIZE, 색상, 표면, 펄프류, 제품에 대한 펌핑 TEST, 유입 및 내용성, 박리 TEST를 실시한다. 이러한 검사는 검증된 원료/포장재라도 다시 한 번 검사를 함으로써 원료/포장재 물질을 철저히 하기 위한 것이다.

---

104 코스맥스 홈페이지(2018.02)

(2) 원료칭량

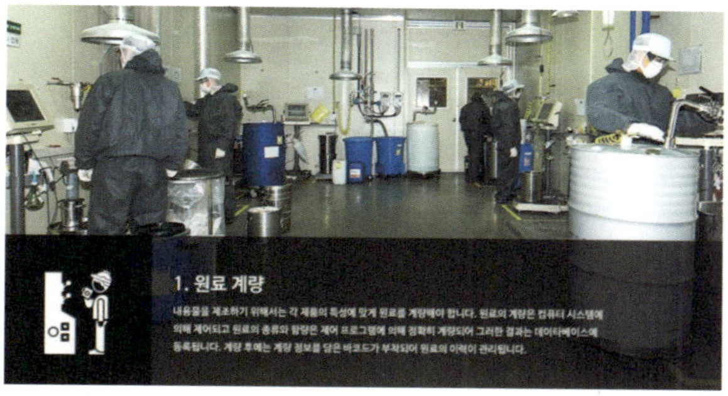

① 원료 계량

내용물을 제조하기 위해서는 각 제품의 특성에 맞게 원료를 계량해야 한다. 원료의 계량은 컴퓨터 시스템에 의해 제어되고 원료의 종류와 함량은 제어 프로그램에 의해 정확히 계량되어 그 결과가 데이터베이스에 등록되며 계량 후에는 계량 정보를 담은 바코드가 부착되어 원료의 이력이 관리된다.

(3) 내용물 제조 및 설비

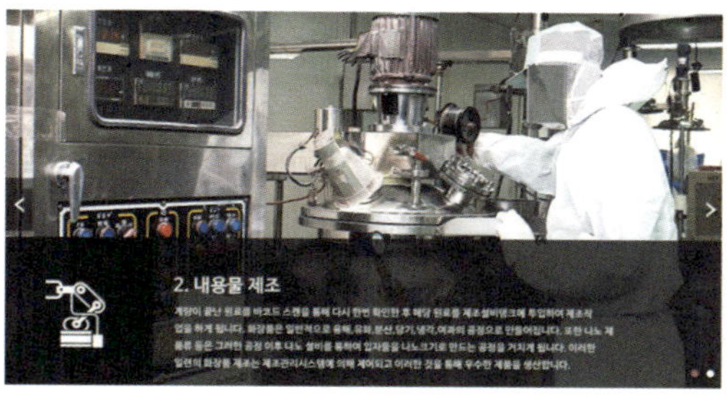

① 내용물 제조

계량이 끝난 원료를 바코드 스캔을 통해 다시 한 번 확인한 후 해당 원료를 제조 설비 탱크에 투입하여 제조 작업을 하게 된다. 화장품은 일반적으로 용해, 유화, 분산, 담기, 냉각, 여과의 공정으로 만들어진다. 또한 나노 제품류 등은 그러한 공정 이후 나노 설비를 통해 입자들을 나노 크기로 만드는 공정을 거치게 된다. 이러한 일련의 화장품 제조는 제조관리시스템에 의해 제어되고 이러한 것을 통해 우수한 제품을 생산한다.

(4) 내용물 충전(포장)

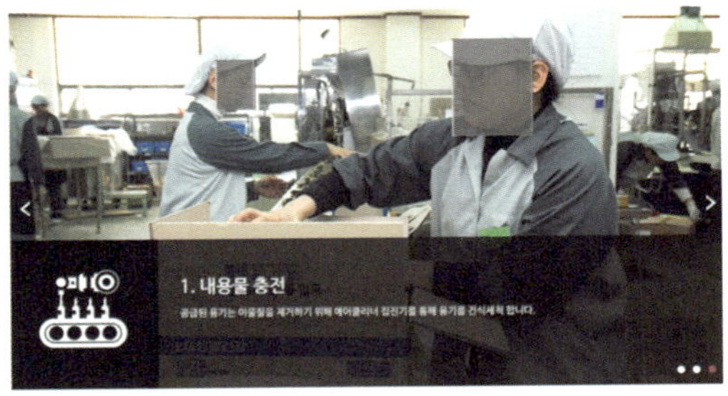

① 내용물 충전

공급된 용기는 이물질을 제거하기 위해 에어클리너 집진기를 통해 용기를 건식 세척한다.

(5) 내용물 검사(미생물 검사 및 시험, 관능검사)

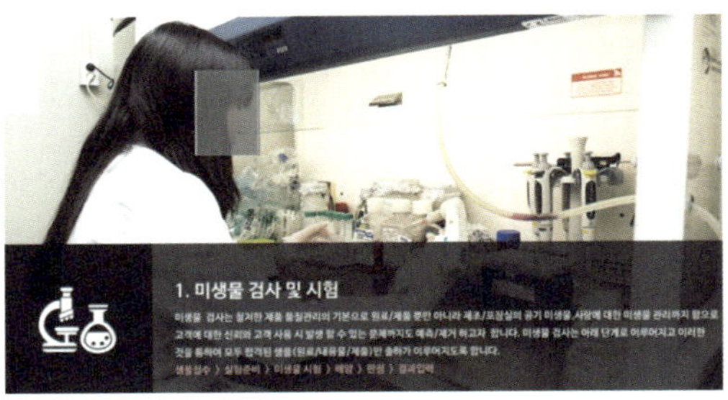

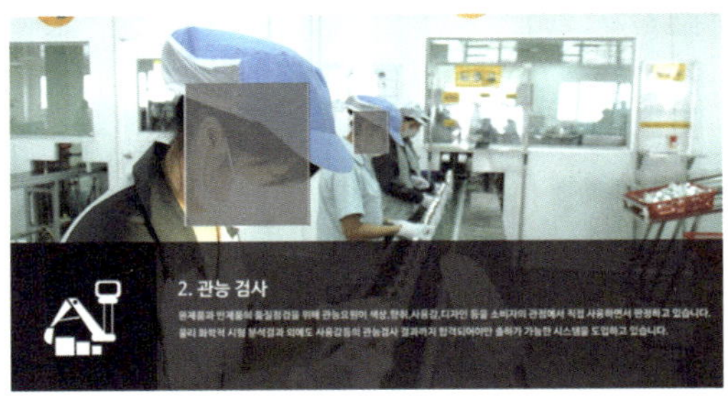

① 미생물 검사 및 시험

미생물 검사는 철저한 제품 품질관리의 기본으로 원료/제품뿐만 아니라 제조/포장실의 공기 미생물, 사람에 대한 미생물 관리까지 함으로써 고객에 대한 신뢰와 고객 사용 시 발생할 수 있는 문제까지도 예측/제거하고자 한다. 미생물 검사는 아래 단계로 이루어지고 이러한 것을 통하여 모두 합격된 샘플(원료/

내용물/제품)만 출하가 이루어지도록 한다.

샘플 접수 → 실험 준비 → 미생물 시험 → 배양 → 판정 → 결과 입력

② 관능 검사

완제품과 반제품의 품질 점검을 위해 관능요원이 색상, 향취, 사용감, 디자인 등을 소비자의 관점에서 직접 사용하면서 판정한다.

물리·화학적 시험 분석결과 외에도 사용감 등의 관능검사 결과까지 합격되어야만 출하가 가능한 시스템을 도입하고 있다.

(6) 상품 출하

모든 품질관리 과정에 합격한 제품이 상품창고로 이송되면 물류 C/V시스템에 의해 상품창고에서 아웃박스 작업 후 물류 출하된다. 표준화, 단속화, 신속화 등의 물류 흐름을 최적화한 전산시스템을 통해 영업과 연계해 제품 주문서에서 제품 배송까지 운영된다.

화/장/품/학

COSMETOLOGY

PART 3

화장품 제조 실습

화장품법 제2조에 의하면, 화장품은 '인체를 청결 · 미화하여 매력을 더하고 용모를 밝게 변화시키거나 피부 · 모발의 건강을 유지 또는 증진하기 위하여 인체에 바르고 문지르거나 뿌리는 등 이와 유사한 방법으로 사용되는 물품으로서 인체에 대한 작용이 경미한 것을 말한다'로 정의하고 있다.

화장품 유형에 의한 구분

① 인체 청결 : 인체 세정용 제품류, 목욕용 제품류, 면도용 제품류, 손 · 발톱용 제품류, 체취 방지용 제품류
② 인체 미화 : 색조 화장품 제품류, 눈 화장용 제품류, 두발 염색용 제품류, 방향용 제품류, 체모 제거용 제품류
③ 피부 건강을 유지 또는 증진 : 기초화장용(기능성화장품) 제품류, 영 · 유아용 제품류
④ 모발 건강을 유지 또는 증진 : 두발용 제품류로 구분할 수 있다.

화장품을 화장품의 제형, 유형 및 용도로 정리해 보면 다음 표와 같다.

표 3-1. 화장품 용도와 제형

분류	제형(유형, 용도)
클렌징	액상, 겔, 오일, 폼(기능성), 크림
화장수	액상, 겔
마사지	겔, 유액, 크림
필링	액상, 겔, 폼, 세럼, 크림
팩	시트마스크, 겔마스크, 필오프, 유액, 워시오프
진정	겔, 세럼
에센스	앰플, 세럼, 유액
유액	유액
크림	친수성(O/W), 내수성(W/O), 고(경도 높은), 톤업, 액정
자외선 차단	BB & CC, 친수성(O/W), 내수성(W/O)
바디	액상, 폼, 스크럽, 오일, 베이비용
헤어	토너(기능성), 샴푸(기능성), 트리트먼트, 베이비용

화장품을 사용하는 순서는 어떨까? 각 화장품 회사는 화장품 교육/판매를 위하여 자신들이 출시하는 제품과 연결된 화장품 사용 순서를 배포하고 있다. 또한 고객들은 자신의 피부, 화장 습관 등을 고려하여 화장품 사용 순서를 결정한다. 또한 낮 화장과 밤 화장이 다를 수 있으며, 각 회사별로도 제안하는 순서에 차이가 있다.

일반적으로는 유분이 적은 제품에서 유분이 증가하는 제품 순으로 사용하며, 유분이 유사한 특별한 제

품이 있다면 일반 제품 전에 스페셜 케어(특별한 제품)를 먼저 사용한다. 좀 더 구체적으로 제안해 보면, 세안/클렌징 →(필링) → 토너/스킨 →(마사지, 팩, 오일/국소제품 등) →(에멀션) → 에센스 → 세럼 → 에멀션 → 아이 케어 → 스페셜 케어 → 크림 → 자외선 차단 제품의 순서로 사용할 수 있다.

본 장에서는 화장품 유형의 소분류명을 기준으로, 기초화장품(화장수, 에센스, 로션, 크림, 클렌징크림), 기능성화장품(미백크림, 주름개선크림, 선크림), 두발화장품(샴푸, 린스), 방향화장품(코롱, 향수) 등에 대하여 실험할 예정이다.

일주일에 1~2종의 화장품 제조 실습으로 화장품 처방을 모두 이해하는 것은 어렵다. 화장품산업의 어느 분야에 종사하던지 화장품 내용물에 대한 정보, 원료에 대한 정보를 알면 업무가 수월해질 수 있다. 화장품 개발과 관련하여 인터넷 상의 기사[1]를 소개하고자 한다.

〈훌륭한 화장품 제조자가 되기 위한 9가지 단계〉

① Be an innovator not an inventor : 새로운 것을 개발하기보다는 기존품을 더욱 좋게 만드는 혁신가가 되기
② Partner with suppliers : 비밀 유지는 별로 의미가 없다. 가능한 한 많은 연구를 아웃소싱하기
③ Develop raw material expertise : 원료에 대해 전문가가 되기
④ Kill bad prototypes quickly : 새로운 원료 시험을 할 때 가장 높은 농도 수준에서 실시하기(쓸데없이 디테일하게 할 필요가 없다)
⑤ Manage risk : 출시 전에 제품이 안전하고 효과적인지 확인하기
⑥ Sell your ideas : 연구자들의 아이디어가 종종 무시되기는 하지만, 사람들에게 기술에 대해 잘 설명하기
⑦ Benchmark your formulas : 시장에서 잘 팔리는 좋은 제품을 벤치마킹하지 못할 이유가 없음을 인지하기
⑧ Quickly identify killer issues : 전체 생산 과정을 생각하여 잠재적인 문제점을 해결하기(공급업체의 신뢰성, 실험실과 대규모 생산과의 일치성 점검 등)
⑨ Archive your knowledge : 습득한 지식을 잘 정리/보관하기

아울러 화장품 개발자는 아티스트, 멀티 플레이어로서 다음과 같은 사항이 중요하다고 생각한다.

① 실험 처방 작성 시 원료명 작성 순서는 일정하게 한다(한눈에 Wax & Oil, SAA, Water, Polyol 파악 및 상 비율 파악 용이).
② 원료의 물성 및 규격을 숙지(화학구조 공부하기)한다.
③ 새로운 원료를 입수하고 실험한다.
④ 실험 후 적절한 평가 및 숙지(기록)를 한다.

1 http://chemistscorner.com/becoming-an-excellent-cosmetic-formulator/

⑤ 많은 실험(try and error)을 한다.
⑥ Pilot test(scale-up)에 대한 공정을 이해한다.
⑦ 미생물 시험 및 방부제의 방부력을 이해한다.
⑧ 부자재 및 용기에 대한 이해가 필요하다.
⑨ 화장품 법규를 숙지한다.

화장품에 사용되는 원료는 매우 다양하다. 특히 동일한 INCI 이름의 원료는 제조업자에 따라 다양한 상품명을 갖는다. 본 장에서는 실습 처방에 사용한 원료에 대한 상품명과 제조업체를 표기하였다. 그러나 표기한 상품명(제조업체)만 사용할 수 있는 것이 아니고, 동일한 원료지만 다른 상품명인 원료를 사용해도 무방하다. 단지 원료의 입수 및 이해를 돕기 위해 상품명과 제조업체를 표기하였으며, 저자와 특별한 관계가 없음을 밝혀둔다.

01 기초 화장품

(1) 투명 타입 화장수

① 처방

	Ingredient	Maker	Wt(%)	INCI Name
A	Ethyl Alcohol	덕산화학	2.0	Alcohol
	Eumulgin CO 60	BASF	0.3	PEG-60 Hydrogenated Castor Oil
	Perfume	-	qs	Perfume
	Saskine 50	Sachem	0.2	Ethylhexylglycerin * Water
B	DI-Water	-	to 100	Water
	EDTA-2Na(2%)	Nagase	0.5	Disodium EDTA
	1,3-BG	Daicel	3.0	Butylene Glycol
	Glycerin	Acid Chem	2.5	Glycerin
	Phenoxyethanol	Galuxy	0.3	Phenoxyethanol

② 공정

㉠ A Part를 준비한다(필요 시 약간 가온).

㉡ B Part를 준비한다. B Part의 EDTA-2Na(2%)는 미리 EDTA-2Na를 DI-Water에 2% 용액으로 희석하여 준비한다.

㉢ A Part를 B Part에 서서히 첨가하여 가용화한다(Agi-Mixer).

㉣ 필요 시 여과한다(1 microfilter).

③ 연구

㉠ 에탄올 함량에 대한 실험과 이해

㉡ 가용화제 종류 및 함량, 다양한 향의 종류 및 함량에 대한 실험과 이해

㉢ 보습제, 방부제 종류 및 함량에 대한 실험과 이해

㉣ 활성성분 첨가에 대한 실험과 이해

④ 평가

이름		학번	
제품명		실습 일자	

평가 항목		평가 결과	실험 조건 및 설비명
성 상			
색 상			
향 취			
pH			
점 도			
비 중			
유화 입자			
안정도	실온(25℃)		
	4℃		
	40℃		
	45℃		
	-15℃		
	Cycle Test		
사용감 특이사항			
실습 후 소감			

(2) 현탁/점성 타입 화장수

① 처방

	Ingredient	Maker	Wt(%)	INCI Name
A	Ethyl Alcohol	덕산화학	2.0	Alcohol
	Eumulgin CO 60	BASF	0.3	PEG-60 Hydrogenated Castor Oil
	Perfume	-	qs	Perfume
	Saskine 50	Sachem	0.1	Ethylhexylglycerin * Water
	DC 556	Dow Corning	0.1	Phenyl Trimethicone
B	DI-Water	-	to 100	Water
	EDTA-2Na(2%)	Nagase	0.5	Disodium EDTA
	1,3-BG	Daicel	3.0	Butylene Glycol
	Glycerin	Acid Chem	2.5	Glycerin
	Phenoxyethanol	Galuxy	0.3	Phenoxyethanol
C	Carbopol 941(1%)	Lubrizol	3.0	Carbomer
D	L-Arginine(10%)	Ajinomoto	0.3	Arginine

② 공정

㉠ A Part를 준비한다(필요 시 약간 가온).

㉡ B, D Part를 준비한다.

㉢ C Part를 준비 : 점증제를 정제수에 서서히 첨가하면서 완전히 분산한다(Agi-Mixer).

㉣ C Part를 B Part에 서서히 첨가한다(Agi-Mixer).

㉤ C Part를 B Part에 서서히 첨가한다(Agi-Mixer).

㉥ D Part를 B Part에 서서히 첨가하여 중화한다(Agi-Mixer).

㉦ 필요 시 여과한다(200~300mesh).

③ 연구

㉠ 에탄올 함량에 대한 실험과 이해

㉡ 가용화제 종류 및 함량, 다양한 향의 종류 및 함량에 대한 실험과 이해

㉢ 보습제, 방부제 종류 및 함량에 대한 실험과 이해

㉣ 점증제, 중화제 종류 및 함량에 대한 실험과 이해

㉤ DC 556 → Tocopheryl Acetate 대체

㉥ 활성성분 첨가에 대한 실험과 이해

④ 평가

이름		학번	
제품명		실습 일자	

평가 항목		평가 결과	실험 조건 및 설비명
성 상			
색 상			
향 취			
pH			
점 도			
비 중			
유화 입자			
안정도	실온(25℃)		
	4℃		
	40℃		
	45℃		
	-15℃		
	Cycle Test		
사용감 특이사항			
실습 후 소감			

(3) 투명 타입 마스크액

① 처방

	Ingredient	Maker	Wt(%)	INCI Name
A	1,3-BG	Daicel	3.0	Butylene Glycol
	Eumulgin CO 60	BASF	0.3	PEG-60 Hydrogenated Castor Oil
	Perfume	-	qs	Perfume
	Saskine 50	Sachem	0.1	Ethylhexylglycerin * Water
B	DI-Water	-	to 100	Water
	EDTA-2Na(2%)	Nagase	0.5	Disodium EDTA
	Glycerin	Acid Chem	5.0	Glycerin
	Na-HA	기호바이오	1.0	Water * 1,2-Hexanediol * Sodium Hyaluronate
	TF-Glucan	기호바이오	1.0	Water * Glycerin * 1,2-Hexanediol * Beta-Glucan
	Phenoxyethanol	Galuxy	0.3	Phenoxyethanol
C	Carbopol 941(1%)	Lubrizol	8.0	Carbomer
	Keltrol-F(1%)	Kelco	8.0	Xanthan Gum
D	L-Arginine(10%)	Ajinomoto	0.8	Arginine

② 공정

㉠ A Part를 준비한다(필요 시 약간 가온).

㉡ B, D Part를 준비한다.

㉢ C Part를 준비 : 각각 점증제를 정제수에 서서히 첨가하면서 완전히 분산한다(Agi-mixer).

㉣ A Part를 B Part에 서서히 첨가하여 가용화한다(Agi-Mixer).

㉤ C Part를 B Part에 서서히 첨가한다(Agi-Mixer).

㉥ D Part를 B Part에 서서히 첨가하여 중화한다(Agi-Mixer).

㉦ 필요 시 여과한다(200~300mesh).

③ 연구

㉠ 가용화제 종류 및 함량, 다양한 향의 종류 및 함량에 대한 실험과 이해

㉡ 보습제, 방부제 종류 및 함량에 대한 실험과 이해

㉢ 점증제, 중화제 종류 및 함량에 대한 실험과 이해

㉣ 활성성분 첨가에 대한 실험과 이해

④ 평가

이름		학번	
제품명		실습 일자	

평가 항목		평가 결과	실험 조건 및 설비명
성 상			
색 상			
향 취			
pH			
점 도			
비 중			
유화 입자			
안정도	실온(25℃)		
	4℃		
	40℃		
	45℃		
	-15℃		
	Cycle Test		
사용감 특이사항			
실습 후 소감			

(4) 투명 타입 에센스

① 처방

	Ingredient	Maker	Wt(%)	INCI Name
A	1,3-BG	Daicel	7.0	Butylene Glycol
	Eumulgin CO 60	BASF	0.3	PEG-60 Hydrogenated Castor Oil
	Perfume	–	qs	Perfume
	Saskine 50	Sachem	0.1	Ethylhexylglycerin * Water
B	DI-Water	–	to 100	Water
	EDTA-2Na(2%)	Nagase	0.5	Disodium EDTA
	Glycerin	Acid Chem	14.0	Glycerin
	Na-HA	기호바이오	6.0	Water * 1,2-Hexanediol * Sodium Hyaluronate
	TF-Glucan	기호바이오	2.0	Water * Glycerin * 1,2-Hexanediol * Beta-Glucan
	Phenoxyethanol	Galuxy	0.3	Phenoxyethanol
C	Carbopol 941(1%)	Lubrizol	20.0	Carbomer
	Keltrol-F(1%)	Kelco	5.0	Xanthan Gum
D	L-Arginine(10%)	Ajinomoto	2.0	Arginine

② 공정

㉠ A Part를 준비한다(필요 시 약간 가온).

㉡ B, D Part를 준비한다.

㉢ C Part를 준비 : 각각 점증제를 정제수에 서서히 첨가하면서 완전히 분산한다(Agi-Mixer).

㉣ A Part를 B Part에 서서히 첨가하여 가용화한다(Agi-Mixer).

㉤ C Part를 B Part에 서서히 첨가한다(Agi-Mixer).

㉥ D Part를 B Part에 서서히 첨가하여 중화한다(Agi-Mixer).

㉦ 필요 시 여과한다(200~300mesh).

③ 연구

㉠ 가용화제 종류 및 함량, 다양한 향의 종류 및 함량에 대한 실험과 이해

㉡ 보습제, 방부제 종류 및 함량에 대한 실험과 이해

㉢ 점증제, 중화제 종류 및 함량에 대한 실험과 이해

㉣ 활성성분 첨가에 대한 실험과 이해

④ 평가

이름		학번	
제품명		실습 일자	

평가 항목		평가 결과	실험 조건 및 설비명
성 상			
색 상			
향 취			
pH			
점 도			
비 중			
유화 입자			
안정도	실온(25℃)		
	4℃		
	40℃		
	45℃		
	−15℃		
	Cycle Test		
사용감 특이사항			
실습 후 소감			

(5) 불투명 타입 에센스

① 처방

	Ingredient	Maker	Wt(%)	INCI Name
A	DI-Water	-	to 100	Water
	EDTA-2Na(2%)	Nagase	0.5	Disodium EDTA
	Citric Acid(1%)	Jungbunzlauer	0.5	Citric Acid
	1,3-BG	Daicel	5.0	Butylene Glycol
	Glycerin	Acid Chem	6.0	Glycerin
	Na-HA	기호바이오	6.0	Water * 1,2-Hexanediol * Sodium Hyaluronate
	TF-Glucan	기호바이오	1.0	Water * Glycerin * 1,2-Hexanediol * Beta-Glucan
	Phenoxyethanol	Galuxy	0.3	Phenoxyethanol
B	Flocare ET-76	SNF	1.5	Sodium Polyacrylate * Hydrogenated Polydecene * Trideceth-6
C	Meadowfoam Seed Oil	NPP	1.0	Limnanthes Alba(Meadowfoam) Seed Oil
	Xiameter PMX 200	Dow Corning	0.2	Dimethicone
	Vit.E-Acetate	BASF	0.3	Tocopheryl Acetate
D	Saskine 50	Sachem	0.2	Ethylhexylglycerin * Water
	Perfume	-	qs	Perfume

② 공정

㉠ A, C, D Part를 준비한다(필요 시 약간 가온).

㉡ B Part를 A Part에 서서히 첨가한다(Homo-Mixer), 겔링됨을 확인한다.

㉢ C Part를 A Part에 서서히 첨가한다(Homo-Mixer).

㉣ D Part를 A Part에 서서히 첨가한다(Homo-Mixer).

㉤ 필요 시 여과한다(100~150mesh).

③ 연구

㉠ 보습제, 방부제 종류 및 함량에 대한 실험과 이해

㉡ 점증제 종류 및 함량에 대한 실험과 이해

㉢ 오일 종류 및 함량에 대한 실험과 이해

㉣ pH 조절제 함량에 따른 실험과 이해

㉤ 활성성분 첨가에 대한 실험과 이해

④ 평가

이름		학번	
제품명		실습 일자	

평가 항목		평가 결과	실험 조건 및 설비명
성 상			
색 상			
향 취			
pH			
점 도			
비 중			
유화 입자			
안정도	실온(25℃)		
	4℃		
	40℃		
	45℃		
	-15℃		
	Cycle Test		
사용감 특이사항			
실습 후 소감			

(6) 에몰리엔트 로션

① 처방

	Ingredient	Maker	Wt(%)	INCI Name
A	Stearic Acid	Palm Oleo	0.4	Stearic Acid
	Kalcol 6850P	Kao(Pilipinas)	1.0	Cetearyl Alcohol
	KM-105C	광일화학	0.6	Glyceryl Stearate
	Rheodol TW-S120	Kao	1.2	Polysorbate 60
	Rheodol AO-15	Kao	0.4	Sorbitan Sesquioleate
	Squalane	Amyris	5.0	Squalane
	Waglinol 242	Lasem Asia	6.0	Cetyl Ethylhexanoate
	Waglinol MCT	Lasem Asia	3.0	Caprylic/Capric Triglyceride
	Xiameter PMX 200	Dow Corning	0.3	Dimethicone
B	DI-Water	-	to 100	Water
	EDTA-2Na(2%)	Nagase	0.5	Disodium EDTA
	1,3-BG	Daicel	4.0	Butylene Glycol
	Glycerin	Acid Chem	3.0	Glycerin
	Saskine 50	Sachem	0.1	Ethylhexylglycerin * Water
	1,2-Hexanediol	Pure Touch	0.8	1,2-Hexanediol
	Na-HA	기호바이오	1.0	Water * 1,2-Hexanediol * Sodium Hyaluronate
	TF-Glucan	기호바이오	1.0	Water * Glycerin * 1,2-Hexanediol * Beta-Glucan
	Phenoxyethanol	Galuxy	0.3	Phenoxyethanol
C	Carbopol 941(1%)	Lubrizol	12.0	Carbomer
	Keltrol-F(1%)	Kelco	5.0	Xanthan Gum
D	L-Arginine(10%)	Ajinomoto	1.2	Arginine
E	Perfume	-	qs	Perfume

② 공정

㉠ C Part를 준비 : 각각 점증제를 정제수에 서서히 첨가하면서 완전히 분산한다(Agi-mixer).

㉡ A, B Part를 75℃까지 온도를 올려 분산 및 용해한다.

㉢ C Part를 B Part에 첨가한다.

㉣ A Part를 B Part에 첨가하여 유화한다(Homo-Mixer).

㉤ D Part를 B Part에 서서히 첨가하여 중화한다(Homo-Mixer).

㉥ 온도를 56℃까지 냉각한 후, E Part를 첨가한다(Homo-Mixer).

㉦ 실온으로 냉각하고, 필요 시 여과한다(100~150 mesh).

③ 연구

㉠ O/W 유형에서 유상부의 비율(내상비)에 대한 실험 및 이해

㉡ 계면활성제 종류 및 함량에 대한 실험과 이해

㉢ 보습제, 방부제 종류 및 함량에 대한 실험과 이해

㉣ 점증제 및 중화제 종류 및 함량에 대한 실험과 이해

㉤ 오일 종류 및 함량에 대한 실험과 이해

㉥ 활성성분 첨가에 대한 실험과 이해

④ 평가

이름		학번	
제품명		실습 일자	

평가 항목		평가 결과	실험 조건 및 설비명
성 상			
색 상			
향 취			
pH			
점 도			
비 중			
유화 입자			
안정도	실온(25℃)		
	4℃		
	40℃		
	45℃		
	-15℃		
	Cycle Test		
사용감 특이사항			
실습 후 소감			

(7) 수분 크림

① 처방

	Ingredient	Maker	Wt(%)	INCI Name
A	Lipobase Biocare R	바이오엔텍	2.0	Glycol Stearate SE * Cetearyl Alcohol * Stearic Acid * Hydrogenated Lecithin
	Waglinol 242	Lasem Asia	5.0	Cetyl Ethylhexanoate
	Xiameter PMX 0345	Dow Corning	6.0	Cyclopentasiloxane * Cyclohexasiloxane
	Xiameter PMX 200	Dow Corning	1.0	Dimethicone
	Vit.E.-Acetate	BASF	0.2	Tocopheryl Acetate
	Flocare ET-76	SNF	0.3	Sodium Polyacrylate * Hydrogenated Polydecene * Trideceth-6
B	DI-Water	-	to 100	Water
	EDTA-2Na(2%)	Nagase	2.5	Disodium EDTA
	1,3-BG	Daicel	4.0	Butylene Glycol
	Glycerin	Acid Chem	6.0	Glycerin
	Dermosoft Octiol	Dr. Straetmans	0.05	Caprylyl Glycol
	1,2-Hexanediol	Pure Touch	1.0	1,2-Hexanediol
	Na-HA	기호바이오	1.0	Water * 1,2-Hexanediol * Sodium Hyaluronate
	TF-Glucan	기호바이오	1.0	Water * Glycerin * 1,2-Hexanediol * Beta-Glucan
C	Carbopol 940(1%)	Lubrizol	32.0	Carbomer
	Carbopol 941(1%)	Lubrizol	5.0	Carbomer
	Keltrol-F(1%)	Kelco	4.0	Xanthan Gum
D	L-Arginine(10%)	Ajinomoto	3.9	Arginine
E	Perfume	-	qs	Perfume

② 공정

㉠ C Part를 준비 : 각각 점증제를 정제수에 서서히 첨가하면서 완전히 분산한다(Agi-mixer).

㉡ A, B Part를 75℃까지 온도를 올려 분산 및 용해한다.

㉢ C Part를 B Part에 첨가한다.

㉣ A Part를 B Part에 첨가하여 유화한다(Homo-Mixer).

㉤ D Part를 B Part에 서서히 첨가하여 중화한다(Homo-Mixer).

㉥ 온도를 56℃까지 냉각한 후, E Part를 첨가한다(Homo-mixer).

㉦ 실온으로 냉각하고, 필요 시 여과한다(100~150mesh).

③ 연구

㉠ O/W 유형에서 유상부의 비율(내상비)에 대한 실험 및 이해
㉡ 계면활성제 종류 및 함량에 대한 실험과 이해
㉢ 보습제, 방부제 종류 및 함량에 대한 실험과 이해
㉣ 점증제 및 중화제 종류 및 함량에 대한 실험과 이해
㉤ 오일 종류 및 함량에 대한 실험과 이해
㉥ 활성성분 첨가에 대한 실험과 이해

④ 평가

이름		학번	
제품명		실습 일자	

평가 항목		평가 결과	실험 조건 및 설비명
성 상			
색 상			
향 취			
pH			
점 도			
비 중			
유화 입자			
안정도	실온(25℃)		
	4℃		
	40℃		
	45℃		
	-15℃		
	Cycle Test		
사용감 특이사항			
실습 후 소감			

(8) 에몰리엔트 크림

① 처방

	Ingredient	Maker	Wt(%)	INCI Name
A	Stearic Acid	Palm Oleo	2.0	Stearic Acid
	Kalcol 6850P	Kao(Pilipinas)	1.7	Cetearyl Alcohol
	KM-105C	광일화학	1.5	Glyceryl Stearate
	Rheodol TW-S120	Kao	1.2	Polysorbate 60
	Rheodol AO-15	Kao	0.4	Sorbitan Sesquioleate
	Shea Butter	Olvea	3.0	Butyrospermum Parkii(Shea) Butter
	Squalane	Amyris	6.0	Squalane
	Waglinol 242	Lasem Asia	3.0	Cetyl Ethylhexanoate
	Waglinol MCT	Lasem Asia	3.0	Caprylic/Capric Triglyceride
	Macadamia Nut Oil	M.O. of Australia	2.5	Macadamia Ternifolia Seed Oil
	Xiameter PMX 0345	Dow Corning	2.5	Cyclopentasiloxane * Cyclohexasiloxane
	Xiameter PMX 200	Dow Corning	0.3	Dimethicone
	Vit.E.-Acetate	BASF	0.3	Tocopheryl Acetate
B	DI-Water	-	to 100	Water
	EDTA-2Na(2%)	Nagase	0.5	Disodium EDTA
	1,3-BG	Daicel	4.0	Butylene Glycol
	Glycerin	Acid Chem	3.0	Glycerin
	Saskine 50	Sachem	0.1	Ethylhexylglycerin * Water
	1,2-Hexanediol	Pure Touch	0.8	1,2-Hexanediol
	Na-HA	기호바이오	2.0	Water * 1,2-Hexanediol * Sodium Hyaluronate
	TF-Glucan	기호바이오	1.0	Water * Glycerin * 1,2-Hexanediol * Beta-Glucan
	Phenoxyethanol	Galuxy	0.3	Phenoxyethanol
C	Carbopol 940(1%)	Lubrizol	8.0	Carbomer
	Keltrol-F(1%)	Kelco	2.0	Xanthan Gum
D	L-Arginine(10%)	Ajinomoto	0.8	Arginine
E	Perfume	-	qs	Perfume

② 공정

㉠ C Part를 준비 : 각각 점증제를 정제수에 서서히 첨가하면서 완전히 분산한다(Agi-mixer).

㉡ A, B Part를 75℃까지 온도를 올려 분산 및 용해한다.

㉢ C Part를 B Part에 첨가한다.

㉣ A Part를 B Part에 첨가하여 유화한다(Homo-Mixer).

㉤ D Part를 B Part에 서서히 첨가하여 중화한다(Homo-Mixer).

㉥ 온도를 56℃까지 냉각한 후, E Part를 첨가한다(Homo-mixer).

㉦ 실온으로 냉각하고, 필요 시 여과한다(100~150mesh).

③ 연구

㉠ O/W 유형에서 유상부의 비율(내상비)에 대한 실험 및 이해

㉡ 계면활성제 종류 및 함량에 대한 실험과 이해

㉢ 보습제, 방부제 종류 및 함량에 대한 실험과 이해

㉣ 점증제 및 중화제 종류 및 함량에 대한 실험과 이해

㉤ 오일 종류 및 함량에 대한 실험과 이해

㉥ 활성성분 첨가에 대한 실험과 이해

④ 평가

이름		학번	
제품명		실습 일자	

평가 항목		평가 결과	실험 조건 및 설비명
성 상			
색 상			
향 취			
pH			
점 도			
비 중			
유화 입자			
안정도	실온(25℃)		
	4℃		
	40℃		
	45℃		
	-15℃		
	Cycle Test		
사용감 특이사항			
실습 후 소감			

(9) 톤업 크림

① 처방

	Ingredient	Maker	Wt(%)	INCI Name
A	Xiameter PMX-1501	Dow Corning	0.5	Cyclopentasiloxane * Dimethiconol
	DC 556	Dow Corning	1.5	Phenyl Trimethicone
	Waglinol 242	Lasem Asia	3.0	Cetyl Ethylhexanoate
	Waglinol MCT	Lasem Asia	2.0	Caprylic/Capric Triglyceride
	Xiameter PMX 200	Dow Corning	2.5	Dimethicone
	Simulgel EG	Seppic	4.3	Sodium Acrylate/Sodium Acryloyldimethyltaurate Copolymer * Isohexadecane * Polysorbate 80 * Sorbitan Oleate * Water
	Vit.E-Acetate	BASF	0.2	Tocopheryl Acetate
	TiO_2 PFC-407 AS	EnTOP	2.6	Titanium Dioxide * Triethoxycaprylylsilane
B	DI-Water	-	to 100	Water
	EDTA-2Na(2%)	Nagase	1.0	Disodium EDTA
	1,3-BG	Daicel	4.0	Butylene Glycol
	Glycerin	Acid Chem	3.0	Glycerin
	Dermosoft Octiol	Dr. Straetmans	0.15	Caprylyl Glycol
	1,2-Hexanediol	Pure Touch	1.9	1,2-Hexanediol
	Na-HA	기호바이오	1.0	Water * 1,2-Hexanediol * Sodium Hyaluronate
	Glucam E-20	Amerchol	1.5	Methyl Gluceth-20
	Sepinov EMT 10(1%)	Seppic	20.0	Hydroxyethyl Acrylate/Sodium Acryloyldimethyl Taurate Copolymer
C	Perfume	-	qs	Perfume

② 공정

㉠ A, B Part를 준비한다.

㉡ A, B Part를 75℃까지 온도를 올려 분산 및 용해한다.

㉢ A Part를 B Part에 첨가하여 유화한다(Homo-Mixer).

㉣ 온도를 56℃까지 냉각한 후, C Part를 첨가한다(Homo-mixer).

㉤ 실온으로 냉각하고, 필요 시 여과한다(100~150 mesh).

③ 연구

㉠ O/W 유형에서 유상부의 비율(내상비)에 대한 실험 및 이해
㉡ 무기물(TiO_2 함유 원료)의 종류 및 함량에 대한 실험과 이해
㉢ 보습제, 방부제 종류 및 함량에 대한 실험과 이해
㉣ 점증제 종류 및 함량에 대한 실험과 이해
㉤ 오일 종류 및 함량에 대한 실험과 이해
㉥ 활성성분 첨가에 대한 실험과 이해

④ 평가

이름		학번	
제품명		실습 일자	

평가 항목		평가 결과	실험 조건 및 설비명
성 상			
색 상			
향 취			
pH			
점 도			
비 중			
유화 입자			
안정도	실온(25℃)		
	4℃		
	40℃		
	45℃		
	-15℃		
	Cycle Test		
사용감 특이사항			
실습 후 소감			

(10) 클렌징 폼

① 처방

	Ingredient	Maker	Wt(%)	INCI Name
A	Stearic Acid	Palm Oleo	17.0	Stearic Acid
	Myristic Acid	Palm Oleo	7.0	Myristic Acid
	Lauric Acid	Palm Oleo	3.0	Lauric Acid
	KM-205C	광일화학	2.0	Glyceryl Stearate SE
	PEG-100 Stearate	UPI Chem	0.5	PEG-100 Stearate
	Saskine 50	Sachem	0.1	Ethylhexylglycerin * Water
B	DI-Water	-	to 100	Water
	1,3-BG	Daicel	2.0	Butylene Glycol
	Glycerin	Acid Chem	5.0	Glycerin
	PEG 400	동남합성	17.0	PEG-400
	Phenoxyethanol	Galuxy	0.3	Phenoxyethanol
C	KOH(85%)	덕산화학	5.8	Potassium Hydroxide
	DI-Water	-	20.0	Water
D	Merquat 550	Nalco	3.0	Polyquaternium-7 * Water
E	Ethyl Alcohol	덕산화학	2.0	Alcohol
	Perfume	-	qs	Perfume

② 공정

㉠ A, B Part를 80℃까지 온도를 올려 분산 및 용해한다.

㉡ C Part를 55℃까지 온도를 올려 용해한다.

㉢ A Part를 B Part에 첨가하여 유화한다(Homo-Mixer).

㉣ C Part를 B Part에 첨가하여 중화한다(Homo-Mixer).

㉤ D Part를 B Part에 첨가한다(Homo-Mixer).

㉥ 온도를 60℃까지 냉각한 후, E Part를 첨가한다(Homo-mixer).

㉦ 실온으로 냉각한다.

③ 연구

㉠ 지방산 종류 및 함량에 대한 실험과 이해

㉡ 알칼리(중화제) 함량에 대한 실험과 이해

㉢ 보습제, 방부제 종류 및 함량에 대한 실험과 이해

㉣ 점증제 종류 및 함량에 대한 실험과 이해

㉤ 활성성분 첨가에 대한 실험과 이해

④ 평가

이름		학번	
제품명		실습 일자	

평가 항목		평가 결과	실험 조건 및 설비명
성 상			
색 상			
향 취			
pH			
점 도			
비 중			
유화 입자			
안정도	실온(25℃)		
	4℃		
	40℃		
	45℃		
	-15℃		
	Cycle Test		
사용감 특이사항			
실습 후 소감			

02 기능성화장품

(1) 미백 크림

① 처방

	Ingredient	Maker	Wt(%)	INCI Name
A	Kalcol 6850 P	Kao(Pilipinas)	1.3	Cetearyl Alcohol
	KM-105C	광일화학	1.2	Glyceryl Stearate
	Olivem 1000	B&T S.R.L	1.5	Cetearyl Olivate * Sorbitan Olivate
	Arlacel 60	Uniquema	0.3	Sorbitan Stearate
	Satcoco	InterMed (Lasem Asia)	2.5	Hydrogenated Coconut Oil
	Squalane	Kishimoto	3.0	Squalane
	Salacos P-8	Nisshin Oillio	3.0	Ethylhexyl Palmitate
	Macadamia Nut Oil	M.O. of Australia	3.5	Macadamia Ternifolia Seed Oil
	DC 200	Dow Corning	0.5	Xiameter PMX 200
	Vit.E-Acetate	BASF	0.4	Tocopheryl Acetate
	Flocare ET-76	SNF	0.6	Sodium Polyacrylate * Hydrogenated Polydecene * Trideceth-6
B	DI-Water	-	to 100	Water
	EDTA-2Na(2%)	Nagase	1.0	Disodium EDTA
	Niacinamide PC	DSM	2.0	Niacinamide
	1,3-BG	Daicel	4.0	Butylene Glycol
	Glycerin	Acid Chem	2.0	Glycerin
	Dermosoft Octiol	Dr. Straetmans	0.2	Caprylyl Glycol
	1,2-Hexanediol	Pure Touch	1.0	1,2-Hexanediol
	Na-HA	기호바이오	3.5	Water * 1,2-Hexanediol * Sodium Hyaluronate
	TF-Glucan	기호바이오	3.0	Water * Glycerin * 1,2-Hexanediol * Beta-Glucan
	Phenoxyethanol	Galuxy	0.3	Phenoxyethanol
	Creagel CG BG NP	C.I.T.	2.0	Glyceryl Polymethacrylate * Butylene Glycol
C	Perfume	-	qs	Perfume

② 공정

㉠ A, B Part를 준비한다.

㉡ A, B Part를 75℃까지 온도를 올려 분산 및 용해한다.

㉢ A Part를 B Part에 첨가하여 유화한다(Homo-Mixer).

㉣ 온도를 56℃까지 냉각한 후, C Part를 첨가한다(Homo-mixer).

㉤ 실온으로 냉각하고, 필요 시 여과한다(100~150mesh).

③ 연구

㉠ O/W 유형에서 유상부의 비율(내상비)에 대한 실험 및 이해

㉡ 기능성화장품 미백 고시성분에 대한 실험 및 이해

㉢ 보습제, 방부제 종류 및 함량에 대한 실험과 이해

㉣ 점증제 종류 및 함량에 대한 실험과 이해

㉤ 오일 종류 및 함량에 대한 실험과 이해

㉥ 활성성분 첨가에 대한 실험과 이해

④ 평가

이름		학번	
제품명		실습 일자	

평가 항목		평가 결과	실험 조건 및 설비명
성 상			
색 상			
향 취			
pH			
점 도			
비 중			
유화 입자			
안정도	실온(25℃)		
	4℃		
	40℃		
	45℃		
	-15℃		
	Cycle Test		
사용감 특이사항			
실습 후 소감			

(2) 주름개선 크림

① 처방

	Ingredient	Maker	Wt(%)	INCI Name
A	Beeswax	Goostavheess	1.4	Beeswax
	Stearic Acid	Palm Oleo	0.8	Stearic Acid
	Kalcol 6850 P	Kao(Pilipinas)	1.7	Cetearyl Alcohol
	KM-105C	광일화학	1.5	Glyceryl Stearate
	Tego Care 450	Degussa	1.5	Polyglyceryl-3 Methylglucose Distearate
	Rheodol AO-15	Kao	0.2	Sorbitan Sesquioleate
	Satcoco	InterMed(Lasem Asia)	3.3	Hydrogenated Coconut Oil
	Dekanex 2004 FG	Jan Dekker	5.5	Hydrogenated Polydecene
	Waglinol 242	Lasem Asia	2.5	Cetyl Ethylhexanoate
	Waglinol MCT	Lasem Asia	4.0	Caprylic/Capric Triglyceride
	Macadamia Nut Oil	M.O. of Australia	2.5	Macadamia Ternifolia Seed Oil
	Xiameter PMX 0345	Dow Corning	2.5	Cyclopentasiloxane * Cyclohexasiloxane
	Xiameter PMX 200	Dow Corning	0.4	Dimethicone
	Vit.E-Acetate	BASF	0.4	Tocopheryl Acetate
B	DI-Water	-	to 100	Water
	EDTA-2Na(2%)	Nagese	0.25	Disodium EDTA
	Adenosine	Sharing Tech	0.04	Adenosine
	Niacinamide PC	DSM	1.0	Niacinamide
	1,3-BG	Daicel	3.0	Butylene Glycol
	Glycerin	Acid Chem	2.5	Glycerin
	Dermosoft Octiol	Dr. Straetmans	0.22	Caprylyl Glycol
	1,2-Hexanediol	Pure Touch	1.0	1,2-Hexanediol
	Na-HA	기호바이오	2.0	Water * 1,2-Hexanediol * Sodium Hyaluronate
	TF-Glucan	기호바이오	1.0	Water * Glycerin * 1,2-Hexanediol * Beta-Glucan
	Phenoxyethanol	Galuxy	0.3	Phenoxyethanol
	Creagel CG BG NP	C.I.T.	2.2	Glyceryl Polymethacrylate * Butylene Glycol
C	Carbopol 940(1%)	Lubrizol	7.5	Carbomer
	Keltrol-F(1%)	Kelco	2.0	Xanthan Gum
D	L-Arginine(10%)	Ajinomoto	0.8	Arginine
E	Perfume	-	qs	Perfume

② 공정

㉠ C Part를 준비 : 각각 점증제를 정제수에 서서히 첨가하면서 완전히 분산한다(Agi-mixer).

㉡ A, B Part를 75℃까지 온도를 올려 분산 및 용해한다.

㉢ C Part를 B Part에 첨가한다.

㉣ A Part를 B Part에 첨가하여 유화한다(Homo-Mixer).

㉤ D Part를 B Part에 서서히 첨가하여 중화한다(Homo-Mixer).

㉥ 온도를 56℃까지 냉각한 후, E Part를 첨가한다(Homo-mixer).

㉦ 실온으로 냉각하고, 필요 시 여과한다(100~150mesh).

③ 연구

㉠ O/W 유형에서 유상부의 비율(내상비)에 대한 실험 및 이해

㉡ 기능성화장품 주름개선 고시성분에 대한 실험 및 이해

㉢ 보습제, 방부제 종류 및 함량에 대한 실험과 이해

㉣ 점증제 종류 및 함량에 대한 실험과 이해

ⓓ 오일 종류 및 함량에 대한 실험과 이해

ⓔ 활성성분 첨가에 대한 실험과 이해

④ 평가

이름		학번	
제품명		실습 일자	

평가 항목		평가 결과	실험 조건 및 설비명
성 상			
색 상			
향 취			
pH			
점 도			
비 중			
유화 입자			
안정도	실온(25℃)		
	4℃		
	40℃		
	45℃		
	-15℃		
	Cycle Test		
사용감 특이사항			
실습 후 소감			

(3) 자외선차단 크림(O/W)

① 처방

	Ingredient	Maker	Wt(%)	INCI Name
A	Stearic Acid	Palm Oleo	0.5	Stearic Acid
	Kalcol 6850P	Kao(Pilipinas)	1.6	Cetearyl Alcohol
	KM-105C	광일화학	1.8	Glyceryl Stearate
	Rheodol TW-S120	Kao	1.5	Polysorbate 60
	Arlacel 60	Uniquema	0.3	Sorbitan Stearate
	SM 4130P	KCC	1.0	Stearyl Dimethicone
	Uvinul MC 80	BASF	6.5	Ethylhexyl Methoxycinnamate
	Tinosorb S	BASF	3.0	Bis-Ethylhexyloxyphenol Methoxyphenyl Triazine
	Finsolv TN-O	Innospec Performance Chem	4.5	C12-15 Alkyl Benzoate
	Cetiol CC	Cognis	1.5	Dicaprylyl Carbonate
B	Sepiplus 400	Seppic	0.7	Polyacrylate-13 * Polyisobutene * Polysorbate 20 * Water
C	Puresil-DM	바젤케미	3.0	Hydrogenated Poly(C6-14 Olefin) * Dimethicone * Dimethicone /Vinyl Dimethicone Crosspolymer
	DC 556	Dow Corning	0.5	Phenyl Trimethicone
	Xiameter PMX 200	Dow Corning	0.3	Dimethicone
D	DI-Water	-	to 100	Water
	EDTA-2Na(2%)	Nagase	0.2	Disodium EDTA
	Steviten Lico DPG	Tokiwa Phytochemical	0.1	Dipotassium Glycyrrhizate
	Ti Water 40A	나노젠	4.0	Water * Butylene Glycol * Titanium Dioxide * Polysorbate 60 * Oleth-10 * Aluminum Hydroxide * Triethoxycaprylylsilane * Simethicone * Methyl Methacrylate Crosspolymer
	Zi Water 50AP	나노젠	8.0	Water * Butylene Glycol * Zinc Oxide * Polysorbate 60 * Oleth-10 * Triethoxycaprylysilane * Simethicone * Methyl Methacrylate Crosspolymer
	1,3-BG	Daicel	4.0	Butylene Glycol
	Saskine 50	Sachem	0.2	Ethylhexylglycerin * Water

	Ingredient	Maker	Wt(%)	INCI Name
	1,2-Hexanediol	Pure Touch	0.8	1,2-Hexanediol
	Keltrol-F(1%)	Kelco	3.0	Xanthan Gum
	Phenoxyethanol	Galuxy	0.3	Phenoxyethanol
E	Perfume	-	qs	Perfume

② 공정

㉠ A, B, D Part를 준비한다.

㉡ A, D Part를 80℃까지 온도를 올려 분산 및 용해한다.

㉢ A Part를 D Part에 첨가하여 유화한다(Homo-Mixer).

㉣ B Part를 D Part에 첨가하여 유화한다(Homo-Mixer).

㉤ C Part를 D Part에 첨가하여 유화한다(Homo-Mixer).

㉥ 온도를 56℃까지 냉각한 후, E Part를 첨가한다(Homo-mixer).

㉦ 실온으로 냉각하고, 필요 시 여과한다(100~150mesh).

③ 연구

㉠ O/W 유형에서 유상부의 비율(내상비)에 대한 실험 및 이해

㉡ 기능성화장품 자외선차단 고시성분(유기 자외선차단제, 무기 자외선차단제)에 대한 실험 및 이해

㉢ SPF 및 PA 측정과 수치에 대한 이해

㉣ 보습제, 방부제 종류 및 함량에 대한 실험과 이해

㉤ 점증제 종류 및 함량에 대한 실험과 이해

㉥ 오일 종류 및 함량에 대한 실험과 이해

㉦ 활성성분 첨가에 대한 실험과 이해

④ 평가

이름		학번	
제품명		실습 일자	

평가 항목		평가 결과	실험 조건 및 설비명
성 상			
색 상			
향 취			
pH			
점 도			
비 중			
유화 입자			
안정도	실온(25℃)		
	4℃		
	40℃		
	45℃		
	-15℃		
	Cycle Test		
사용감 특이사항			
실습 후 소감			

(4) 자외선차단 크림(W/S)

① 처방

	Ingredient	Maker	Wt(%)	INCI Name
A	Uvinul MC 80	BASF	7.0	Ethylhexyl Methoxycinnamate
	Parsol 5000	DSM	2.0	4-Methylbenzylidene Camphor
	Tinosorb S	BASF	3.0	Bis-Ethylhexyloxyphenol Methoxyphenyl Triazine
	Abil EM 90	Degussa	2.0	Cetyl PEG/PPG-10/1 Dimethicone
	KF-6017	Shin-Etsu	0.5	PEG-10 Dimethicone
	Finsolv TN-O	Innospec	2.0	C12-15 Alkyl Benzoate
	Waglinol 242	Lasem Asia	2.0	Cetyl Ethylhexanoate
	Xiameter PMX 0345	Dow Corning	5.0	Cyclopentasiloxane * Cyclohexasiloxane
	Vit.E-Acetate	BASF	0.2	Tocopheryl Acetate
	DC 9040	Dow Corning	4.0	Cyclopentasiloxane * Dimethicone Crosspolymer
B	Bentongel ISD-V	Elimenties Specialties	2.5	Isododecane * Disteardimonium Hectorite * Propylene Carbonate
	STR-100A-LP	나노젠	6.4	Titanium Dioxide * Hydrated Silica * Aluminum Hydroxide * Hydrogen Dimethicone
C	DI-Water	-	to 100	Water
	Allantoin	Merck	0.1	Allantoin
	Steviten Lico DPG	Tokiwa Phytochemical	0.1	Dipotassium Glycyrrhizate
	1,3-BG	Daicel	3.0	Butylene Glycol
	Glycerin	Acid Chem	2.5	Glycerin
	Saskine 50	Sachem	0.1	Ethylhexylglycerin * Water
	1,2-Hexanediol	Pure Touch	0.8	1,2-Hexanediol
	TF-Glucan	기호바이오	0.2	Water * Glycerin * 1,2-Hexanediol * Beta-Glucan
	NaCl	덕산화학	1.2	Sodium Chloride
	Phenoxyethanol	Galuxy	0.3	Phenoxyethanol
D	Perfume	-	qs	Perfume

② 공정

㉠ A, C Part를 준비한다.

㉡ A, C Part를 55℃까지 온도를 올려 분산 및 용해한다.

㉢ B Part를 A Part에 첨가하여 혼합한다(Homo-Mixer).

㉣ C part를 A Part에 첨가하여 유화한다(Homo-Mixer).

㉤ D part를 A Part에 첨가하여 유화한다(Homo-Mixer).

㉥ 실온으로 냉각하고, 필요 시 여과한다(100~150mesh).

③ 연구

㉠ W/S 유형에서 수상부의 비율(내상비)에 대한 실험 및 이해

㉡ 기능성화장품 자외선차단 고시성분(유기 자외선차단제, 무기 자외선차단제)에 대한 실험 및 이해

㉢ SPF 및 PA 측정과 수치에 대한 이해

㉣ 보습제, 방부제 종류 및 함량에 대한 실험과 이해

㉤ 점증제 종류 및 함량에 대한 실험과 이해

㉥ 오일 종류 및 함량에 대한 실험과 이해

㉦ 활성성분 첨가에 대한 실험과 이해

④ 평가

이름		학번	
제품명		실습 일자	

평가 항목		평가 결과	실험 조건 및 설비명
성 상			
색 상			
향 취			
pH			
점 도			
비 중			
유화 입자			
안정도	실온(25℃)		
	4℃		
	40℃		
	45℃		
	-15℃		
	Cycle Test		
사용감 특이사항			
실습 후 소감			

03 두발화장품

(1) 헤어 샴푸

① 처방

	Ingredient	Maker	Wt(%)	INCI Name
A	Miconium PQ10(2%)	미원상사	20.0	Polyquaternium-10
	Pemulen TR-1 Polymer(1%)	Noveon	24.0	Acrylates/C10-30 Alkyl Acrylate Crosspolymer
B	DI-Water	-	to 100	Water
	Citric Acid	Jungbunzlauer	0.1	Citric Acid
	DL-Panthenol	Datong	0.02	Panthenol
	1,2-Hexanediol	Pure Touch	0.5	1,2-Hexanediol
	Dermosoft GMCY	Dr. Straetmans	0.01	Glyceryl Caprylate
	Miconate LES	미원상사	28.0	Disodium Laureth Sulfosuccinate * Water
	Micopol CME	미원상사	3.0	Cocamide MEA
	Micopol CMM	미원상사	3.5	Cocamide Methyl MEA * Glycerin
	Mitaine CA	미원상사	7.0	Cocamidopropyl Betaine * Sodium Chloride * Water
	Phenoxyethanol	Galuxy	0.3	Phenoxyethanol
C	Perfume	-	qs	Perfume

② 공정

㉠ A Part를 준비 : 각각 점증제를 정제수에 서서히 첨가하면서 완전히 분산한다(Agi-mixer).

㉡ B Part에 A Part를 첨가하고 75℃까지 온도를 올려 분산 및 용해한다(Agi-Mixer).

㉢ 온도를 56℃까지 냉각한 후, C Part를 첨가한다(Agi-Mixer).

㉣ 실온으로 냉각하고, 필요 시 여과한다(150mesh).

③ 연구

㉠ 계면활성제 종류 및 함량, 기포력에 대한 실험과 이해

㉡ 방부제 종류 및 함량에 대한 실험과 이해

㉢ 점증제 종류 및 함량에 대한 실험과 이해

㉣ 활성성분 첨가에 대한 실험과 이해

④ 평가

이름		학번	
제품명		실습 일자	

평가 항목		평가 결과	실험 조건 및 설비명
성 상			
색 상			
향 취			
pH			
점 도			
비 중			
유화 입자			
안정도	실온(25℃)		
	4℃		
	40℃		
	45℃		
	-15℃		
	Cycle Test		
사용감 특이사항			
실습 후 소감			

(2) 헤어 트리트먼트

① 처방

	Ingredient	Maker	Wt(%)	INCI Name
A	Kalcol 6850P	Kao(Pilipinas)	5.6	Cetearyl Alcohol
	Stac 80KC	KCI	2.5	Steartrimonium Chloride
	Xiameter PMX 245	Dow Corning	2.0	Cyclopentasiloxane
B	DI-Water	-	to 100	Water
	EDTA-2Na	Nagase	0.05	Disodium EDTA
	Citric Acid	Jungbunzlauer	0.44	Citric Acid
	1,3-BG	Daicel	0.4	Butylene Glycol
	Dermosoft Octiol	Dr. Straetmans	0.35	Caprylyl Glycol
	Micomin SAPDA	미원상사	2.5	Stearamidopropyl Dimethylamine
C	Xiameter PMX-1501	Dow Corning	4.0	Cyclopentasiloxane * Dimethiconol
D	Perfume	-	qs	Perfume

② 공정

㉠ A, B Part를 준비한다.

㉡ A, B Part를 75℃까지 온도를 올려 분산 및 용해한다(Agi-Mixer).

㉢ A Part를 B Part에 첨가하여 유화한다(Homo-Mixer).

㉣ 온도를 60℃까지 냉각한 후, C Part를 첨가한다(Homo-Mixer).

㉤ 온도를 56℃까지 냉각한 후, D Part를 첨가한다(Homo-Mixer).

㉥ 실온으로 냉각하고, 필요 시 여과한다(150mesh).

③ 연구

㉠ 계면활성제 종류 및 함량에 대한 실험과 이해

㉡ 두발에 트리트먼트 기능을 주는 성분에 대한 실험과 이해

㉢ 방부제 종류 및 함량에 대한 실험과 이해

㉣ 활성성분 첨가에 대한 실험과 이해

④ 평가

이름		학번	
제품명		실습 일자	

평가 항목		평가 결과	실험 조건 및 설비명
성 상			
색 상			
향 취			
pH			
점 도			
비 중			
유화 입자			
안정도	실온(25℃)		
	4℃		
	40℃		
	45℃		
	-15℃		
	Cycle Test		
사용감 특이사항			
실습 후 소감			

04 방향화장품

(1) 샤워코롱

① 처방

	Ingredient	Maker	Wt(%)	INCI Name
A	Ethyl Alcohol	덕산화학	10.0	Alcohol
	Eumulgin CO 60	BASF	0.2	PEG-60 Hydrogenated Castor Oil
	Perfume	-	2.8	Perfume
	Uvinul MC 80	BASF	0.02	Ethylhexyl Methoxycinnamate
B	1,3-BG	Daicel	7.0	Butylene Glycol
	Ethyl Alcohol	덕산화학	50.0	Alcohol
	DI-Water	-	to 100	Water

② 공정

㉠ A, B Part를 준비한다.

㉡ A Part를 분산 및 용해한다(Agi-Mixer).

㉢ A Part를 B Part에 첨가하여 가용화한다(Agi-Mixer).

㉣ 제조 후 7일간 숙성하고 여과한다(0.2~1microfilter).

③ 연구

㉠ 향 종류 및 함량에 대한 실험과 이해

㉡ 에탄올 함량에 대한 실험과 이해

㉢ 활성성분 첨가에 대한 실험과 이해

④ 평가

이름		학번	
제품명		실습 일자	

평가 항목		평가 결과	실험 조건 및 설비명
성 상			
색 상			
향 취			
pH			
점 도			
비 중			
유화 입자			
안정도	실온(25℃)		
	4℃		
	40℃		
	45℃		
	-15℃		
	Cycle Test		
사용감 특이사항			
실습 후 소감			

(2) 오데코롱

① 처방

	Ingredient	Maker	Wt(%)	INCI Name
A	Ethyl Alcohol	덕산화학	20.0	Alcohol
	Eumulgin CO 60	BASF	0.3	PEG-60 Hydrogenated Castor Oil
	Perfume	-	4.5	Perfume
	Uvinul MC 80	BASF	0.02	Ethylhexyl Methoxycinnamate
B	1,3-BG	Daicel	7.0	Butylene Glycol
	Ethyl Alcohol	덕산화학	45.0	Alcohol
	DI-Water	-	to 100	Water

② 공정

㉠ A, B Part를 준비한다.

㉡ A Part를 분산 및 용해한다(Agi-Mixer).

㉢ A Part를 B Part에 첨가하여 가용화한다(Agi-Mixer).

㉣ 제조 후 7일간 숙성하고 여과한다(0.2~1microfilter).

③ 연구

㉠ 향 종류 및 함량에 대한 실험과 이해

㉡ 에탄올 함량에 대한 실험과 이해

㉢ 가용화제 종류 및 함량이 대한 실험과 이해

㉣ 활성성분 첨가에 대한 실험과 이해

④ 평가

이름		학번	
제품명		실습 일자	

평가 항목		평가 결과	실험 조건 및 설비명
성 상			
색 상			
향 취			
pH			
점 도			
비 중			
유화 입자			
안정도	실온(25℃)		
	4℃		
	40℃		
	45℃		
	-15℃		
	Cycle Test		
사용감 특이사항			
실습 후 소감			

(3) 향수

① 처방

	Ingredient	Maker	Wt(%)	INCI Name
A	Ethyl Alcohol	덕산화학	40.0	Alcohol
	Eumulgin CO 60	BASF	0.5	PEG-60 Hydrogenated Castor Oil
	Perfume	-	20.0	Perfume
	Uvinul MC 80	BASF	0.02	Ethylhexyl Methoxycinnamate
B	1,3-BG	Daicel	5.0	Butylene Glycol
	Ethyl Alcohol	덕산화학	to 100	Alcohol

② 공정

㉠ A, B Part를 준비한다.
㉡ A Part를 분산 및 용해한다(Agi-Mixer).
㉢ A part를 B Part에 첨가하여 가용화한다(Agi-Mixer).
㉣ 제조 후 7일간 숙성하고 여과한다(0.2~1microfilter).

③ 연구

㉠ 향 종류 및 함량에 대한 실험과 이해
㉡ 에탄올 함량에 대한 실험과 이해
㉢ 가용화제 종류 및 함량이 대한 실험과 이해
㉣ 활성성분 첨가에 대한 실험과 이해

④ 평가

이름		학번	
제품명		실습 일자	

평가 항목		평가 결과	실험 조건 및 설비명
성 상			
색 상			
향 취			
pH			
점 도			
비 중			
유화 입자			
안정도	실온(25℃)		
	4℃		
	40℃		
	45℃		
	-15℃		
	Cycle Test		
사용감 특이사항			
실습 후 소감			

찾아보기

찾아보기

영문

ㄱ

ㅂ

ㅅ

ㅇ

ㅈ

ㅎ